多级结构纳米复合材料光催化研究

Photocatalytic Performance of Nanocomposites with Multi-Level Structure

李顺兴 蔡家柏 陈 杰 著

科学出版社

北 京

内 容 简 介

本书共 8 章，对有关光催化材料以及近年来在光催化应用领域的研究成果进行了收集、整理和总结。基于异相光催化需求导向，通过化学、环境科学与工程、材料科学等学科的交叉融合，研制多级结构纳米复合材料，探究构效关系。第 1 章概述了 TiO_2 基纳米材料在环境领域的应用及复合结构，第 2 章介绍了 TiO_2 纳米空心球尺寸对 $Cr(VI)$ 光还原活性影响研究，第 3 章介绍了核壳型纳米材料的合成及催化性能研究，第 4 章介绍了双壳纳米材料的合成及催化性能研究，第 5~8 章介绍了双壳夹心纳米材料的合成及催化性能研究。

本书可供化学、环境科学与工程、材料科学等学科相关领域教学科研工作者和工程技术人员阅读。

图书在版编目（CIP）数据

多级结构纳米复合材料光催化研究 / 李顺兴，蔡家柏，陈杰著. —北京：科学出版社，2019.12
　ISBN 978-7-03-063290-6

Ⅰ. ①多… Ⅱ. ①李… ②蔡… ③陈… Ⅲ. ①纳米材料－复合材料－光催化－研究　Ⅳ. ①TB383

中国版本图书馆 CIP 数据核字（2019）第 255591 号

责任编辑：贾　超　孙静惠 / 责任校对：杜子昂
责任印制：赵　博 / 封面设计：东方人华

科学出版社 出版
北京东黄城根北街 16 号
邮政编码：100717
http://www.sciencep.com
北京中石油彩色印刷有限责任公司印刷
科学出版社发行　各地新华书店经销
*
2019 年 12 月第　一　版　开本：720×1000　1/16
2024 年 7 月第二次印刷　印张：16 1/4
字数：320 000
定价：98.00 元
（如有印装质量问题，我社负责调换）

序

低浓度、高毒性、难降解污染物引起的环境问题已严重影响人类健康，现有环境技术（如生物技术、物理化学技术等）很难将其除去。光催化降解技术以其高效、绿色及有效利用太阳能等优点成为最有产业化应用前景的环境技术之一。纳米材料的复合、表界面结构及形貌调控是提升光催化性能的关键，已成为化学、环境科学与工程、材料科学等多学科交叉融合的前沿领域。

闽南师范大学李顺兴教授率领课题组，在多项国家自然科学基金项目支持下，以芳香族污染物、重金属污染物、气体污染物为研究对象，以化学性质稳定、抗光腐蚀、无毒和价格适宜的 TiO_2 纳米空心球为基材，以光催化转化污染物需求为导向，按需设计，界定纳米材料功能，按构效匹配原则，设计调控纳米材料结构，通过优化空心球尺寸、壳壳复合、共催化剂夹层、有机-无机有序复合等新方法及纳米材料间协同效应，解决量子转换效率低、太阳能利用率低、污染物在催化剂表面覆盖率低、传质速率慢等异相光催化的瓶颈问题，获得具有多级结构、多亲性、氧化还原双功能的系列新型光催化剂，研究成果的创新性和应用前景突出。

《多级结构纳米复合材料光催化研究》对光催化纳米复合材料构建及其应用研究具有重要参考价值，适宜化学、环境科学与工程、材料科学等学科相关领域的教学人员、科研人员和工程技术人员阅读。

中国科学院院士

2019 年 7 月

前　言

人造化学物质大量进入环境，危及人类健康和生态系统安全，亟须环境友好、技术有效、成本可控的污染治理技术及其机制研究。太阳能响应型半导体光催化技术通过光氧化-还原催化反应，可常温深度处理污染物，成为绿色技术的新希望，成为化学、环境科学和纳米材料科学等学科交叉融合的前沿领域。

半导体材料表界面结构、形貌、组成等对光催化性能有重要影响。TiO_2 因化学性质稳定、抗光腐蚀、无毒和价格低廉等优点，在半导体复合材料研究中备受瞩目，TiO_2 基光催化剂成为研究热点，但其存在量子转换效率低、太阳能利用率低、污染物在催化剂表面覆盖率低、传质速率慢等瓶颈问题，严重制约光催化技术的应用。

本书以光催化转化污染物需求为导向，以 TiO_2 纳米空心球为基体，研究纳米空心球尺寸、壳壳复合、共催化剂夹层、有机-无机有序复合等对催化活性的影响，揭示空心球尺寸效应、材料间协同作用机制，获得系列具有多级结构的新型光催化剂。希望本书可为广大从事光催化纳米复合材料及其应用研究的科技工作者、院校师生提供研究参考与借鉴，共同致力于我国光催化技术基础研究和应用水平的提升研究，为打赢污染防治攻坚战提供支持。

本书共 8 章，分别介绍了 TiO_2 基纳米材料在环境领域的应用及复合结构、TiO_2 纳米空心球尺寸对 Cr（Ⅵ）光还原活性影响研究、核壳型纳米材料的合成及催化性能研究、双壳 $WO_3@TiO_2$ 纳米材料及其光催化降解阴阳离子型芳香族污染物研究、双壳夹心 Au/TiO_2 纳米材料的合成及 CO 催化氧化性能研究、双壳夹心 $TiO_2@Au@CeO_2$ 空心球光催化降解污染物及光还原 Cr（Ⅵ）研究、双壳夹心 $TiO_2@Pt@CeO_2$ 及 $TiO_2@NMs@ZnO$ 空心球光还原 Cr（Ⅵ）及光氧化苯甲醇性能研究、双壳夹心 $TiO_2@Pt@C_3N_4$ 及 $TiO_2@Au@C$ 空心球光催化性能协同增强机制研究。

本书的出版得到了国家自然科学基金（21675077，21475055）和闽南师范大学学术专著出版专项经费的资助，感谢国家纳米科学中心唐智勇研究员对陈杰等研究生在研究工作中的悉心指导。本书各章研究内容的贡献者分别是：第 1 章，蔡家柏、李顺兴；第 2 章，蔡家柏、武雪晴、李顺兴；第 3 章，陈杰、蔡家柏、李顺兴；第 4 章，武雪晴、蔡家柏、李顺兴；第 5 章，陈杰、李顺兴；第 6 章，蔡家柏、李顺兴；第 7 章，蔡家柏、武雪晴、李顺兴；第 8 章，蔡家柏、李顺兴。

由于光催化技术跨学科，知识面广而综合，新成果、新应用不断出现，本书所介绍的内容也只是其中的一部分，再加上著者的学识水平和经验阅历所限，虽经过多次修改完善，但难免有不妥之处，恳请专家和读者批评指正！

李顺兴

2019 年 7 月

目 录

第1章 TiO$_2$基纳米材料在环境领域的应用及复合结构 ··················· 1
1.1 TiO$_2$基纳米材料在环境领域的应用概况 ································· 1
1.1.1 TiO$_2$基纳米材料在光处理重金属方面的应用 ······················· 1
1.1.2 TiO$_2$基纳米材料在光降解有机污染物方面的应用 ················· 8
1.1.3 TiO$_2$基纳米材料在光氧化苯甲醇方面的应用 ······················ 11
1.1.4 TiO$_2$基纳米材料在其他环境方面的应用 ···························· 14
1.1.5 TiO$_2$基纳米材料在环境应用方面存在的不足 ······················· 15
1.2 常见的复合金属氧化物纳米材料结构 ··································· 16
1.2.1 无定形复合金属氧化物纳米材料 ·································· 16
1.2.2 单壳层或多壳层复合金属氧化物空心结构 ······················· 18
1.2.3 核壳型纳米复合金属氧化物结构 ·································· 21
1.2.4 yolk-shell 型纳米复合金属氧化物结构 ·························· 23
参考文献 ··· 25

第2章 TiO$_2$纳米空心球尺寸对 Cr（VI）光还原活性影响研究 ········· 34
2.1 引言 ·· 34
2.2 材料与方法 ·· 35
2.2.1 主要仪器与试剂 ·· 35
2.2.2 催化剂制备 ··· 35
2.2.3 Cr（VI）光还原活性实验步骤及测试方法 ······················· 36
2.2.4 电化学性能测试 ·· 36
2.3 不同尺寸 TiO$_2$ 空心球的结构及光还原催化效果 ····················· 36
2.3.1 TiO$_2$ 空心球结构 ··· 36
2.3.2 Cr（VI）光还原活性测试效果 ····································· 40
2.3.3 光还原机理研究 ··· 43
2.4 不同尺寸 TiO$_2$@WO$_3$/Au 空心球的结构及 Cr（VI）光还原活性测试效果 ·· 44
2.4.1 不同尺寸 TiO$_2$@WO$_3$/Au 空心球的结构表征 ··················· 44
2.4.2 不同尺寸 TiO$_2$@WO$_3$/Au 空心球 Cr（VI）光还原活性测试效果及其机理 ······ 46
2.5 小结与展望 ·· 48

参考文献···49

第3章 核壳型纳米材料的合成及催化性能研究·······················52
3.1 引言···52
3.2 材料与方法···54
3.2.1 主要仪器与试剂···54
3.2.2 核壳型 Au@CeO$_2$ 纳米材料的合成································54
3.2.3 核壳型 Al$_2$O$_3$@CuO 纳米材料的合成·····························56
3.2.4 核壳型 Au@Cu$_2$O 星状多面体纳米材料的合成···············58
3.2.5 催化性能评价···59
3.3 核壳型 Au@CeO$_2$ 的结构及 CO 催化氧化性能研究···············61
3.3.1 核壳型 Au@CeO$_2$ 的结构性质···61
3.3.2 Au@CeO$_2$ 微球的 CO 催化性能······································66
3.4 核壳型 Au@Cu$_2$O 的结构及其光催化性能研究·····················71
3.4.1 核壳型 Au@Cu$_2$O 星状多面体的形貌表征·······················71
3.4.2 核壳型 Au@Cu$_2$O 的吸附和光催化性能研究····················77
3.5 核壳型 Al$_2$O$_3$@CuO 的结构及 CO 催化氧化性能研究············81
3.5.1 核壳型 Al$_2$O$_3$@CuO 催化剂的形貌结构···························81
3.5.2 CO 催化性能评价···87
3.6 小结与展望···92
参考文献···93

第4章 双壳 WO$_3$@TiO$_2$ 纳米材料及其光催化降解阴阳离子型芳香族污染物研究···97
4.1 引言···97
4.2 材料与方法···98
4.2.1 主要仪器与试剂···98
4.2.2 催化剂制备··99
4.2.3 吸附活性和光催化活性测试···100
4.3 双壳 WO$_3$@TiO$_2$ 空心球的结构和催化性能应用··················101
4.3.1 双壳 WO$_3$@TiO$_2$ 空心球的结构性质·····························101
4.3.2 双壳 WO$_3$@TiO$_2$ 空心球纳米复合材料的吸附和光催化降解污染物研究······108
4.3.3 TiO$_2$@WO$_3$/Au 空心球的形貌结构及其吸附和光催化性能······111
4.4 小结与展望···126
参考文献··127

第5章 双壳夹心 Au/TiO$_2$ 纳米材料的合成及 CO 催化氧化性能研究·······130
5.1 引言··130

5.2 材料与方法···131
　　5.2.1 主要仪器与试剂···131
　　5.2.2 材料的合成···132
　　5.2.3 催化性能评价···133
5.3 夹心型 Au/TiO$_2$ 空心微球的合成机理及 CO 催化氧化性能研究·······133
　　5.3.1 夹心型 Au/TiO$_2$ 空心微球的表征及其合成机理···············133
　　5.3.2 催化性能评价···140
5.4 小结与展望···148
参考文献···148

第 6 章　双壳夹心 TiO$_2$@Au@CeO$_2$ 空心球光催化降解污染物及光还原 Cr（Ⅵ）研究·······151

6.1 引言···151
6.2 材料与方法···152
　　6.2.1 主要仪器与试剂···152
　　6.2.2 催化剂制备···152
　　6.2.3 光催化活性测试···153
　　6.2.4 Cr（Ⅵ）光还原活性测试·································154
6.3 双壳夹心 TiO$_2$@Au@CeO$_2$ 空心球的结构及其光催化应用···········154
　　6.3.1 双壳夹心 TiO$_2$@Au@CeO$_2$ 空心球的形貌表征···············154
　　6.3.2 双壳夹心 TiO$_2$@Au@CeO$_2$ 空心球光氧化及光还原性能·······158
6.4 小结与展望···168
参考文献···168

第 7 章　双壳夹心 TiO$_2$@Pt@CeO$_2$ 及 TiO$_2$@NMs@ZnO 空心球光还原 Cr（Ⅵ）及光氧化苯甲醇性能研究·······172

7.1 引言···172
7.2 材料与方法···173
　　7.2.1 主要仪器与试剂···173
　　7.2.2 催化剂制备···174
　　7.2.3 Cr（Ⅵ）光还原活性测试·································175
　　7.2.4 苯甲醇的光催化氧化·····································176
7.3 双壳夹心 TiO$_2$@Pt@CeO$_2$ 空心球的结构及其催化活性·············177
　　7.3.1 双壳夹心 TiO$_2$@Pt@CeO$_2$ 空心球表征·····················177
　　7.3.2 双壳夹心 TiO$_2$@Pt@CeO$_2$ 空心球双功能催化性能研究·······184
7.4 双壳夹心 TiO$_2$@NMs@ZnO 空心球的结构及其催化活性···············190
　　7.4.1 双壳夹心 TiO$_2$@NMs@ZnO 空心球结构·······················190

  7.4.2 双壳夹心 TiO_2@NMs@ZnO 空心球光氧化性能及其机理研究·············197
  7.4.3 TiO_2@NMs@ZnO 空心球负载贵金属种类对催化性能的影响·············202
 7.5 小结与展望·············204
 参考文献·············205

第8章 双壳夹心 TiO_2@Pt@C_3N_4 及 TiO_2@Au@C 空心球光催化性能协同增强机制研究·············210

 8.1 引言·············210
 8.2 材料与方法·············212
  8.2.1 主要仪器与试剂·············212
  8.2.2 催化剂制备·············212
  8.2.3 吸附活性和光催化活性测试·············213
  8.2.4 产氢活性测试·············214
  8.2.5 电化学性能测试·············215
 8.3 双壳夹心 TiO_2@Au@C 空心球的结构及其光催化活性·············215
  8.3.1 双壳夹心 TiO_2@Au@C 空心球的结构·············215
  8.3.2 双壳夹心 TiO_2@Au@C 空心球的吸附及光催化性能·············225
  8.3.3 双壳夹心 TiO_2@Au@C 空心球光催化产氢性能·············229
 8.4 双壳夹心 TiO_2@Pt@C_3N_4 空心球的结构及其光催化活性·············231
  8.4.1 双壳夹心 TiO_2@Pt@C_3N_4 空心球的结构性质·············231
  8.4.2 双壳夹心 TiO_2@Pt@C_3N_4 空心球的光催化污染物研究·············237
 8.5 小结与展望·············242
 参考文献·············243

第1章 TiO$_2$基纳米材料在环境领域的应用及复合结构

人类的各种活动所产生的化学物质大量进入环境,对人类和生态环境造成严重的不利影响和危害。随着污染的不断加剧,环境水污染问题也日益突出,亟须寻找有效的处理方法。光催化技术具有直接利用太阳能和常温深度反应等独特优点,成为高新技术的新希望。光催化技术是利用半导体材料在光作用下诱发光氧化-还原催化反应的一类技术。它是一种很有应用前景的用来解决环境水污染问题的高级氧化技术,作为新兴的研究方向涉及多学科领域交叉,已成为环境科学领域的研究焦点[1]。

与其他光催化材料相比,TiO$_2$由于其独特的物理和化学等优异性能(化学性质稳定、抗光腐蚀、无毒和价格低廉等优点)而在半导体材料中脱颖而出,以TiO$_2$为载体的催化剂成为光催化技术的研究热点。

1.1 TiO$_2$基纳米材料在环境领域的应用概况

1.1.1 TiO$_2$基纳米材料在光处理重金属方面的应用

随着电镀、采矿、化肥、制革、电池和造纸等行业的快速发展,排放到环境中的重金属废水越来越多。与有机污染物不同,重金属在水生环境中具有很高的溶解度,可被生物体吸收。重金属一旦进入食物链,可能会大量积聚在活的有机体内[2],且许多重金属离子具有毒性或致癌性。目前特别受关注的重金属有锌、铜、镍、汞、镉、铅、铬和砷[3]。因此,重金属污染废水在排入环境之前,有必要对其进行处理。常规处理过程(如化学沉淀、离子交换和电化学去除)可以去除无机废水中的重金属,但这些过程存在明显的缺点,如去除不完全、高能量需求以及有毒污泥的产生等[4-6]。近来,为了开发绿色的和更有效的技术,对于如何才能既减少废水量又改善处理过的废水的质量,科学家研究了许多方法,包括吸附法、膜分离法、电渗析法以及光催化技术等。如表1-1所示,每一种处理技术都有一些优点和缺点。

表 1-1 废水中重金属不同处理方法的主要优缺点

处理技术	优点	缺点	参考文献
吸附法	成本低，操作简便；较宽的 pH 处理范围；高的金属结合能力	选择性低、有副产物产生	[7]
膜分离法	空间要求小，分离选择性高	成本高	[8]
电渗析法	分离选择性高	成本高	[9]
光催化技术	有效去除污染物，副产物产生较少	持续时间长、应用受限制	[10]

光催化处理重金属的技术由于本身具有的优势受到了较大关注，特别是太阳光诱导光催化过程的成本相对较低，因此对于长期治理污染而言更具吸引力[11, 12]。光催化过程指的是在光能大于半导体带隙的情况下，当光照射半导体-电解质界面时，在半导体的导带和价带中会形成电子-空穴对（e^-/h^+），这些电荷载体迁移到半导体表面能够还原或氧化具有合适氧化还原电位的物质。目前有很多半导体纳米材料受到人们关注，如 TiO_2、ZnO、WO_3、CeO_2 等，其中 TiO_2 由于具有较好的量子产率而倍受关注，图 1-1 显示的是 TiO_2 颗粒上光催化的理论反应路径[12]。

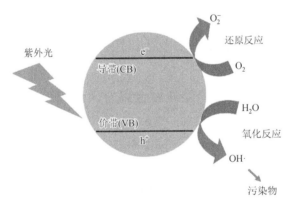

图 1-1 TiO_2 光催化的理论反应路径[12]

研究表明（表 1-2），通过光还原能够去除多种重金属污染，如 Zn[13]、Cu[14]、Ni[15]、Hg[16]、Cd[17, 18]、Pb[19]、Cr[20]等元素；通过光氧化能够将高毒性的三价砷转化为低毒性的五价砷[21, 22]。原则上用于金属（M）还原沉积的半导体带隙能量必须比金属对（M^{n+}/M^0）的能量（E）更负，而当金属对（M^{n+}/M^0）的能量（E）比二氧化钛带隙能量更负时，二氧化钛导带电子不能直接还原阳离子。因此，对某些金属离子如 Pb^{2+}、Cd^{2+}、Ni^{2+} 而言，寻找合适的空穴清除剂对于实现还原成相应的金属非常重要[23]。由于光处理 Pb、Cd、Ni 等重金属条件的限制,目前的研究主要集中在 TiO_2 基催化剂在紫外光和可见光诱导下光催化去除水中的 Cr 和 As 等有毒金属。

表 1-2 TiO_2 基纳米材料紫外可见光氧化/还原处理重金属的应用

重金属	对象	光生产物	光化学过程	参考文献
Zn(Ⅱ)	自来水	Zn^0	TiO_2-P25/紫外光还原	[13]
Cu(Ⅱ)	废水	Cu(Ⅰ),Cu^0	TiO_2/紫外光还原	[14]
Ni(Ⅱ)	自来水	Ni^0	TiO_2 颗粒/紫外光还原	[15]
Hg(Ⅱ)	自来水	Hg^0	TiO_2/紫外光还原	[16]
Cd(Ⅱ)	废水	Cd^0	TiO_2/紫外光还原	[17, 18]
Pb(Ⅱ)	废水	Pb^0	TiO_2 催化剂/紫外光还原	[19]
Cr(Ⅵ)	废水	Cr(Ⅲ)	TiO_2/紫外光还原	[20]
As(Ⅲ)	废水	As(Ⅴ)	V_2O_5/TiO_2/紫外光氧化	[21, 22]

六价铬 [Cr(Ⅵ)] 是铬的一种价态,因其高毒性和致癌性,对人类健康构成威胁[24-26]。电镀、涂漆、制革等制造业废水的排放,使得水体中 Cr(Ⅵ) 污染越来越严重[27-29]。因为 Cr(Ⅲ) 是人体必需的微量金属元素且具有低毒性,所以一般的处理方法是将剧毒的 Cr(Ⅵ) 转化为低毒的 Cr(Ⅲ),然后将 Cr(Ⅲ) 吸附在纳米材料表面作为固体废物去除[30-33]。在多种还原方法中,利用金属氧化物光催化纳米材料光还原去除 Cr(Ⅵ) 被认为是一种环境友好且简单的方法[34-36]。1979 年,日本学者 Yoneyama 等[37]首次利用 n 型半导体 $SrTiO_3$ 等在酸性条件下进行光催化还原 Cr(Ⅵ) 实验,验证了光催化还原金属离子的可能性,也揭开了光催化还原 Cr(Ⅵ) 的序幕。经过研究者多年的努力,虽然光催化还原重金属污染物的研究大多数仍停留在实验室阶段,但其未来的应用前景还是受到专家学者的共同认可,且目前光催化还原 Cr(Ⅵ) 领域取得了巨大进展[38-40],多种金属氧化物光催化纳米材料,如 TiO_2[41-46]、ZnO[47, 48]、Fe_2O_3[49, 50]、CoO[51]、CeO_2[52]等都具有较好的光催化还原 Cr(Ⅵ) 的能力。

近年来,一些课题组利用 TiO_2 纳米颗粒和 TiO_2 纳米管(TNTs)的混合物实现了一步高效同时去除 Cr(Ⅵ) 和 Cr(Ⅲ)[30-32]。与传统的两步去除 Cr[第一步先光催化还原 Cr(Ⅵ),然后对 Cr(Ⅲ) 进行吸附]不同,一步过程明显缩短了反应时间（超过 50%）。光催化和吸附的协同作用对提高 Cr 去除效率起着重要作用（图 1-2）。突出的协同效应和反应机理的解释使得这项研究具有潜在的实际应用价值。

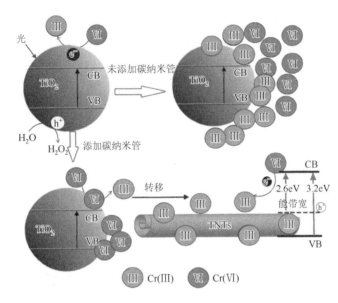

图 1-2　TiO_2 纳米颗粒与 TiO_2 纳米管光催化及吸附协同机理示意图

一些课题组也开始尝试合成暴露不同晶面的空心球纳米材料用于 Cr（Ⅵ）的光还原[53, 54]。如通过简单的氟化物引导水热合成具有高产率的 TiO_2 空心球，其中空心球的表层结构由暴露的 TiO_2 锐钛矿（001）晶面的纳米片组成。氟化的 TiO_2 空心球被用于光催化还原溶液中的 Cr（Ⅵ）时，由于氟化的 TiO_2 空心球具有高比表面积和大量中孔性质，与其他 TiO_2 结构相比具有更强的光催化活性。此外，TiO_2 暴露的（001）晶面也有助于增强光催化活性，TiO_2 锐钛矿（001）晶面对 Cr（Ⅵ）的还原比（101）晶面更加有效。氟化的 TiO_2 空心球不仅可以光转化废水中的 Cr（Ⅵ），还可以利用空心球结构吸附去除 Cr（Ⅲ）（图 1-3）[53]。赵惠军课题组通过简便的微波辅助水热方法制备得到的微米/纳米结构二氧化钛微球，已达到高产量生产。研究发现可以通过控制微波辐射温度来得到结晶良好的锐钛矿相二氧化钛纳米颗粒，且制备得到的高比表面积二氧化钛微球对 Cr（Ⅵ）具有较好的去除效率。这项工作不仅丰富了合成微米/纳米结构 TiO_2 的方法，而且为通过结构诱导的协同效应提高光催化效率提供了新的手段，且适用于其他催化体系[54]。

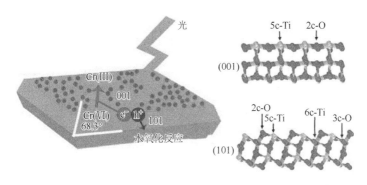

图 1-3 TiO$_2$ 锐钛矿（001）晶面光催化去除 Cr（Ⅵ）的示意图

一些课题组也采用金属掺杂 TiO$_2$ 纳米复合材料用于光还原 Cr（Ⅵ）[55-57]。例如，李广海课题组[55]采用水热法合成 Fe（Ⅱ）掺杂的 TiO$_2$ 球形催化剂，并将此催化剂用于太阳光下光催化去除电镀废水中的 Cr（Ⅵ）。Fe（Ⅱ）掺杂的多重还原过程的协同效应可以提高 TiO$_2$ 球形催化剂的光催化活性。另外，扩展光学响应范围以及采用能有效利用太阳光的壳状结构催化剂也有助于提高光催化活性。日本学者 Hiroshi Kominami 等[56]通过传统的光沉积方法制备得到 Au/TiO$_2$-Pt 催化剂，由于 Au 纳米颗粒的表面等离子共振（SPR）效应表现出强的光吸收性，因此其可被用于可见光照射下还原六价铬。另外，研究表明 Au/TiO$_2$-Pt 样品光还原六价铬的速率是 Au/TiO$_2$ 样品的两倍，说明 Au/TiO$_2$ 通过官能化引入 Pt 助催化剂成功实现了催化活性的提高（图 1-4）。

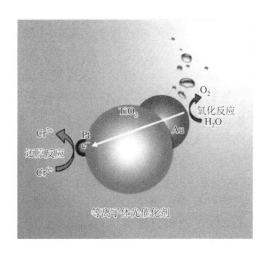

图 1-4 Au/TiO$_2$-Pt 在悬浮液中对 Cr^{6+} 还原和 H$_2$O 氧化的预期反应机理

利用金属氧化物纳米材料光还原去除 Cr（Ⅵ）被认为是一种环境友好且简单

的方法，同样，利用金属氧化物纳米材料光氧化去除As（Ⅲ）也受到很多科学家的青睐[58-72]。目前的研究主要集中在TiO₂基催化剂在紫外光和可见光诱导下光催化去除水中As（Ⅲ）[58, 59]。日本学者Wonyong Choi等[59]使用二氧化钛光催化剂，在紫外光照下将As（Ⅲ）快速氧化成As（Ⅴ），As（Ⅴ）毒性较小，且在水生环境中流动性较差。因此，二氧化钛光催化剂在紫外光条件下光氧化As（Ⅲ）的方法可以作为一种有效的砷污染预处理方法。他们还提出As（Ⅲ）的存在会导致TiO₂光生电荷的重组，证实超氧自由基对于As（Ⅲ）的氧化起主导作用（图1-5）。

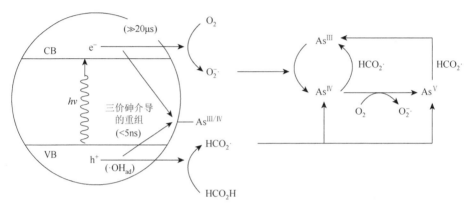

图1-5 As（Ⅲ）作为外部电荷复合中心在UV激发的TiO₂上发挥独特作用的示意图

另外在As（Ⅲ）存在下，金属负载二氧化钛基纳米材料降解有机污染物的效率增强，同时砷的去除效率也得到提高[60, 61]。韩国学者Jungwon Kim[60]研究了As（Ⅲ）存在下Pt/TiO₂悬浮液对酚类污染物（如4-氯苯酚和双酚A）光催化降解的影响。实验表明在As（Ⅲ）存在下，光催化剂对4-氯苯酚和双酚A的降解效率明显增强，并且As（Ⅲ）同时也氧化成As（Ⅴ）。As（Ⅲ）对酚类污染物降解的这种积极作用归因于As（Ⅲ）氧化产生的As（Ⅴ）吸附在Pt/TiO₂表面，有助于产生活性更高的游离羟基自由基。因此可以得出：Pt/TiO₂作为实用的光催化剂能同时氧化酚类污染物和工业废水中的As（Ⅲ）。倪晋仁院士课题组[61]通过一步水热法合成具有高光催化活性和吸附性能的铁沉积二氧化钛纳米管（Fe-TNTs）。利用Fe-TNTs先将As（Ⅲ）氧化后再吸附As（Ⅴ），可同时去除水溶液中这两种有毒污染物。此外，由于额外的吸附位点α-Fe₂O₃的存在，Fe-TNTs对As（Ⅴ）的吸附性能也得到改善。该研究提出了一种利用新型二氧化钛基纳米材料来同时去除污染水中的As（Ⅲ）和As（Ⅴ）的方法（图1-6）。

有机纳米材料负载二氧化钛基纳米材料也受到很大的关注[62, 63]。芬兰学者Maryam Roza Yazdani等[62]开发了一种环境友好的生物光催化剂，用于减少污水中

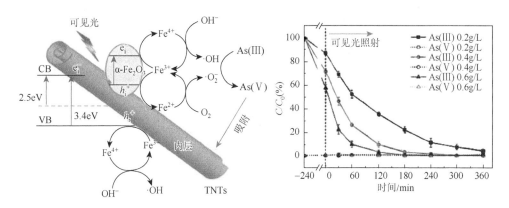

图 1-6　As（III）光氧化及 As（V）在 Fe-TNTs 上的吸附示意图

砷的含量。通过将纳米二氧化钛与长石纳米颗粒包埋在壳聚糖基质中，制备得到纳米二氧化钛/长石嵌入式壳聚糖复合材料。合成的复合材料在宽的 pH 范围内依然可以有效地去除砷，紫外灯的引入大大提高了砷的去除效率。通过以下模型进一步证实了纳米复合材料的光催化氧化性能（图 1-7）。李可心课题组[63]通过简单的一步水热合成法，成功制备了具有优异光催化活性的石墨氮碳纳米片/二氧化钛中空微球异质结（gC$_3$N$_4$/TiO$_2$），用于研究 4-氟苯酚/Cr（VI）和 Cr（VI）/As（III）多组分复合污染体系中的协同光催化效应，结果表明，相对于单组分光催化系统，4-氟苯酚/Cr（VI）和 Cr（VI）/As（III）多组分协同光催化剂同时提高了 4-氟苯酚降解率、Cr（VI）还原率以及 As（III）的氧化率。

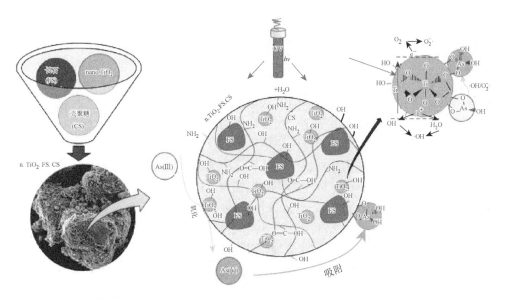

图 1-7　二氧化钛与长石纳米颗粒包埋壳聚糖纳米材料吸附-光催化去除砷的机理示意图

1.1.2 TiO$_2$基纳米材料在光降解有机污染物方面的应用

水是人类生活和生产不可缺少的重要物质,但在人类利用的过程中,一些杂质和污染物被带入水体,降低了水的利用价值。水体有机物污染是全球范围内普遍存在的环境问题,危及生态系统和人类健康,人为参与降解此类污染物是一个巨大的挑战。美国环境保护局从 7 万种化合物中筛选出 129 种优先污染物,其中有机物 114 种。2017 年《中国生态环境状况公报》显示,目前我国七大水系、主要湖泊、近岸海域及部分地区的地下水受到不同程度的有机污染物的污染。因此,有效地控制和治理这些有机污染对保护我们的水资源、土壤和大气环境非常重要,开发各种有效的处理化学污染的技术是环境保护的关键(表 1-3)。寻找一种高效的、低能耗的、能深度催化氧化还原水体污染物的纳米复合材料成为科研工作者们研究的重大课题。

表 1-3 现阶段常规的污水处理技术的主要优缺点

处理技术	优点	缺点
物理法	可以将污染物从水溶液中脱离	处理介质需要阶段性再生恢复
化学法	可有效降解或消除污染物	成本较高; 产生二次污染
生物法	成本相对低廉	受限于微生物代谢能力,对于一些处理难度较大的废水束手无策
光催化水处理技术	氧化还原能力强; 催化剂可循环利用; 无二次污染	处于工业化应用的前期,距离实际应用还有待进一步研究和发展

近年来,光催化水处理技术作为一种高效环保的有机污染物去除技术受到了广泛的关注,被公认为"最具潜力的水处理技术"之一[73-77]。许多难降解的高毒性有机物可以被光催化作用氧化。光催化作用产生的羟基自由基具有良好的氧化性,可以破坏难降解的有机物特殊化学结构,从而将其由大分子有机物变为小分子有机物,增加其可生化性,甚至彻底矿化至无毒产物。光催化降解有机物技术既充分利用太阳能又解决有机污染物处理难题,提高了光催化剂的催化效率。半导体光催化水处理技术的机理一直是研究学者关注的焦点问题,目前许多半导体氧化物光催化剂在光催化降解污染物方面取得了很大进展[78-81]。其中大部分的工作还是主要集中在 TiO$_2$ 方面,其光催化活性高、带隙宽(3.2eV)、成本低、毒性低和化学稳定性高,已经被广泛地应用于光催化降解有机污染物[82-86]。其他光催化剂还有 WO$_3$[87-89]、CeO$_2$[90-93]、ZnO[94-96]等。

TiO$_2$基催化剂被广泛应用于光催化降解有机污染物研究。Haoran Dong 课题组[82]总结了可见光光催化活性、吸附能力、稳定性和可分离性对 TiO$_2$ 基光催化剂光催化降解有机污染物性能的影响，并讨论了潜在机理，相应地提出了基于 TiO$_2$ 光催化技术对未来的研究需求（图 1-8）。马来西亚学者 B. H. Hameed 等[84]讨论了不同 TiO$_2$ 基光催化剂对有机污染物的光催化降解的影响，进一步对比不同制备方法对光催化剂催化活性的影响，如待降解溶液的初始 pH、氧化剂、催化剂煅烧的温度、掺杂剂含量及催化剂负载量对有机污染物光催化降解产生的影响。最后发现溶胶-凝胶方法可以在较低温度下合成高纯度光催化剂，该方法广泛用于生产 TiO$_2$ 基光催化剂（图 1-9）。

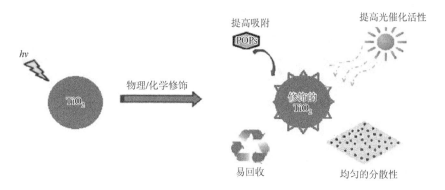

图 1-8　TiO$_2$ 基催化剂光催化去除水污染物机理的示意图

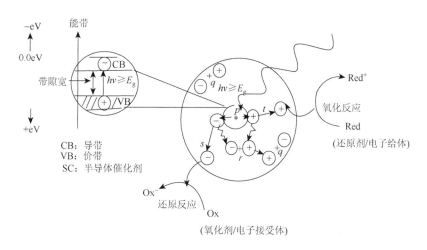

图 1-9　半导体材料的光催化过程示意图

其他金属氧化物对于有机污染物光降解的研究也日增长，如 Shuangshi Dong

课题组[87]制备的碳纳米点/WO₃纳米棒复合材料（CDots/WO₃），表现出宽的光响应范围和高的光催化活性（图 1-10）。这种优异的光催化性能被归因于协同效应，包括高度分散的 CDots/WO₃ 的高比表面积、碳纳米点和 WO₃ 纳米棒之间异质结构诱导形成的有效电荷分离。因此，CDots/WO₃ 纳米复合材料为能够利用太阳能全光谱的新策略提供了参考依据。

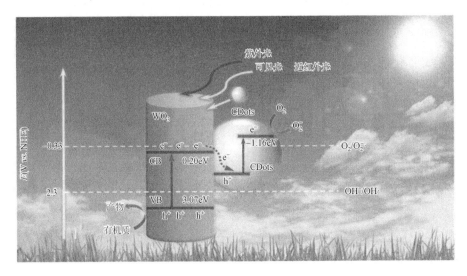

图 1-10　在紫外光、可见光及近红外光照射下碳纳米点/WO₃纳米棒复合材料的光催化机理示意图

美国学者 K. J. Balkus 等[90]通过水热合成方法制备得到不同钇掺杂的 CeO₂ 纳米棒。CeO₂ 的活性较低是由于其带隙能量低和氧空位少，而钇掺杂剂可以提高 CeO₂ 氧空位，因此钇掺杂纳米棒表现出较高的光催化活性（图 1-11）。研究者发现在较高温度下，CeO₂ 氧空位增加，同时高温使得氧离子传导率显著提高，继而提高电荷分离效果，从而使降解污染物的光催化效率大大提高。

美国学者 Jun-Jie Yin 等[94]通过在 ZnO 纳米颗粒上负载 Au 制备得到 ZnO/Au 纳米复合材料，利用自旋捕获和自旋标记的 ESR 光谱仪，明确地识别了 ZnO 和 ZnO/Au 纳米复合材料在模拟太阳光下激发时产生的活性氧，发现 ZnO/Au 纳米复合材料光生活性氧显著增加，导致光催化活性显著提高。另外，ZnO/Au 纳米复合材料表现出增强的电荷载体反应活性。这种增强效应可能归因于 Au 纳米颗粒诱导的电子传输和电荷载体分离的效率更高。这些结果不仅提供了识别和区分活性氧和电子-空穴的有效方法，而且还证明了通过掺入贵金属可以提高半导体光催化剂的活性（图 1-12）。

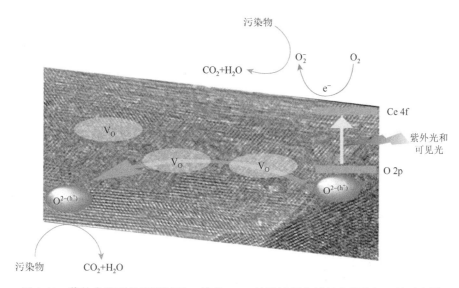

图 1-11 紫外光及可见光照射下 Y 掺杂 CeO_2 纳米棒复合材料光催化机理的示意图

V_O 表示氧缺陷

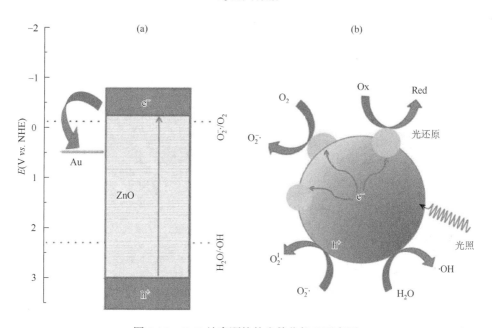

图 1-12 ZnO 纳米颗粒的光催化机理示意图

1.1.3 TiO_2 基纳米材料在光氧化苯甲醇方面的应用

传统的有机合成技术不但步骤烦琐,需要较严格的化学计量比,而且所使用的氧化剂或还原剂通常是一些具有毒性、腐蚀性或危险性的物质，如 ClO^-、Cl_2、H_2 等，并且氧化还原反应往往还须在高温高压等特定环境下才能进行。科研人员一直尝试寻找一些在简单温和条件下就可完成有机合成的方法，特别是在能源高度紧张的今天，降低合成成本更利于合成技术及合成产品的推广应用。由于太阳光安全环保和具有可持续性，光催化氧化技术所具有的激发条件温和、反应历程短、发生副反应少的特点符合合成工艺的新理念，被认为是醇氧化成相应醛类的绿色可靠途径[97-101]。从目前的研究进展来看，利用光催化作用的合成工艺主要是通过加入 O_2 等绿色环保氧化剂消耗光生电子，从而利用光催化氧化性进行合成。由于羰基化合物被广泛应用于食品加工、药物制备及化学工业，因此利用太阳光将醇选择性地氧化为相应的醛是一种重要的有机转化绿色方法[102-107]。

目前的研究主要还是利用 TiO_2 基纳米材料对醇选择性氧化。波兰学者 Juan C. Colmenares 等[98]开发了一种简单有效的超声波辅助浸渍法制备磁性可分离的 TiO_2/磁赤铁矿-二氧化硅纳米复合材料（TiO_2/MAGSNC）（图 1-13）。将得到的几种纳米复合材料用于苯甲醇的选择性氧化催化活性测试。结果表明，TiO_2/磁赤铁矿-二氧化硅纳米复合材料对苯甲醇的选择性氧化活性优于其他金属催化剂以及商业二氧化钛 P25 光催化剂。Baozhu Tian 课题组[99]通过简单的多步合成路线制

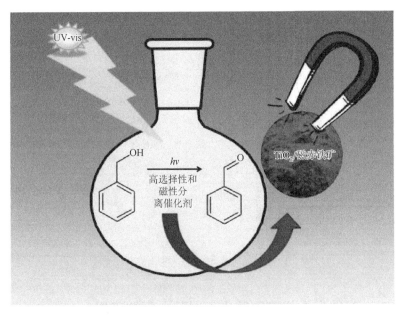

图 1-13 紫外可见光照射下 TiO_2/磁赤铁矿-二氧化硅纳米复合材料光催化机理的示意图

备了夹心型结构的 AgBr@Ag@TiO₂ 复合光催化剂,并研究其将苯甲醇氧化成苯甲醛的光催化性能(图 1-14)。瞬态光电流和光致发光(PL)光谱分析证实,核壳结构可以有效地促进光生电子和空穴的分离。自由基清除实验表明,超氧自由基和空穴是将苯甲醇转化成苯甲醛的主要活性物质。

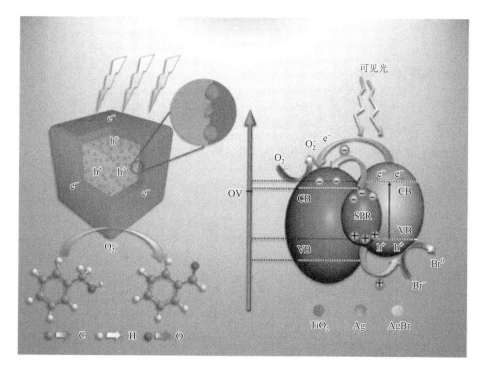

图 1-14　可见光照射下夹心型结构 AgBr@Ag@TiO₂ 光氧化苯甲醇为苯甲醛的反应机理图

而其他金属氧化物纳米材料也逐渐被用于醇的选择性氧化。例如 Ling Zhang 课题组[102]利用氟化的多孔 WO₃ 光催化剂选择性光氧化苯甲醇(图 1-15),其在模拟太阳光下对醇具有显著的选择性及光氧化能力。这种高反应性归因于氟与 WO₃ 之间的协同效应及表面氟化和中空的纳米结构。其中中空的纳米结构为氧电子的转化提供活性位点,表面氟化有助于光生电子的传递。因此,纳米材料表面氟化被认为是一种有效的选择性氧化苯甲醇的方法。

英国学者 Richard E. Douthwaite 等[103]制备的具有单斜晶型的氧化铋钒纳米颗粒(nan-BiVO₄),用于可见光照射下将苯甲醇选择性光氧化成苯甲醛(图 1-16)。用蓝色 LED 灯(k_{max} = 470nm)光氧化苯甲醇的选择性大于 99%。与块状 BiVO₄ 对比,纳米材料 BiVO₄ 由于其表面积大而具有更优越的光氧化性能。

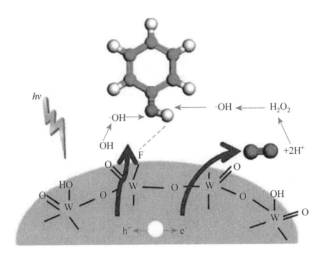

图 1-15　可见光下氟化的多孔 WO_3 光催化剂选择性光氧化苯甲醇的反应机理

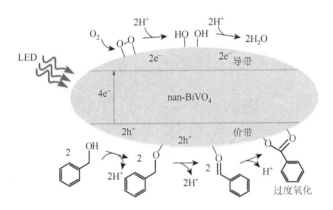

图 1-16　可见光下氧化铋钒纳米颗粒选择性光氧化苯甲醇的反应机理

1.1.4　TiO_2 基纳米材料在其他环境方面的应用

　　能源与环境是当今世界面临的两大严峻的现实问题。我国以煤和石油作为主要燃料，化石燃料的有限性和污染的严重性，更加重了我国面临的环境问题。化石燃料在燃烧过程中，由于燃烧不完全，会产生很多种燃烧副产物，这些燃烧副产物对人类都会或多或少造成危害，而 CO 在这些燃烧副产物中含量最多，造成的危害也相当大。因此，减少 CO 的排放，保护人们日常生活环境，已经成为解决世界环境问题，发展我国可持续发展战略的主要目标。而 TiO_2 基纳米材料在 CO 催化氧化过程中表现出了独特的催化活性[108-113]。

1.1.5 TiO₂基纳米材料在环境应用方面存在的不足

尽管金属氧化物纳米材料因氧化活性高、化学稳定性好以及其特有的光催化活性,已广泛应用于各领域,但金属氧化物光催化纳米材料在环境领域的应用受限于以下几点。

(1) 禁带宽度(TiO$_2$为3.2eV,ZnO为3.2eV)决定其吸收范围大部分在紫外区,对太阳能利用率不足10%[114],采用紫外光光源长时间光照,能耗高,损伤仪器,需进行紫外光防护,带来实验操作不便和人员安全风险。

(2) 光激发产生的电子与空穴的复合率高,致使光量子产率不高[115],对持久性有机污染物降解不完全[116-118],影响光催化性能。

(3) 金属氧化物表面具有大量亲水性羟基,有机物在表层覆盖率极低,成为影响光降解性能的关键因素[119]。

(4) 金属氧化物在固定pH值下显示出单一电性,吸附电性相反的污染物,排斥电性相同的污染物,导致样品光氧化不完全。

(5) 纳米氧化物粉体难以回收利用,存在潜在的环境风险;纳米管、线、棒易断裂,纳米薄膜易剥离、脱落,影响测定的重现性。

单一组分与单一结构的纳米材料性能势必单一,不能满足先进材料的多功能需求。与单一组分的纳米材料相比,多级结构纳米复合材料在性能上更多元化。通过多种金属氧化物纳米材料的有效复合,可以调控能带结构,从而提高金属氧化物纳米材料的光催化活性。同时多级低维纳米结构聚集时形成的空间位阻效应可以有效克服纳米晶"易团聚"难题,因此研究复合金属氧化物纳米材料具有重要的科学意义。很多科学家就致力于不同纳米复合材料产生的协同作用对光催化过程的影响研究,英国布鲁内尔大学Geoffrey C. Bond课题组[120]写了第一篇这个领域的综述,研究以块状氧化物为基底,在表面复合另一种纳米材料,探索纳米复合材料稳定性。金属氧化物纳米材料有序复合,较单一氧化物具有新颖的结构、优异的光电性能,从而展现出优越的应用性能,在光催化降解有机污染物、重金属处理及光氧化苯甲醇等方面发挥重要作用。传统催化剂中,金属纳米粒子分散在金属氧化物表面,金属氧化物的化学活性位点是分散的,金属离子的键合易被阻塞。通过第二种金属氧化物的支撑,制备多构型、多功能纳米复合材料,晶界面和化学活性位点丰富而多样。反应物能够吸附在金属氧化物纳米粒子的缺陷位点、金属氧化物活性位点以及金属-氧化物的晶界面。因此,本书将"不同结构、复合型金属氧化物纳米材料在环境领域的应用"作为研究的主题。

1.2 常见的复合金属氧化物纳米材料结构

目前，国内外有很多关于不同结构的复合金属氧化物纳米材料合成的报道，简单概括为以下几种特殊类型。

1.2.1 无定形复合金属氧化物纳米材料

无定形纳米复合材料是指尺寸在一定范围的超小纳米颗粒，与块状材料相比，无定形纳米复合材料在几何和电子结构方面都有较大的差别，因此具有独特的物理和化学性质。

一些研究组制备无定形的纳米复合材料并将其用于光催化处理芳香烃污染物研究。例如，Fu 研究组通过简单的水热法合成了一系列 SnO_2-$ZnSn(OH)_6$ 光催化剂，通过改变材料的处理温度和溶液的 pH 值来探索一系列合成的 SnO_2-$ZnSn(OH)_6$ 催化剂的不同表面性质，并将它们用于光催化降解苯（图 1-17）的研究，结果表明，SnO_2 与 $ZnSn(OH)_6$ 的协同作用有效地促使了活性自由基形成，因此 SnO_2-$ZnSn(OH)_6$ 对 C_6H_6 表现出高的降解性能[121]。

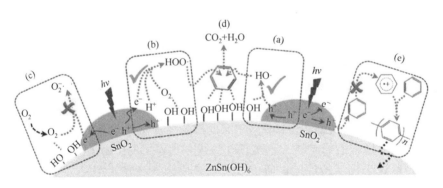

图 1-17 SnO_2-$ZnSn(OH)_6$ 催化剂光催化降解苯的反应机理

Yuanzhi Li 研究组合成了由锐钛矿 TiO_2 及介孔 CeO_2 组成的 TiO_2/CeO_2 纳米复合材料（图 1-18），并将其用于光降解苯，结果表明 TiO_2/CeO_2 纳米复合材料中 TiO_2 的光催化作用和 CeO_2 的热催化作用具有协同作用，显著提高了 TiO_2/CeO_2 纳米复合材料对苯光催化氧化的活性[122]。

哥伦比亚大学的 O'Brien 研究组[123]通过高温油相法合成了尺寸均一、大小可控的 Cu_2O 纳米晶，将纳米晶负载在硅胶表面并应用于 CO 催化氧化（图 1-19）。他们发现较小的 Cu_2O 纳米晶（11nm）相比于大颗粒的 Cu_2O 具有更好的 CO 转化

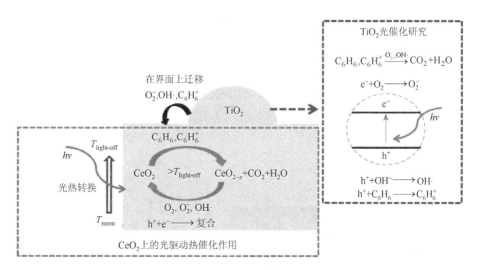

图 1-18 TiO$_2$/CeO$_2$ 纳米复合材料中太阳光驱动热催化的示意图及 TiO$_2$ 光催化与 CeO$_2$ 热催化的协同作用图

率,这主要是因为纳米晶具有量子限域效应,能够提供更大的比表面积和更多的活性位点,在 CO 吸附和催化氧化方面有良好的性能。

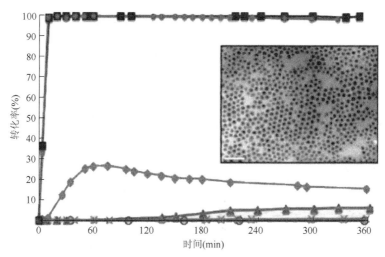

图 1-19 高温油相法合成的 Cu$_2$O 纳米晶(6nm)TEM 图以及不同催化剂在 240℃条件下的 CO 转化率(反应气包含 93% N$_2$、3% O$_2$ 和 4% CO)

■-11nm Cu$_2$O 纳米晶 10mg;●-24nm Cu$_2$O 纳米晶 10mg;♦-Cu 粉 13mg;▲-Cu$_2$O 粉末 13mg;×-CuO 粉末 13mg;○-13mg 和 75mg 硅胶混合

苏州大学的康振辉研究组[124]通过电化学的方法对石墨棒进行剥离得到了大小尺寸不均一的 C 碎片,通过柱色谱对产物进行分离纯化,得到了尺寸在 1.2~

3.8nm 范围的 C 量子点（图 1-20）。由于量子限域效应和尺寸效应，C 量子点显示了良好的光学特性，尺寸不同的 C 量子点会发射出不同的荧光，小尺寸的 C 量子点（1.2nm）发射 350nm 的紫外光；中等尺寸的 C 量子点（1.5~3nm）发射 400~700nm 的可见光，大尺寸的 C 量子点（3.8nm）发射 800nm 的近红外光。该课题组进一步将 1.2nm 的 C 量子点和 TiO_2 组成了 C 量子点/TiO_2 复合催化剂，该光催化剂在可见光范围内即可显示出良好的甲基蓝降解能力，成功将光催化剂的吸收延伸到可见光范围内。

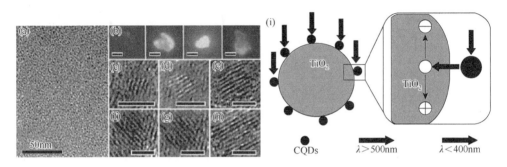

图 1-20　(a) C 量子点的 TEM 图；(b) 荧光显微镜图像；(c~h) 不同大小的 C 量子点高分辨 TEM 图；(i) CQDs/TiO_2 光催化剂的催化机理

1.2.2　单壳层或多壳层复合金属氧化物空心结构

单壳层或多壳层纳米材料空心结构主要指内部为空腔，外层有一层或多层金属氧化物的结构。空心结构纳米材料具有形貌可控、尺寸均一、密度低且比表面积大等特性，其潜在应用价值被应用于多个领域。

殷亚东研究组[125-128]用多种方法合成了单壳层的 TiO_2 空心球，其在光催化方面展示了良好的催化活性。其中报道了一种新的分解-重新组装路线，用于合成具有可控结晶度和增强的光催化活性的介孔 TiO_2 纳米晶空心球。这种独特的合成策略证明溶胶-凝胶衍生的介孔 TiO_2 胶体球可以通过表面诱导的光催化聚合分解成离散的小纳米粒子，然后均匀地嵌入聚合物（聚苯乙烯）基质中。这种独特的分解-重新组装过程形成的自支撑 TiO_2 空心球具有大比表面积、高结晶度，在紫外线照射下的染料降解中表现出优异的光催化活性（图 1-21）。这种独特的策略可以扩展到许多其他类型的纳米半导体空心球的合成中，从而为其广泛应用开创了新的机遇[125]。

单壳层的 WO_3 空心球由于其独特的性能被广泛关注[129-132]。为了获得大比表面积和高电荷分离效率的光催化剂，一些课题组[129,130]通过原位反应大规模合成

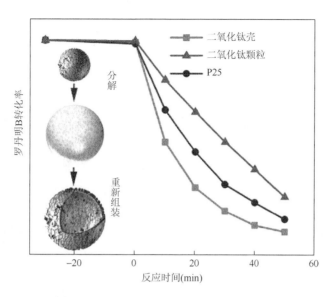

图 1-21 TiO$_2$ 纳米晶自支撑空心球的合成及光催化降解罗丹明 B 的示意图

了杂化 Au-WO$_3$ 多孔空心球。Au-WO$_3$ 催化剂对有机污染物具有显著的可见光光催化降解性能（图 1-22）。这种合成方法简单可靠，并且可以扩展到大规模制备中。

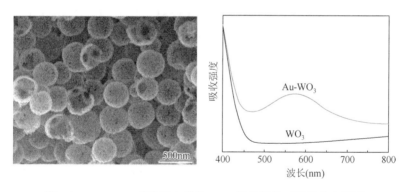

图 1-22 Au-WO$_3$ 多孔空心球的 SEM 图及紫外可见吸收光谱图

多壳层空心球纳米复合材料的多种独特性质和功能以及潜在的应用价值，吸引了越来越多研究者对其进行研究。尤其是在过去的几年中，多壳层空心球纳米复合材料的合成以及应用取得了大量进展。王丹研究组[133, 134]用碳球作为模板合成了多种氧化物和复合物空心结构，合成的材料在环境处理方面表现出优越的性能（图 1-23）。以碳球为模板合成多壳金属氧化物空心微球是一种常用而简便的方法。通过调整加热条件和金属盐的类型和浓度，可合理设计壳的数量和组成。可以通过选择合适的模板和前驱体材料来制备不同形状、尺寸和组成的其他多壳中空结构，也为开发基于各种复杂多壳中空结构的多用途先进材料开创了新机遇。

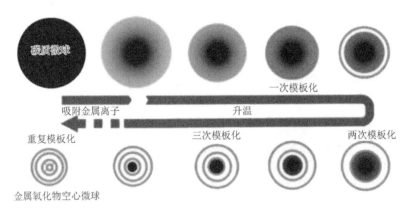

图 1-23 多壳中空金属氧化物微球合成的方法示意图

楼雄文研究组[135,136]制备了多种空心球结构，该类型结构在光催化方面显示出优异的特性。他们通过多步法合成了磁窝状 $\gamma\text{-}Fe_2O_3$/ZnO 双壳中空纳米结构（图 1-24）。这些有趣的巢状中空纳米结构由在 $\gamma\text{-}Fe_2O_3$ 空心球表面上生长的 ZnO 纳米薄片组成。重要的是，这些磁性中空纳米结构对不同有机染料（包括亚甲蓝、罗丹明 B 和甲基橙）的降解显示出非常高的可见光光催化活性。实验进一步表明这些 $\gamma\text{-}Fe_2O_3$/ZnO 混合光催化剂是高度稳定的且可以重复使用。

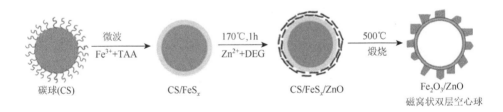

图 1-24 磁窝状 $\gamma\text{-}Fe_2O_3$/ZnO 双壳中空纳米结构的合成示意图

美国加利福尼亚大学河滨分校的 Yin 研究组[137,138]采用 SiO_2 球作为硬模板合成单分散的 SiO_2@TiO_2@SiO_2 微球，高温煅烧晶化后，微球转移到 NaOH 溶液中，将内层和外层的 SiO_2 刻蚀掉，最终得到空心 TiO_2 结构单元（图 1-25）。该空心材料由锐钛矿型 TiO_2 纳米颗粒组成，由于内外两层 SiO_2 的保护，TiO_2 颗粒尺寸较小，产物空心球的比表面积大，可以吸附更多的染料，为后期的降解提供更多的反应活性位点，在光降解过程中展示了良好的催化活性。

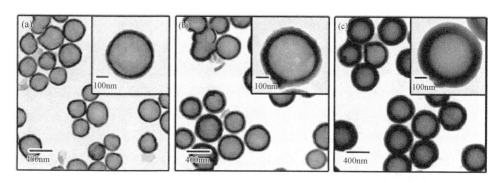

图 1-25　不同厚度 TiO$_2$ 空心球的 TEM 图

(a) 25nm；(b) 50nm；(c) 70nm

1.2.3　核壳型纳米复合金属氧化物结构

核壳型结构主要由内核和外层壳构成，内部的核被外层的壳体完全包裹，核和壳体分别为两种不同的物质，相比于两种或多种材料的简单复合，核壳结构是更高层次的复合纳米结构。外层的壳体可以保护内部的核，在实验过程中能够保护核自身的性能；而内部的核也可以影响外层的壳体，使得外部的壳层能够显示出新的性质。这是因为核壳结构可以在纳米尺度上将不同的组分有效地结合在一起，基于核和壳的设计合成，从而实现多组分间的协同效应。寻找简便而通用的核壳结构合成方法，实现精确控制壳层厚度、均匀性以及功能性仍然具有重大挑战。

核壳纳米复合材料的开发引起了相当多的关注，并发展成为先进材料化学前沿领域中日益重要的研究领域。核壳纳米复合材料是纳米级组装，其表面与核心区域的表面不同，已经在许多领域得到了广泛的应用，如电光学、量子点、药物输送、化学传感器、纳米反应器和催化剂。金属核@半导体壳纳米复合材料在非均相光催化领域的应用主要集中在光催化非选择性环境修复过程、精细化学品的选择性有机转化以及水分解产氢过程，精确控制各种金属核壳半导体纳米形态合成及其在异质光催化领域的广泛应用[139]。

徐艺军课题组[140,141]通过对 TiF$_4$ 前驱体和贵金属溶胶进行简单的水热处理，制备得到 M@TiO$_2$（M = Au、Pd、Pt）核壳纳米复合材料（图 1-26）。使用光催化降解液相中的罗丹明 B（RhB）作为探针反应，结果表明，M@TiO$_2$ 核壳纳米复合物具有可调的光反应性。贵金属能够捕获电子，提高电子与空穴对的寿命，继而提高催化剂的可见光吸收范围，因此将贵金属核掺入 TiO$_2$ 的壳中有助于提高 TiO$_2$ 的可见光光催化活性。将金属核掺入 TiO$_2$ 的壳中将抑制光腐蚀行为并且提供比裸露 TiO$_2$ 更好的光催化稳定性。这项工作可以为具有可调光催化活性的 TiO$_2$ 包覆核壳纳米材料提供指导信息。

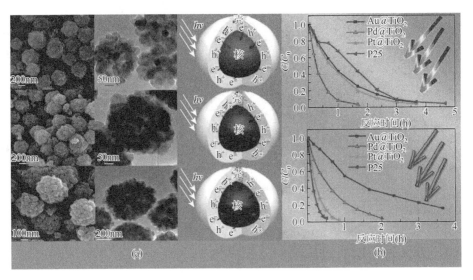

图 1-26　M@TiO₂ 核壳纳米复合材料的 SEM 图、TEM 图（a）及其光催化性能（b）

赵东元课题组[142-144]对于核壳型纳米复合金属氧化物做了很多研究。通过热水解合成出了 α-Fe₂O₃ 椭圆棒作为内核，将 α-Fe₂O₃ 椭圆棒分散到无水乙醇中，加入前驱体钛酸四丁酯（TBOT）和氨水，钛酸四丁酯在乙醇溶剂中缓慢水解，能够在 α-Fe₂O₃ 椭圆棒外层生成均匀的 TiO₂ 壳层，通过调控氨水的加入量，可以调控钛酸四丁酯的水解程度，进而调控壳层厚度（图 1-27）。经过煅烧处理后，外层 TiO₂ 晶化为锐钛矿晶型，对染料罗丹明 B 有着很好的降解效果，而且内部的 α-Fe₂O₃

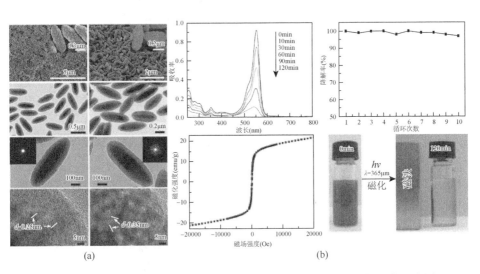

图 1-27　Fe₂O₃@TiO₂ 核壳结构的 SEM 和 TEM 图（a）以及降解和磁性分离示意图（b）

椭圆棒可以提供磁性,在外加磁场的作用下,可以实现产物的完全分离,循环十次后降解效果仍没有明显降低。

1.2.4　yolk-shell 型纳米复合金属氧化物结构

yolk-shell 结构是指一个空的壳中包有其他粒子并且这二者之间有间隙的结构。yolk-shell 结构是一种特殊的核壳结构,具有独特的核@void@壳结构。其由于独特的性质,如低密度、大表面积、功能内核及可设计的间隙,引起了研究人员极大的兴趣。yolk-shell 结构材料结合了每种成分的性质,在纳米反应器、催化剂等方面具有很大的潜在应用价值。

赵东元课题组[145, 146]通过"水热蚀刻辅助结晶"策略,以超薄纳米片组装形成双壳 $Fe_3O_4@TiO_2$ yolk-shell 纳米空心微球(图 1-28)。所获得的 $Fe_3O_4@TiO_2$ 微球具有统一的尺寸、定制的壳结构、良好的结构稳定性、多功能的离子交换能力、高表面积、大磁化强度以及显著的催化性能。相应的 $Fe_3O_4@NS-TiO_2$ 衍生物也显示出优异的光催化活性。这种简单的合成策略可以很容易地扩展到组装其他多功能的 yolk-shell 纳米材料。

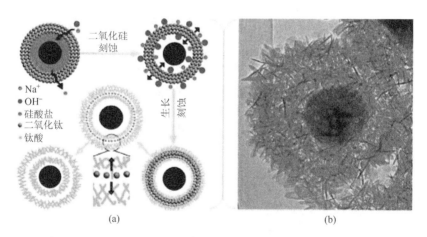

图 1-28　双壳 $Fe_3O_4@TiO_2$ yolk-shell 纳米复合材料的制备过程(a)以及双壳 $Fe_3O_4@TiO_2$ yolk-shell 纳米复合材料的 TEM 图(b)

车仁超课题组[147, 148]开发了一种简单的"水热微结晶"路线来合成具有混合硅酸钡和钡钛氧化物外壳的分级磁性 yolk-shell 微球(图 1-29),可控制不同参数合成具有不同壳层厚度和核心尺寸的各种 yolk-shell 微球。合成的 yolk-shell 微球具有高磁化率、大比表面积和高孔隙率,在光电性能方面展现出优越的性能。这种简单的合成策略可以容易地扩展到具有独特的 yolk-shell 结构的其他纳米复合材料的合成中。

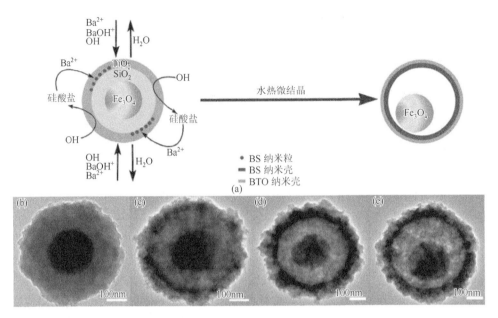

图 1-29　Fe_3O_4@BS/BTO 微球合成的示意图（a）及不同水热时间合成微球的 TEM 图（b～e）

新加坡国立大学的曾华纯研究组[149]采用水热法一步合成出了 yolk-shell 型 Au@TiO_2 结构单元。该方法简单，减少了模板剂的使用。水热开始阶段形成了 Au@TiO_2 核壳结构，随着水热时间的延长，TiO_2 壳层奥斯特瓦尔德熟化形成了空心的 TiO_2 壳层，最终得到了 yolk-shell 型 Au@TiO_2 微球。国家纳米科学中心的唐智勇研究组[150]采用类似的方法制备出壳层厚度可调的 yolk-shell 型 Au@TiO_2 微球并将其应用于染料敏化太阳能电池（图 1-30）。空心 TiO_2 球提供了更多染料吸

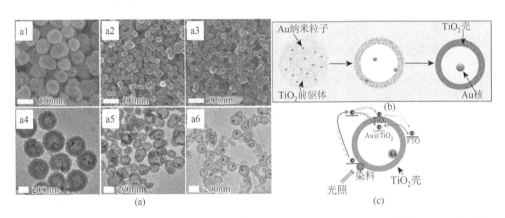

图 1-30　不同壳层厚度 Au@TiO_2 微球的 SEM 图：（a1）壳层厚；（a2）壳层中等；（a3）壳层薄；相应的 TEM 图（a4～a6）；合成示意图（b）；电池内部机理图（c）

附位点,而内部 Au NPs 的表面等离子体激元效应又可以降低 TiO_2 壳层的肖特基势垒,有利于染料电子导向 TiO_2 并进一步导出去,提高了电池的可见光利用率,增加了能量转化效率。

除此之外,德国莱布尼茨高分子研究所 Mukesh Agrawal 课题组[151, 152]合成了多种核壳结构,并系统研究了合成过程中的影响因素及其磁性调控;国家纳米科学中心的唐智勇研究组[153, 154]通过自构模板的方法制备多种微球纳米复合材料,其在催化氧化方面展现出了极好的催化性能;美国加利福尼亚大学洛杉矶分校卢云峰课题组[155, 156]通过一步合成法得到双壳结构的纳米复合材料,其在材料功能化方面表现出了重要作用;此外清华大学的李亚栋研究组[157, 158]、佐治亚理工学院的夏幼南研究组[159, 160]、新加坡南洋理工大学的陈宏宇研究组[161, 162]、中国科学院大连化学物理研究所的李灿研究组[163, 164]都在纳米复合材料的制备和调控方面做了大量的工作,促进了该领域的快速发展,为今后该方向的发展提供了广泛的实验方法和理论基础。

参 考 文 献

[1] Braslavsky S E. Glossary of terms used in photochemistry [J]. Pure and Applied Chemistry, 2007, 79(3): 239-465.

[2] Rajput R S, Pandey S, Bhadauria S. Status of water pollution in relation to industrialization in Rajasthan [J]. Rev. Environ. Health, 2017, 32(3): 245-252.

[3] Nagajyoti P C, Lee K D, Sreekanth T V M. Heavy metals, occurrence and toxicity for plants: A review [J]. Environ. Chem. Lett., 2010, 8(3): 199-216.

[4] Barakat M A. New trends in removing heavy metals from industrial wastewater [J]. Arab. J. Chem., 2011, 4(4): 361-377.

[5] Lu Z, Chang D, Ma J, et al. Behavior of metal ions in bioelectrochemical systems: A review [J]. J. Power Sources, 2015, 275: 243-260.

[6] Chen G. Electrochemical technologies in wastewater treatment [J]. Sep. Purif. Technol., 2004, 38(1): 11-41.

[7] Ngah W S W, Teong L C, Hanafiah M. Adsorption of dyes and heavy metal ions by chitosan composites: A review [J]. Carbohyd. Polym., 2011, 83(4): 1446-1456.

[8] Dialynas E, Diamadopoulos E. Integration of a membrane bioreactor coupled with reverse osmosis for advanced treatment of municipal wastewater [J]. Desalination, 2009, 238(1-3): 302-311.

[9] Abou-Shady A. Recycling of polluted wastewater for agriculture purpose using electrodialysis: Perspective for large scale application [J]. Chem. Eng. J., 2017, 323: 1-18.

[10] Das R, Vecitis C D, Schulze A, et al. Recent advances in nanomaterials for water protection and monitoring [J]. Chem. Soc. Rev., 2017, 46(22): 6946-7020.

[11] Shen X, Wang Q, Chen W L, et al. One-step synthesis of water-dispersible cysteine functionalized magnetic Fe_3O_4 nanoparticles for mercury(Ⅱ) removal from aqueous solutions [J]. Appl. Surf. Sci., 2014, 317: 1028-1034.

[12] Herrmann J M. Heterogeneous photocatalysis: Fundamentals and applications to the removal of various types of aqueous pollutants [J]. Catal. Today, 1999, 53(1): 115-129.

[13] Chenthamarakshan C R, Yang H, Ming Y, et al. Photocatalytic reactivity of zinc and cadmium ions in

UV-irradiated titania suspensions [J]. J. Electroanal. Chem., 2000, 494(2): 79-86.

[14] Foster N S, Lancaster A N, Noble R D, et al. Effect of organics on the photodeposition of copper in titanium dioxide aqueous suspensions [J]. Ind. Eng. Chem. Res., 1995, 34(11): 3865-3871.

[15] Forouzan F, Richards T C, Bard A J. Photoinduced reaction at TiO_2 particles, photodeposition from Ni(II) solutions with oxalate [J]. J. Phys. Chem., 1996, 100(46): 18123-18127.

[16] Khalil L B, Rophael M W, Mourad W E. The removal of the toxic Hg(II) salts from water by photocatalysis [J]. Appl. Catal. B, 2002, 36(2): 125-130.

[17] Skubal L R, Meshkov N K, Rajh T, et al. Cadmium removal from water using thiolactic acid-modified titanium dioxide nanoparticles [J]. J. Photoch. Photobio. A, 2002, 148(1-3): 393-397.

[18] Nguyen V N H, Amal R, Beydoun D. Effect of formate and methanol on photoreduction/removal of toxic cadmium ions using TiO_2 semiconductor as photocatalyst [J]. Chem. Eng. Sci., 2003, 58(19): 4429-4439.

[19] Vohra M S, Davis A P. TiO_2-assisted photocatalysis of lead-EDTA [J]. Water Res., 2000, 34(3): 952-964.

[20] Mohapatra P, Mishra T, Parida K M. Effect of microemulsion composition on textural and photocatalytic activity of titania nanomaterial [J]. Appl. Catal. A, 2006, 310: 183-189.

[21] Xie L, Liu P, Zheng Z, et al. Morphology engineering of V_2O_5/TiO_2 nanocomposites with enhanced visible light-driven photofunctions for arsenic removal [J]. Appl. Catal. B, 2016, 184: 347-354.

[22] Lu H, Liu X, Liu F, et al. Visible-light photocatalysis accelerates As(III) release and oxidation from arsenic-containing sludge[J]. Appl. Catal. B, 2019, 250: 1-9.

[23] Litter M I. Heterogeneous photocatalysis: Transition metal ions in photocatalytic systems [J]. Appl. Catal. B, 1999, 23(2-3): 89-114.

[24] Cohen M D, Kargacin B, Klein C B, et al. Mechanisms of chromium carcinogenicity and toxicity [J]. Crit. Rev. Toxicol., 1993, 23(3): 255-281.

[25] Costa M, Klein C B. Toxicity and carcinogenicity of chromium compounds in humans [J]. Crit. Rev. Toxicol., 2006, 36(2): 155-163.

[26] Cheng Q, Wang C, Doudrick K, et al. Hexavalent chromium removal using metal oxide photocatalysts [J]. Appl. Catal. B, 2015, 176: 740-748.

[27] Fathima N N, Aravindhan R, Rao J R, et al. Solid waste removes toxic liquid waste: Adsorption of chromium(VI) by iron complexed protein waste [J]. Environ. Sci. Technol., 2005, 39(8): 2804-2810.

[28] Norouzi S, Heidari M, Alipour V, et al. Preparation, characterization and Cr(VI) adsorption evaluation of NaOH-activated carbon produced from Date Press Cake; an agro-industrial waste [J]. Bioresource Technol., 2018, 258: 48-56.

[29] Testa J J, Grela M A, Litter M I. Heterogeneous photocatalytic reduction of chromium(VI) over TiO_2 particles in the presence of oxalate: Involvement of Cr(V) species [J]. Environ. Sci. Technol., 2004, 38(5): 1589-1594.

[30] Liu W, Ni J, Yin X. Synergy of photocatalysis and adsorption for simultaneous removal of Cr(VI) and Cr(III) with TiO_2 and titanate nanotubes [J]. Water Res., 2014, 53: 12-25.

[31] Zhang Y, Jiang Z, Huang J, et al. Titanate and titania nanostructured materials for environmental and energy applications: A review [J]. RSC Adv., 2015, 5(97): 79479-79510.

[32] Kretschmer I, Senn A M, Meichtry J M, et al. Photocatalytic reduction of Cr(VI) on hematite nanoparticles in the presence of oxalate and citrate [J]. Appl. Catal. B, 2019, 242: 218-226.

[33] Dhal B, Thatoi H N, Das N N, et al. Chemical and microbial remediation of hexavalent chromium from contaminated soil and mining/metallurgical solid waste: A review [J]. J. Hazard. Mater., 2013, 250: 272-291.

[34] Jiang F, Zheng Z, Xu Z, et al. Aqueous Cr(VI) photo-reduction catalyzed by TiO_2 and sulfated TiO_2 [J]. J. Hazard. Mater., 2006, 134(1): 94-103.

[35] Yang D, Zhao X, Zou X, et al. Removing Cr(VI) in water via visible-light photocatalytic reduction over Cr-doped $SrTiO_3$ nanoplates[J]. Chemosphere, 2019, 215: 586-595.

[36] Yang L, Xiao Y, Liu S, et al. Photocatalytic reduction of Cr(VI) on WO_3 doped long TiO_2 nanotube arrays in the presence of citric acid [J]. Appl. Catal. B, 2010, 94(1-2): 142-149.

[37] Yoneyama H, Yamashita Y, Tamura H. Heterogeneous photocatalytic reduction of dichromate on n-type semiconductor catalysts [J]. Nature, 1979, 282(5741): 817-818.

[38] Wan Z, Zhang G, Wu X, et al. Novel visible-light-driven Z-scheme $Bi_{12}GeO_{20}$/g-C_3N_4 photocatalyst: Oxygen-induced pathway of organic pollutants degradation and proton assisted electron transfer mechanism of Cr(VI) reduction [J]. Appl. Catal. B, 2017, 207: 17-26.

[39] Xue C, Yan X, An H, et al. Bonding CdS-Sn_2S_3 eutectic clusters on graphene nanosheets with unusually photoreaction-driven structural reconfiguration effect for excellent H_2 evolution and Cr(VI) reduction [J]. Appl. Catal. B, 2018, 222: 157-166.

[40] Yang Y, Yang X A, Leng D, et al. Fabrication of g-C_3N_4/SnS_2/SnO_2 nanocomposites for promoting photocatalytic reduction of aqueous Cr(VI) under visible light [J]. Chem. Eng. J., 2018, 335: 491-500.

[41] He Z, Cai Q, Wu M, et al. Photocatalytic reduction of Cr(VI) in an aqueous suspension of surface-fluorinated anatase TiO_2 nanosheets with exposed {001} facets [J]. Ind. Eng. Chem. Res., 2013, 52(28): 9556-9565.

[42] He Z, Jiang L, Wang D, et al. Simultaneous oxidation of *p*-chlorophenol and reduction of Cr(VI) on fluorinated anatase TiO_2 nanosheets with do minant {001} facets under visible irradiation [J]. Ind. Eng. Chem. Res., 2015, 54(3): 808-818.

[43] Sun B, Reddy E P, Smirniotis P G. Visible light Cr(VI) reduction and organic chemical oxidation by TiO_2 photocatalysis [J]. Environ. Sci. Technol., 2005, 39(16): 6251-6259.

[44] Li Y, Cui W, Liu L, et al. Removal of Cr(VI) by 3D TiO_2-graphene hydrogel via adsorption enriched with photocatalytic reduction [J]. Appl. Catal. B, 2016, 199: 412-423.

[45] Choi Y, Koo M S, Bokare A D, et al. Sequential process combination of photocatalytic oxidation and dark reduction for the removal of organic pollutants and Cr(VI) using Ag/TiO_2 [J]. Environ. Sci. Technol., 2017, 51(7): 3973-3981.

[46] Wang L, Zhang C, Gao F, et al. Algae decorated TiO_2/Ag hybrid nanofiber membrane with enhanced photocatalytic activity for Cr(VI) removal under visible light [J]. Chem. Eng. J., 2017, 314: 622-630.

[47] Liu X, Pan L, Lv T, et al. Microwave-assisted synthesis of ZnO-graphene composite for photocatalytic reduction of Cr(VI)[J]. Catal. Sci. Technol., 2011, 1(7): 1189-1193.

[48] Liu X, Pan L, Zhao Q, et al. UV-assisted photocatalytic synthesis of ZnO-reduced graphene oxide composites with enhanced photocatalytic activity in reduction of Cr(VI)[J]. Chem. Eng. J., 2012, 183: 238-243.

[49] Mekatel H, Amokrane S, Bellal B, et al. Photocatalytic reduction of Cr(VI) on nanosized Fe_2O_3 supported on natural Algerian clay: Characteristics, kinetic and thermodynamic study [J]. Chem. Eng. J., 2012, 200: 611-618.

[50] Mu Y, Wu H, Ai Z. Negative impact of oxygen molecular activation on Cr(VI) removal with core-shell Fe@Fe_2O_3 nanowires [J]. J. Hazard. Mater., 2015, 298: 1-10.

[51] Velegraki G, Miao J, Drivas C, et al. Fabrication of 3D mesoporous networks of assembled CoO nanoparticles for efficient photocatalytic reduction of aqueous Cr(VI)[J]. Appl. Catal. B, 2018, 221: 635-644.

[52] Wu J, Wang J, Du Y, et al. Chemically controlled growth of porous CeO_2 nanotubes for Cr(VI) photoreduction [J].

Appl. Catal. B, 2015, 174: 435-444.

[53] Yang Y, Wang G, Deng Q, et al. Enhanced photocatalytic activity of hierarchical structure TiO_2 hollow spheres with reactive (001) facets for the removal of toxic heavy metal $Cr(VI)$ [J]. RSC Adv., 2014, 4(65): 34577-34583.

[54] Yang Y, Wang G, Deng Q, et al. Microwave-assisted fabrication of nanoparticulate TiO_2 microspheres for synergistic photocatalytic removal of $Cr(VI)$ and methyl orange [J]. ACS Appl. Mater. Inter., 2014, 6(4): 3008-3015.

[55] Xu S C, Pan S S, Xu Y, et al. Efficient removal of $Cr(VI)$ from wastewater under sunlight by $Fe(II)$-doped TiO_2 spherical shell [J]. J. Hazard. Mater., 2015, 283: 7-13.

[56] Tanaka A, Nakanishi K, Hamada R, et al. Simultaneous and stoichiometric water oxidation and $Cr(VI)$ reduction in aqueous suspensions of functionalized plasmonic photocatalyst Au/TiO_2-Pt under irradiation of green light [J]. ACS Catal., 2013, 3(8): 1886-1891.

[57] Lei X F, Xue X X, Yang H. Preparation and characterization of Ag-doped TiO_2 nanomaterials and their photocatalytic reduction of $Cr(VI)$ under visible light [J]. Appl.Surf. Sci., 2014, 321: 396-403.

[58] Yoon S H, Oh S E, Yang J E, et al. TiO_2 photocatalytic oxidation mechanism of $As(III)$ [J]. Environ. Sci. Technol., 2009, 43(3): 864-869.

[59] Choi W, Yeo J, Ryu J, et al. Photocatalytic oxidation mechanism of $As(III)$ on TiO_2: Unique role of $As(III)$ as a charge recombinant species [J]. Environ. Sci. Technol., 2010, 44(23): 9099-9104.

[60] Kim J, Kim J. Arsenite oxidation-enhanced photocatalytic degradation of phenolic pollutants on platinized TiO_2 [J]. Environ. Sci. Technol., 2014, 48(22): 13384-13391.

[61] Liu W, Zhao X, Borthwick A G L, et al. Dual-enhanced photocatalytic activity of Fe-deposited titanate nanotubes used for simultaneous removal of $As(III)$ and $As(V)$ [J]. ACS Appl. Mater. Inter., 2015, 7(35): 19726-19735.

[62] Yazdani M R, Bhatnagar A, Vahala R. Synthesis, characterization and exploitation of nano-TiO_2/feldspar-embedded chitosan beads towards UV-assisted adsorptive abatement of aqueous arsenic [J]. Chem. Eng. J., 2017, 316: 370-382.

[63] Wei K, Li K, Yan L, et al. One-step fabrication of g-C_3N_4 nanosheets/TiO_2 hollow microspheres heterojunctions with atomic level hybridization and their application in the multi-component synergistic photocatalytic systems [J]. Appl. Catal. B, 2018, 222: 88-98.

[64] Monllor-Satoca D, Gómez R, Choi W. Concentration-dependent photoredox conversion of $As(III)/As(V)$ on illuminated titanium dioxide electrodes [J]. Environ. Sci. Technol., 2012, 46(10): 5519-5527.

[65] Wei Z, Liang K, Wu Y, et al. The effect of pH on the adsorption of $As(III)$ and $As(V)$ at the TiO_2 anatase [101] surface [J]. J. Colloid. Interf. Sci., 2016, 462: 252-259.

[66] Zhang X, Wu M, Dong H, et al. Simultaneous oxidation and sequestration of $As(III)$ from water by using redox polymer-based $Fe(III)$ oxide nanocomposite [J]. Environ. Sci. Technol., 2017, 51(11): 6326-6334.

[67] Rivas B L, del Carmen Aguirre M. Removal of $As(III)$ and $As(V)$ by $Tin(II)$ compounds [J]. Water Res., 2010, 44(19): 5730-5739.

[68] Huang M, Feng W, Xu W, et al. An in situ gold-decorated 3D branched ZnO nanocomposite and its enhanced absorption and photo-oxidation performance for removing arsenic from water [J]. RSC Adv., 2016, 6(114): 112877-112884.

[69] Samad A, Furukawa M, Katsumata H, et al. Photocatalytic oxidation and simultaneous removal of arsenite with CuO/ZnO photocatalyst [J]. J. Photoch. Photobio. A, 2016, 325: 97-103.

[70] Vaiano V, Iervolino G, Sannino D, et al. MoO_x/TiO_2 immobilized on quartz support as structured catalyst for the

photocatalytic oxidation of As(III) to As(V) in aqueous solutions [J]. Chem. Eng. Res. Des., 2016, 109: 190-199.

[71] Huang Y, Zhang W, Zhang M, et al. Hydroxyl-functionalized TiO$_2$@SiO$_2$@Ni/nZVI nanocomposites fabrication, characterization and enhanced simultaneous visible light photocatalytic oxidation and adsorption of arsenite [J]. Chem. Eng. J., 2018, 338: 369-382.

[72] Jiang X H, Xing Q J, Luo X B, et al. Simultaneous photoreduction of uranium(VI) and photooxidation of arsenic(III) in aqueous solution over g-C$_3$N$_4$/TiO$_2$ heterostructured catalysts under simulated sunlight irradiation [J]. Appl. Catal. B, 2018, 228: 29-38.

[73] Di J, Xia J, Ge Y, et al. Novel visible-light-driven CQDs/Bi$_2$WO$_6$ hybrid materials with enhanced photocatalytic activity toward organic pollutants degradation and mechanism insight [J]. Appl. Catal. B, 2015, 168: 51-61.

[74] Yang X, Qin J, Jiang Y, et al. Fabrication of P25/Ag$_3$PO$_4$/graphene oxide heterostructures for enhanced solar photocatalytic degradation of organic pollutants and bacteria [J]. Appl. Catal. B, 2015, 166: 231-240.

[75] Li K, Zeng Z, Yan L, et al. Fabrication of C/X-TiO$_2$@C$_3$N$_4$ NTs (X = N, F, Cl) composites by using phenolic organic pollutants as raw materials and their visible-light photocatalytic performance in different photocatalytic systems [J]. Appl. Catal. B, 2016, 187: 269-280.

[76] Chen J J, Wang W K, Li W W, et al. Roles of crystal surface in Pt-loaded titania for photocatalytic conversion of organic pollutants: A first-principle theoretical calculation [J]. ACS Appl. Mater. Inter., 2015, 7(23): 12671-12678.

[77] Wang C C, Li J R, Lv X L, et al. Photocatalytic organic pollutants degradation in metal-organic frameworks [J]. Energ. Environ. Sci., 2014, 7(9): 2831-2867.

[78] Qiu B, Xing M, Zhang J. Mesoporous TiO$_2$ nanocrystals grown *in situ* on graphene aerogels for high photocatalysis and lithium-ion batteries [J]. J. Am. Chem. Soc., 2014, 136(16): 5852-5855.

[79] Luo X, Deng F, Min L, et al. Facile one-step synthesis of inorganic-framework molecularly imprinted TiO$_2$/WO$_3$ nanocomposite and its molecular recognitive photocatalytic degradation of target conta minant [J]. Environ. Sci. Technol., 2013, 47(13): 7404-7412.

[80] Muñoz-Batista M J, Gómez-Cerezo M N, Kubacka A, et al. Role of interface contact in CeO$_2$-TiO$_2$ photocatalytic composite materials [J]. ACS Catal., 2013, 4(1): 63-72.

[81] Sun H, Liu S, Liu S, et al. A comparative study of reduced graphene oxide modified TiO$_2$, ZnO and Ta$_2$O$_5$ in visible light photocatalytic/photochemical oxidation of methylene blue [J]. Appl. Catal. B, 2014, 146: 162-168.

[82] Dong H, Zeng G, Tang L, et al. An overview on limitations of TiO$_2$-based particles for photocatalytic degradation of organic pollutants and the corresponding countermeasures [J]. Water Res., 2015, 79: 128-146.

[83] Shang S, Jiao X, Chen D. Template-free fabrication of TiO$_2$ hollow spheres and their photocatalytic properties [J]. ACS Appl. Mater. Inter., 2012, 4(2): 860-865.

[84] Akpan U G, Hameed B H. Parameters affecting the photocatalytic degradation of dyes using TiO$_2$-based photocatalysts: A review [J]. J. Hazard. Mater., 2009, 170(2-3): 520-529.

[85] Kaplan R, Erjavec B, Dražić G, et al. Simple synthesis of anatase/rutile/brookite TiO$_2$ nanocomposite with superior mineralization potential for photocatalytic degradation of water pollutants [J]. Appl. Catal. B, 2016, 181: 465-474.

[86] Jaiswal R, Patel N, Dashora A, et al. Efficient Co-B-codoped TiO$_2$ photocatalyst for degradation of organic water pollutant under visible light [J]. Appl. Catal. B, 2016, 183: 242-253.

[87] Zhang J, Ma Y, Du Y, et al. Carbon nanodots/WO$_3$ nanorods Z-scheme composites: Remarkably enhanced photocatalytic performance under broad spectrum [J]. Appl. Catal. B, 2017, 209: 253-264.

[88] Ismail A A, Faisal M, Al-Haddad A. Mesoporous WO$_3$-graphene photocatalyst for photocatalytic degradation of methylene blue dye under visible light illu mination [J]. J. Environ. Sci., 2017, 66: 328-337.

[89] Wang T, Quan W, Jiang D, et al. Synthesis of redox-mediator-free direct Z-scheme AgI/WO$_3$ nanocomposite photocatalysts for the degradation of tetracycline with enhanced photocatalytic activity [J]. Chem. Eng. J., 2016, 300: 280-290.

[90] Liyanage A D, Perera S D, Tan K, et al. Synthesis, characterization, and photocatalytic activity of Y-doped CeO$_2$ nanorods [J]. ACS Catal., 2014, 4(2): 577-584.

[91] Ji P, Zhang J, Chen F, et al. Study of adsorption and degradation of acid orange 7 on the surface of CeO$_2$ under visible light irradiation [J]. Appl. Catal. B, 2009, 85(3-4): 148-154.

[92] Wen X J, Niu C G, Ruan M, et al. AgI nanoparticles-decorated CeO$_2$ microsheets photocatalyst for the degradation of organic dye and tetracycline under visible-light irradiation [J]. J. Colloid. Interf. Sci., 2017, 497: 368-377.

[93] Pouretedal H R, Kadkhodaie A. Synthetic CeO$_2$ nanoparticle catalysis of methylene blue photodegradation: Kinetics and mechanism [J]. Chinese J. Catal., 2010, 31(11-12): 1328-1334.

[94] He W, Kim H K, Wamer W G, et al. Photogenerated charge carriers and reactive oxygen species in ZnO/Au hybrid nanostructures with enhanced photocatalytic and antibacterial activity [J]. J. Am. Chem. Soc., 2014, 136(2): 750-757.

[95] Ren C, Yang B, Min W, et al. Synthesis of Ag/ZnO nanorods array with enhanced photocatalytic performance [J]. J. Hazard. Mater., 2010, 182(1-3): 123-129.

[96] Hariharan C. Photocatalytic degradation of organic conta minants in water by ZnO nanoparticles: Revisited[J]. Appl. Catal. A, 2006, 304: 55-61.

[97] Spasiano D, Rodriguez L P P, Olleros J C, et al. TiO$_2$/Cu(II) photocatalytic production of benzaldehyde from benzyl alcohol in solar pilot plant reactor [J]. Appl. Catal. B, 2013, 136: 56-63.

[98] Colmenares J C, Ouyang W, Ojeda M, et al. Mild ultrasound-assisted synthesis of TiO$_2$ supported on magnetic nanocomposites for selective photo-oxidation of benzyl alcohol [J]. Appl. Catal. B, 2016, 183: 107-112.

[99] Zhang P, Wu P, Bao S, et al. Synthesis of sandwich-structured AgBr@Ag@TiO$_2$ composite photocatalyst and study of its photocatalytic performance for the oxidation of benzyl alcohols to benzaldehydes [J]. Chem. Eng. J., 2016, 306: 1151-1161.

[100] Higashimoto S, Shirai R, Osano Y, et al. Influence of metal ions on the photocatalytic activity: Selective oxidation of benzyl alcohol on iron(III) ion-modified TiO$_2$ using visible light [J]. J. Catal., 2014, 311: 137-143.

[101] Ouyang W, Kuna E, Yepez A, et al. Mechanochemical synthesis of TiO$_2$ nanocomposites as photocatalysts for benzyl alcohol photo-oxidation [J]. Nanomaterials, 2016, 6(5): 93.

[102] Su Y, Han Z, Zhang L, et al. Surface hydrogen bonds assisted meso-porous WO$_3$ photocatalysts for high selective oxidation of benzylalcohol to benzylaldehyde [J]. Appl. Catal. B, 2017, 217: 108-114.

[103] Unsworth C A, Coulson B, Chechik V, et al. Aerobic oxidation of benzyl alcohols to benzaldehydes using monoclinic bismuth vanadate nanoparticles under visible light irradiation: Photocatalysis selectivity and inhibition [J]. J. Catal., 2017, 354: 152-159.

[104] Gu Y, Li C, Bai J, et al. Construction of multivariate functionalized heterojunction and its application in selective oxidation of benzyl alcohol [J]. J. Photoch. Photobio. A, 2018, 351: 87-94.

[105] Sun J, Han Y, Fu H, et al. Au@Pd/TiO$_2$ with atomically dispersed Pd as highly active catalyst for solvent-free aerobic oxidation of benzyl alcohol [J]. Chem. Eng. J., 2017, 313: 1-9.

[106] Yuan M, Tian F, Li G, et al. Fe(III)-modified BiOBr hierarchitectures for improved photocatalytic benzyl alcohol oxidation and organic pollutants degradation [J]. Ind. Eng. Chem. Res., 2017, 56(20): 5935-5943.

[107] Marotta R, Di Somma I, Spasiano D, et al. Selective oxidation of benzyl alcohol to benzaldehyde in water by

TiO₂/Cu(Ⅱ)/UV solar system [J]. Chem. Eng. J., 2011, 172(1): 243-249.

[108] Zanella R, Giorgio S, Shin C H, et al. Characterization and reactivity in CO oxidation of gold nanoparticles supported on TiO₂ prepared by deposition-precipitation with NaOH and urea[J]. J. Catal., 2004, 222: 357-367.

[109] Iizuka Y, Tode T, Takao T, K, et al. A kinetic and adsorption study of CO oxidation over unsupported fine gold powder and over gold supported on titanium dioxide[J]. J. Catal., 1999, 187: 50-58.

[110] Boccuzzi F, Chiorino A, Manzoli M, et al. Au/TiO₂ nanosized samples: A catalytic, TEM, and FTIR study of the effect of calcination temperature on the CO oxidation[J]. J. Catal., 2001, 202: 256-267.

[111] Bokhimi X, Zanella R, Morales A. Au/rutile catalysts: Effect of support dimensions on the gold crystallite size and the catalytic activity for CO oxidation[J]. J. Phys Chem. C, 2007, 111: 15210-15216.

[112] Lee S, Fan C, Wu T, et al. CO oxidation on Auₙ/TiO₂ catalysts produced by size-selected cluster deposition[J]. J. Am. Chem. Soc., 2004, 126: 5682-5683.

[113] Christmann K, Schwede S, Schubert S, et al. Model studies on CO oxidation catalyst systems: Titania and gold nanoparticles[J]. ChemPhysChem, 2010, 11: 1344-1363.

[114] Gaya U I, Abdullah A H. Heterogeneous photocatalytic degradation of organic conta minants over titanium dioxide: A review of fundamentals, progress and problems [J]. J. Photoch. Photobio. C, 2008, 9(1): 1-12.

[115] Chen X, Mao S S. Titanium dioxide nanomaterials: Synthesis, properties, modifications, and applications[J]. Chem. Rev., 2007, 107(7): 2891-2959.

[116] Li S, Zheng F, Cai W, et al. Surface modification of nanometer size TiO₂ with salicylic acid for photocatalytic degradation of 4-nitrophenol [J]. J. Hazard. Mater, 2006, 135(1-3): 431-436.

[117] Li S, Zheng F, Liu X, et al. Photocatalytic degradation of *p*-nitrophenol on nanometer size titanium dioxide surface modified with 5-sulfosalicylic acid [J]. Chemosphere, 2005, 61(4): 589-594.

[118] Li S X, Cai S J, Zheng F Y. Self assembled TiO₂ with 5-sulfosalicylic acid for improvement its surface properties and photodegradation activity of dye [J]. Dyes Pigments, 2012, 95(2): 188-193.

[119] Chen D, Ray A K. Photocatalytic kinetics of phenol and its derivatives over UV irradiated TiO₂ [J]. Appl. Catal. B, 1999, 23(2-3): 143-157.

[120] Bond G C, Tahir S F. Vanadium oxide monolayer catalysts preparation, characterization and catalytic activity [J]. Appl. Catal. B, 1991, 71(1): 1-31.

[121] Fu X, Wang J, Huang D, et al. Trace amount of SnO₂-decorated ZnSn(OH)₆ as highly efficient photocatalyst for decomposition of gaseous benzene: Synthesis, photocatalytic activity, and the unrevealed synergistic effect between ZnSn(OH)₆ and SnO₂ [J]. ACS Catal., 2016, 6(2): 957-968.

[122] Zeng M, Li Y, Mao M, et al. Synergetic effect between photocatalysis on TiO₂ and thermocatalysis on CeO₂ for gas-phase oxidation of benzene on TiO₂/CeO₂ nanocomposites [J]. ACS Catal., 2015, 5(6): 3278-3286.

[123] White B, Yin M, Hall A, et al. Complete CO oxidation over Cu₂O nanoparticles supported on silica gel[J]. Nano Lett., 2006, 6: 2095-2098.

[124] Li H, He X, Kang Z, et al. Water-soluble fluorescent carbon quantum dots and photocatalyst design[J] .Angew. Chem. Int. Ed., 2010, 49: 4430-4434.

[125] Wang X, Bai L, Liu H, et al. A unique disintegration-reassembly route to mesoporous titania nanocrystalline hollow spheres with enhanced photocatalytic activity [J]. Adv. Funct. Mater., 2018, 28(2): 1704208.

[126] Zhang Q, Lima D Q, Lee I, et al. A highly active titanium dioxide based visible-light photocatalyst with nonmetal doping and plasmonic metal decoration [J]. Angew. Chem. Int. Edit., 2011, 123(31): 7226-7230.

[127] Joo J B, Dahl M, Li N, et al. Tailored synthesis of mesoporous TiO₂ hollow nanostructures for catalytic

applications [J]. Energ. Environ. Sci., 2013, 6(7): 2082-2092.

[128] Wang W, Sa Q, Chen J, et al. Porous TiO$_2$/C nanocomposite shells as a high-performance anode material for lithium-ion batteries [J]. ACS Appl. Mater. Inter., 2013, 5(14): 6478-6483.

[129] He C, Li X, Li Y, et al. Large-scale synthesis of Au-WO$_3$ porous hollow spheres and their photocatalytic properties [J]. Catal. Sci. Technol., 2017, 7(17): 3702-3706.

[130] Chen D, Ye J. Hierarchical WO$_3$ hollow shells: Dendrite, sphere, dumbbell, and their photocatalytic properties [J]. Adv. Funct. Mater., 2008, 18(13): 1922-1928.

[131] Li X L, Lou T J, Sun X M, et al. Highly sensitive WO$_3$ hollow-sphere gas sensors [J]. Inorg. Chem., 2004, 43(17): 5442-5449.

[132] Xi G, Yan Y, Ma Q, et al. Synthesis of multiple-shell WO$_3$ hollow spheres by a binary carbonaceous template route and their applications in visible-light photocatalysis [J]. Chem-Eur. J., 2012, 18(44): 13949-13953.

[133] Lai X, Li J, Korgel B A, et al. General synthesis and gas-sensing properties of multiple-shell metal oxide hollow microspheres [J]. Angew. Chem. Int. Edit., 2011, 123(12): 2790-2793.

[134] Qi J, Lai X, Wang J, et al. Multi-shelled hollow micro-/nanostructures [J]. Chem. Soc. Rev., 2015, 44(19): 6749-6773.

[135] Liu Y, Yu L, Hu Y, et al. A magnetically separable photocatalyst based on nest-like γ-Fe$_2$O$_3$/ZnO double-shelled hollow structures with enhanced photocatalytic activity [J]. Nanoscale, 2012, 4(1): 183-187.

[136] Gao X, Wu H B, Zheng L, et al. Formation of mesoporous heterostructured BiVO$_4$/Bi$_2$S$_3$ hollow discoids with enhanced photoactivity [J]. Angew. Chem. Int. Edit., 2014, 126(23): 6027-6031.

[137] Joo J B, Zhang Q, Dahl M, et al. Control of the nanoscale crystallinity in mesoporous TiO$_2$ shells for enhanced photocatalytic activity[J]. Energy Environ. Sci., 2012, 5: 6321-6327.

[138] Joo J B, Zhang Q, Lee I, et al. Mesoporous anatase titania hollow nanostructures though silica-protected calcination[J]. Adv. Funct. Mater., 2012, 22: 166-174.

[139] Zhang N, Liu S, Xu Y J. Recent progress on metal core@semiconductor shell nanocomposites as a promising type of photocatalyst [J]. Nanoscale, 2012, 4(7): 2227-2238.

[140] Zhang N, Liu S, Fu X, et al. Synthesis of M@TiO$_2$ (M = Au, Pd, Pt) core-shell nanocomposites with tunable photoreactivity [J]. J. Phys. Chem. C, 2011, 115(18): 9136-9145.

[141] Zhang N, Liu S, Fu X, et al. A simple strategy for fabrication of "plum-pudding" type Pd@CeO$_2$ semiconductor nanocomposite as a visible-light-driven photocatalyst for selective oxidation [J]. J. Phys. Chem. C, 2011, 115(46): 22901-22909.

[142] Deng Y, Qi D, Deng C, et al. Superparamagnetic high-magnetization microspheres with an Fe$_3$O$_4$@SiO$_2$ core and perpendicularly aligned mesoporous SiO$_2$ shell for removal of microcystins [J]. J. Am. Chem. Soc., 2008, 130(1): 28-29.

[143] Yue Q, Zhang Y, Jiang Y, et al. Nanoengineering of core-shell magnetic mesoporous microspheres with tunable surface roughness [J]. J. Am. Chem. Soc., 2017, 139(13): 4954-4961.

[144] Li W, Yang J, Wu Z, et al. A versatile kinetics-controlled coating method to construct uniform porous TiO$_2$ shells for multifunctional core-shell structures[J]. J. Am. Chem. Soc. 2012, 134: 11864-11867.

[145] Li W, Deng Y, Wu Z, et al. Hydrothermal etching assisted crystallization: A facile route to functional yolk-shell titanate microspheres with ultrathin nanosheets-assembled double shells [J]. J. Am. Chem. Soc., 2011, 133(40): 15830-15833.

[146] Yue Q, Li J, Zhang Y, et al. Plasmolysis-inspired nanoengineering of functional yolk-shell microspheres with

magnetic core and mesoporous silica shell [J]. J. Am. Chem. Soc., 2017, 139(43): 15486-15493.

[147] Liu J, Xu J, Che R, et al. Hierarchical magnetic yolk-shell microspheres with mixed barium silicate and barium titanium oxide shells for microwave absorption enhancement[J]. J. Mater. Chem., 2012, 22(18): 9277-9284.

[148] Liu J, Cheng J, Che R, et al. Double-shelled yolk-shell microspheres with Fe_3O_4 cores and SnO_2 double shells as high-performance microwave absorbers [J]. J. Phys. Chem. C, 2012, 117(1): 489-495.

[149] Li J, Zeng H C. Size tuning, functionalization, and reactivation of Au in TiO_2 nanoreactors[J]. Angew. Chem. Int. Ed., 2005, 44: 4342-4345.

[150] Du J, Qi J, Wang D, et al. Facile synthesis of Au@TiO_2 core-shell hollow spheres for dye-sensitized solar cells with remarkably improved efficiency[J]. Energy Environ. Sci., 2012, 5: 6914-6918.

[151] Agrawal M, Gupta S, Pich A, et al. Template-assisted fabrication of magnetically responsive hollow titania capsules [J]. Langmuir, 2010, 26(22): 17649-17655.

[152] Agrawal M, Pich A, Gupta S, et al. Synthesis of novel tantalum oxide sub-micrometer hollow spheres with tailored shell thickness [J]. Langmuir, 2008, 24(3): 1013-1018.

[153] Qi J, Chen J, Li G, et al. Facile synthesis of core-shell Au@CeO_2 nanocomposites with remarkably enhanced catalytic activity for CO oxidation [J]. Energ. Environ. Sci., 2012, 5(10): 8937-8941.

[154] Li G, Tang Z. Noble metal nanoparticle@metal oxide core/yolk-shell nanostructures as catalysts: Recent progress and perspective [J]. Nanoscale, 2014, 6(8): 3995-4011.

[155] Yang M, Ma J, Zhang C, et al. General synthetic route toward functional hollow spheres with double-shelled structures [J]. Angew. Chem. Int. Edit., 2005, 44(41): 6727-6730.

[156] Li H, Bian Z, Zhu J, et al. Mesoporous titania spheres with tunable chamber stucture and enhanced photocatalytic activity [J]. J. Am. Chem. Soc., 2007, 129(27): 8406-8407.

[157] Sun X, Li Y. Ga_2O_3 and GaN semiconductor hollow spheres [J]. Angew. Chem. Int. Edit., 2004, 43(29): 3827-3831.

[158] Sun X, Li Y. Colloidal carbon spheres and their core/shell structures with noble-metal nanoparticles [J]. Angew. Chem. Int. Edit., 2004, 43(5): 597-601.

[159] Ma Y, Li W, Cho E C, et al. Au@Ag core-shell nanocubes with finely tuned and well-controlled sizes, shell thicknesses, and optical properties [J]. ACS Nano, 2010, 4(11): 6725-6734.

[160] Xie S, Jin M, Tao J, et al. Synthesis and characterization of Pd@M_xCu_{1-x} (M = Au, Pd, and Pt) nanocages with porous walls and a yolk-shell structure through galvanic replacement reactions [J]. Chem-Eur. J., 2012, 18(47): 14974-14980.

[161] Chen G, Wang Y, Yang M, et al. Measuring ensemble-averaged surface-enhanced Raman scattering in the hotspots of colloidal nanoparticle dimers and trimers [J]. J. Am. Chem. Soc., 2010, 132(11): 3644-3645.

[162] Chen G, Wang Y, Tan L H, et al. High-purity separation of gold nanoparticle dimers and trimers [J]. J. Am. Chem. Soc., 2009, 131(12): 4218-4219.

[163] Chen S, Shen S, Liu G, et al. Interface engineering of CoO_x/Ta_3N_5 photocatalyst for unprecedented water oxidation performance under visible light irradiation [J]. Angew. Chem. Int. Edit., 2015, 54(10): 3047-3051.

[164] Wang J, Li G, Li Z, et al. A highly selective and stable ZnO-ZrO_2 solid solution catalyst for CO_2 hydrogenation to methanol [J]. Sci. Adv., 2017, 3(10): e1701290.

第 2 章 TiO₂纳米空心球尺寸对 Cr(Ⅵ)光还原活性影响研究

2.1 引　言

六价铬［Cr（Ⅵ）］因其高毒性和致癌性，对人类健康构成严重威胁[1-3]。工业生产如电镀、涂漆、制革等制造业污染物的排放，使得水体中 Cr（Ⅵ）重金属污染越来越严重[4-6]。一般的处理方法是将剧毒的 Cr（Ⅵ）转化为低毒的 Cr（Ⅲ），因为 Cr（Ⅲ）是人体必需的微量金属元素且具有低毒性。将 Cr（Ⅵ）还原成 Cr（Ⅲ）后，Cr（Ⅲ）被吸附在纳米材料表面作为固体废物被去除[7, 8]。

在多种还原方法中，利用半导体光催化剂光还原去除 Cr（Ⅵ）被认为是一种环境友好且简单的方法[9-11]。1979 年，Yoneyama 等日本学者[12]首次利用 n 型半导体 SrTiO₃等纳米复合材料对重金属 Cr（Ⅵ）进行光催化还原实验（酸性条件下），揭开了光催化还原 Cr（Ⅵ）的序幕。研究者们经过多年的努力，在光催化还原 Cr（Ⅵ）的领域取得了巨大进展[13-15]，多种半导体如 TiO₂[16-18]、Bi₂S₃[19]、ZnO[20-21]、Fe₂O₃[22]等具有较好的光催化还原 Cr（Ⅵ）的能力。

目前，大部分的工作主要还是集中在研究半导体 TiO₂上，因为其具有高活性、高稳定性、无毒、可调控性好等优点[23-26]。其中通过调控 TiO₂光催化剂的结构可以有效提高纳米材料的光催化活性。不同的 TiO₂结构，包括纳米颗粒结构[27, 28]、纳米微球结构[29]、纳米棒结构[30]和纳米片结构[31, 32]、TiO₂空心球结构，因其低密度、大比表面积、良好的表面渗透性以及较好的光吸收效率而受到密切关注[33-35]。TiO₂的光催化活性深受其结构和形态特征的影响，Lou 等利用"一锅煮"溶剂热法合成不同尺寸的碳酸盐掺杂的 TiO₂微球，碳酸盐明显增加了光吸收效率，提高了 TiO₂光催化降解的效果[36]。Zhao 等制备高稳定的多孔 TiO₂空心球，探究 TiO₂形态特征变化对光催化产氢的影响[37]。Yin 等制备了一种新型结构的高还原性 TiO₂纳米晶，用于光催化还原 Cr（Ⅵ）[38]。Zhang 等通过调控半导体材料 TiO₂的结构，使其在可见光范围内表现出较强的吸收，进而提高光催化活性[39]。而纳米空心球的空腔尺寸也对其光催化活性和效率起关键作用，但目前空心球的空腔尺寸调控对光催化的影响机制还未被报道过。

基于这样的思路，作者所在课题组设计不同空腔尺寸的空心球，开发既能够提高光吸收范围又能有效传导光生载流子的催化剂来提高光还原 Cr（Ⅵ）效率，并在这方面开展不同尺寸的纳米空心球对 Cr（VI）光还原活性机制的研究。首先使用尺寸可控的聚苯乙烯（PS）球作为模板，将 TiO_2 前驱体包覆在 PS 上，将所得的 PS@TiO_2 纳米复合材料在高温下煅烧除去 PS 模板，制得不同尺寸的 TiO_2 空心球。通过研究 TiO_2 空心球尺寸对光还原 Cr（VI）性能的影响，达到以下研究目标：寻找合适的 TiO_2 空心球尺寸结构提高催化剂光生电子与空穴的分离效率，进而提高光还原活性。同时，利用溶胶-凝胶法制得不同尺寸的双壳 TiO_2@WO_3/Au 纳米复合材料进一步证明不同尺寸对光催化的影响，同样用于光还原 Cr（VI）性能研究。本章的目的是提高对最佳空心球尺寸光催化活性增强机理的初步理解。

2.2 材料与方法

2.2.1 主要仪器与试剂

主要试剂：钛酸四丁酯（$C_{16}H_{36}O_4Ti$，分析纯），苯乙烯（C_8H_8，分析纯），过硫酸钠（$Na_2S_2O_8$，分析纯），丙烯酸甲酯（$C_4H_6O_2$，分析纯），重铬酸钾（$K_2Cr_2O_7$，分析纯），1,5-二苯碳酰二肼（$C_{13}H_{14}N_4O$，分析纯），六氯化钨（WCl_6，分析纯），氯金酸（$HAuCl_4·4H_2O$，分析纯）等。其余所用的化学试剂也均为分析纯及以上级别。所需溶液用超纯水（18.2MΩ）配制。反应溶液 pH 值用 HCl 溶液和 NaOH 溶液调节。

主要仪器：扫描电子显微镜（SEM，日本 Hitachi 公司，S-4800），透射电子显微镜（TEM，美国 FEI 公司，Tecnai G^2 F20 U-TWIN），X 射线衍射仪（XRD，德国 Bruker 公司，D8 advance），热重分析仪（德国耐施公司，TG209F1），紫外可见分光光度计（日本岛津公司，UV-2550），荧光分光光度计（PL，美国瓦里安公司，Cary Eclipse），电化学工作站（上海辰华仪器有限公司，CHI650D），磁力搅拌器，鼓风干燥箱，电子分析天平等。

2.2.2 催化剂制备

根据种子乳液聚合法[40]制备粒径可控的单分散聚苯乙烯微球乳液，在反应器中通过苯乙烯和丙烯酸甲酯之间的聚合物相互作用制备得到。单分散的金纳米颗粒通过柠檬酸盐还原法合成得到[41]。

1. 不同尺寸 TiO_2 空心球的制备

应用溶胶-凝胶法制备 PS@TiO_2，即于烧杯中，加入乙醇、聚乙烯吡咯烷酮，超声溶解，加入去离子水、PS（PS 具有可控尺寸：356nm、440nm、587nm），超声 15min；移入三颈烧瓶中，在搅拌下加入钛酸四丁酯，不断搅拌，于 80℃水浴回流 4h；将产物离心，乙醇洗涤，真空干燥。将制得的不同尺寸的 PS@TiO_2 置于程序升温炉中，升温速率 5℃/min，550℃煅烧 3h，分别制得不同尺寸的 TiO_2 空心球。

2. 不同尺寸 TiO_2@WO_3/Au 空心球的制备

取 WCl_6 溶于乙醇，加入 PS@TiO_2 + 乙醇混合液，充分搅拌 30min，接着取 5mL 制备好的 Au 纳米溶胶加入上述溶液中，继续搅拌 20h，将产物离心，用乙醇循环洗涤 3 次，真空干燥。不同尺寸的纳米复合材料制备方法同上，只是改变聚苯乙烯球的模板大小。将制得的不同尺寸的 PS@TiO_2@WO_3/Au 置于程序升温炉中，升温速率 5℃/min，550℃煅烧 3h，分别制得不同尺寸的 TiO_2@WO_3/Au 空心球。

2.2.3 Cr（Ⅵ）光还原活性实验步骤及测试方法

不同尺寸的 TiO_2 空心球以及双壳 TiO_2@WO_3/Au 空心球光催化还原 Cr（Ⅵ）的反应在 100mL 石英反应器中进行，光源分别是 300W 氙灯或者 300W 氙灯（用滤光片滤出小于 420nm 的波段）。100mg/L 的 Cr（Ⅵ）储备溶液用 $K_2Cr_2O_7$ 配制得到，进一步稀释至 5mg/L 用于光还原实验。不同尺寸的 TiO_2 光催化剂（30mg，370nm、450nm、600nm）分散于 Cr（Ⅵ）溶液中（50mL，5mg/L，pH = 2.82、4.05、4.25、4.51、4.92、不调节），以及不同尺寸的 TiO_2@WO_3/Au 光催化剂（30mg，370nm、450nm、600nm）分散于 Cr（Ⅵ）溶液中（50mL，5mg/L，pH = 4.03），在石英反应器中暗反应 2h 以达到其吸附解吸平衡，然后进行光还原性能测试。通过比色法测定水溶液中 Cr（Ⅵ）的浓度，加入 1,5-二苯碳酰二肼显色后，用紫外可见分光光度计在吸收波长 540nm 处测定吸光度[42]。

2.2.4 电化学性能测试

电化学性能测试在具有三电极系统的电化学工作站上完成。工作电极：GCE（直径为 2mm）；辅助电极：铂丝电极；参比电极：Ag/AgCl（3.0mol/L KCl）电极。

2.3 不同尺寸 TiO_2 空心球的结构及光还原催化效果

2.3.1 TiO_2 空心球结构

TiO_2 空心球的制备流程如图 2-1 所示，利用尺寸可控的聚苯乙烯（PS）球作为模板,将 TiO$_2$ 前驱体包覆在 PS 球上,通过高温去除 PS 球,制得不同尺寸 TiO$_2$ 空心球。通过 SEM 表征纳米材料的形貌特征,结果显示确实制备得到了不同尺寸且单分散的 PS 球,PS 球结构完整且表面均匀(图 2-2)。TiO$_2$ 丰富的表面羟基与 PS 球的吸附,促进了 PS@TiO$_2$ 复合材料的形成[43]。由扫描电子显微镜(SEM)图可知,通过一定温度煅烧,获得了不同尺寸的 TiO$_2$ 空心球。由扫描电子显微镜图和尺寸分布图可以得知 TiO$_2$ 的尺寸分别为 370nm、450nm 和 600nm(图 2-2)。由于煅烧温度影响 TiO$_2$ 空心球外层结构的形成,不同煅烧温度获得的 TiO$_2$ 外层结构也不同,因此进行不同温度煅烧实验,结果如图 2-3 所示。煅烧温度太低不利于 PS 球的去除,煅烧温度太高不利于空心球结构的形成。综上可知,当煅烧温度为 550℃时,TiO$_2$ 具有较好的空心球形貌。为了进一步确定煅烧温度,进行热重分析表征(TG)。根据 TG 结果可知(图 2-4),PS@TiO$_2$ 对应的 TG 曲线上,

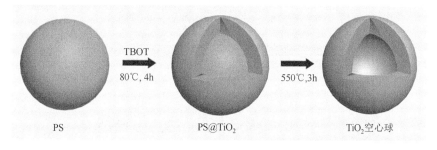

图 2-1　TiO$_2$ 空心球的制备流程图

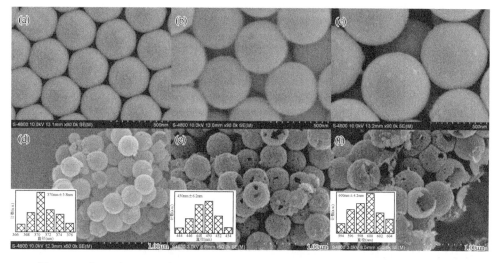

图 2-2　不同尺寸(PS)球(a~c)和 TiO$_2$ 空心球(d~f)的 SEM 图及尺寸分布图

(a, d) 370nm;(b, e) 450nm;(c, f) 600nm

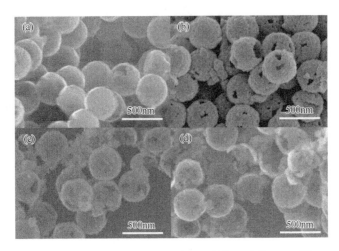

图 2-3　TiO$_2$（450nm）空心球不同煅烧温度的 SEM 图

(a) 450℃；(b) 550℃；(c) 650℃；(d) 750℃

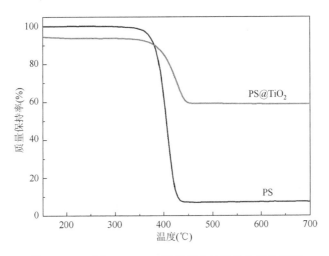

图 2-4　PS 球和 PS@TiO$_2$ 纳米复合材料的热重分析图

320℃以下失重 10%左右，这主要是因为脱去样品中吸附的水和残留的溶剂；320～450℃之间的质量损失为有机大分子的分解，即 PS 球的去除；450℃之后 TG 线中没有任何质量损失，因此推测在 550℃煅烧时 PS 球可以被完全去除。综合各方面的因素，选择 550℃作为最佳的煅烧温度。

与 SEM 图相对应，透射电子显微镜（TEM）图清晰地显示 TiO$_2$ 具有单层外壳且以空心球结构存在，由 TEM 图也可得知其具有较好的分散性。对比不同尺寸 TiO$_2$ 的 TEM 图，结果表明，确实制备得到不同尺寸的 TiO$_2$ 空心球（图 2-5）。为了判断纳米材料的晶型，使用高分辨率透射电子显微镜（HRTEM）表征 TiO$_2$

纳米材料。通过 HRTEM 图可以得知，0.351nm 的特征间距与 TiO$_2$ 的锐钛矿相（101）晶面相对应，结果表明，煅烧得到的 TiO$_2$ 是高活性的锐钛矿晶型，有利于后续的催化反应[44]。

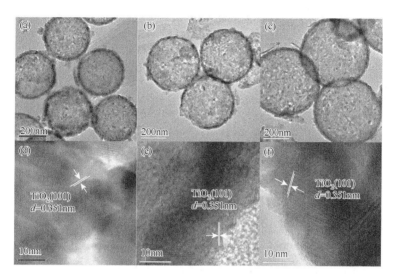

图 2-5　不同尺寸 TiO$_2$ 空心球的 TEM 图及 HRTEM 图

(a, d) 370nm；(b, e) 450nm；(c, f) 600nm

为了得到材料的体相结构信息，对不同煅烧温度及不同空心球尺寸 TiO$_2$ 的 X 射线衍射（XRD）谱图进行了分析。从 XRD 谱图（图 2-6）中可以得知，TiO$_2$（101）、（004）、（200）、（105）、（211）、（204）、（116）和（220）晶面与 TiO$_2$ 的锐钛矿晶面的标准图谱相吻合（JCPDS NO.21-1272）[45]。同时，TiO$_2$（110）、（101）、（111）、（211）、（220）、（002）、（301）和（112）晶面与 TiO$_2$ 的金红石晶面的标准图谱相吻合（JCPDS NO.21-1276）[46]。以上表征结果说明制备的 TiO$_2$ 具有较好的结晶度。随着温度的升高，对比不同的煅烧温度 TiO$_2$ 的 XRD 谱图可知，TiO$_2$ 部分晶态会从锐钛矿向金红石转变［图 2-6（a）］；对比不同空心球尺寸 TiO$_2$ 的谱图，结果表明 TiO$_2$ 的晶态不会因空心球尺寸的不同而呈现出明显的转变［图 2-6（b）］。综上结果，发现 550℃ 作为 TiO$_2$ 空心球的煅烧温度时，TiO$_2$ 具有较好的锐钛矿晶型。相对于其他两个尺寸的 TiO$_2$，450nm 尺寸的 TiO$_2$ 在 550℃ 具有较好的结晶度，而 600nm 尺寸的 TiO$_2$ 部分晶型会由锐钛矿转变为金红石。综合以上各因素，选择最佳的空心球尺寸为 450nm，最佳煅烧温度为 550℃。

紫外可见吸收光谱图可用于研究固体样品的光吸收性能，图 2-7（a）表征不同尺寸 TiO$_2$ 空心球的紫外可见吸收光谱图。由图可知，TiO$_2$（370nm）、TiO$_2$（450nm）

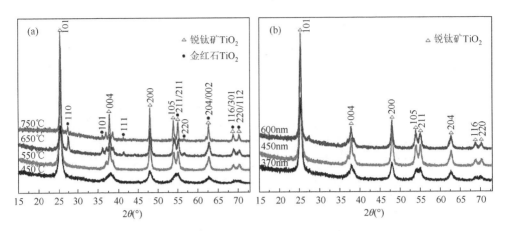

图 2-6 TiO₂ 的 XRD 谱图

(a) 不同的煅烧温度；(b) 不同的空心球尺寸

及 TiO$_2$（600nm）的最大吸收波长分别约为 390nm、400nm 和 385nm。对比可知，450nm 尺寸的 TiO$_2$ 具有较大的吸光范围，能够提高对 Cr（Ⅵ）的光还原活性。荧光发射光谱图表征主要是测试纳米材料光激发产生的电子和空穴的复合效率。在三种光催化剂中，TiO$_2$（450nm）的荧光发射光谱强度是最低的 [图 2-7（b）]，表明其电子-空穴的分离效率最高。因此，450nm 的 TiO$_2$ 空心球具有较好光催化活性条件。

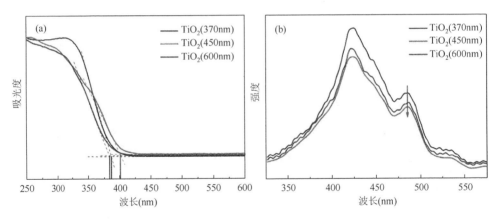

图 2-7 不同尺寸 TiO$_2$ 空心球的紫外可见吸收光谱图（a）、荧光发射光谱图（b）

2.3.2 Cr（Ⅵ）光还原活性测试效果

材料的孔结构对于材料的很多性质有很大甚至是决定性的作用，因此利用比表面及孔隙度分析仪对不同尺寸 TiO$_2$ 空心球的结构进行比表面积测试。不同尺寸 TiO$_2$ 空心球的 N$_2$ 吸附-脱附等温曲线（图 2-8）可以认为是第Ⅳ吸附曲线类型，该类型是介孔材料的特征。其中450nm尺寸的TiO_2的比表面积和平均孔径分别为41m^2/g和14.5nm（表2-1），证明450nm尺寸的TiO_2是介孔纳米材料，这有利于对底物的吸附[47]。

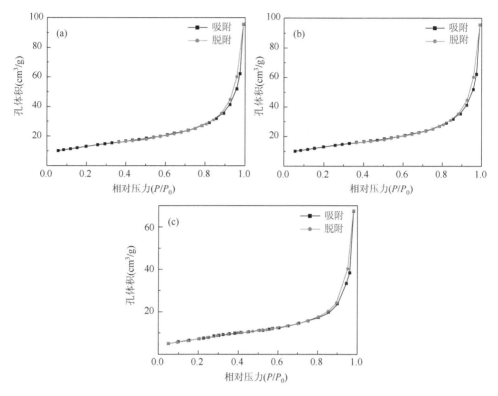

图2-8 不同尺寸TiO_2空心球的N_2吸附-脱附等温线图

（a）370nm；（b）450nm；（c）600nm

表2-1 不同尺寸TiO_2空心球的比表面积、孔体积和平均孔径

样品	$S_{BET}(m^2/g)$	$V_{tot}(cm^3/g)$	D(nm)
TiO_2（370nm）	46	0.14	12.8
TiO_2（450nm）	41	0.15	14.5
TiO_2（600nm）	29	0.10	14.3

为了验证不同尺寸的TiO_2空心球对Cr（Ⅵ）光还原性能的影响，对不同尺寸的TiO_2空心球进行了Cr（Ⅵ）光还原活性测试。在300W氙灯照射下，水溶液中Cr（Ⅵ）光还原反应基本上通过以下过程进行[48-50]：

$$Cr_2O_7^{2-} + 14H^+ + 6e^- \longrightarrow 2Cr^{3+} + 7H_2O \quad (2.1)$$

Cr（Ⅵ）与 1,5-二苯碳酰二肼可以产生特定的显色反应，而 Cr（Ⅲ）与 1,5-二苯碳酰二肼不会发生显色反应，因此可以通过比色法测定水溶液中 Cr（Ⅵ）的浓度，根据吸光度的变化来确定 Cr（Ⅵ）的还原效率。通过对 Cr（Ⅵ）的光还原效率（初始浓度为 4.8μmol/L）来评价不同尺寸 TiO_2 空心球的表观量子效率（AQE）。

$$AQE = \frac{3 \times Cr（Ⅵ）还原总量}{入射光子总量} \times 100\% \quad (2.2)$$

不同尺寸 TiO_2 空心球在不同 pH 条件下光还原 Cr（Ⅵ）效率的变化如图 2-9 所示。

从图 2-9 中可以看出，光照 2h 后，在 pH 条件为 2.82 时，TiO_2（450nm）对 Cr（Ⅵ）的光还原效率达到 96%，与 TiO_2（370nm）和 TiO_2（600nm）相比，分

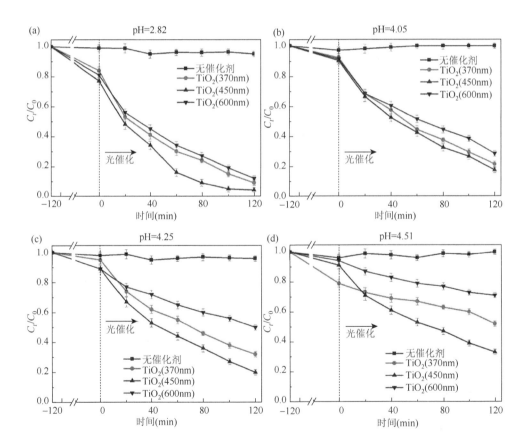

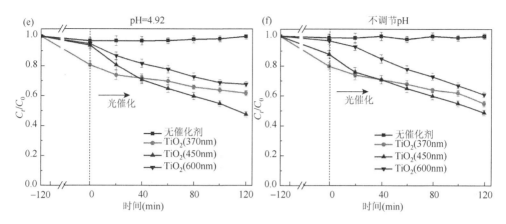

图 2-9 不同尺寸 TiO₂ 在不同 pH 条件下对 Cr（Ⅵ）的去除效率
实验条件：Cr（Ⅵ）50mL，5mg/L；TiO₂ 30mg；300W 氙灯

别增加 5%和 8%。实验结果表明，光催化还原 Cr（Ⅵ）存在一个较优的 pH 环境，各种 pH 下光还原速率相差较大，酸性环境光催化反应能有效地还原水中的 Cr（Ⅵ），这与文献报道的一致 [溶液中 pH 对 RGO 改性 TiO₂ 光还原 Cr（Ⅵ）的影响] [49]，酸性条件有利于 Cr（Ⅵ）的光还原。需要注意的是，尽管各种 pH 下光还原速率相差较大，但 TiO₂ 对 Cr（Ⅵ）光还原活性大小顺序依次是 TiO₂（450nm）＞TiO₂（370nm）＞TiO₂（600nm），这表明相同条件下 450nm 尺寸的 TiO₂ 空心球在光照下能够产生更多的光生电子用于还原 Cr（Ⅵ）。

2.3.3 光还原机理研究

电化学阻抗谱能反映电极修饰过程中电极表面的变化。半圆部分为高频区，受动力学控制，直径大小就等于电极表面的电子转移阻抗，反映了电极表面电子转移的特征[35]。因此，为了证明以上实验结果，对不同尺寸 TiO₂ 空心球（370nm、450nm、600nm）进行电化学阻抗谱图表征，验证光还原 Cr（Ⅵ）过程中不同尺寸的 TiO₂ 空心球表面的电子转移速率。表征结果如图 2-10 所示，TiO₂（450nm）修饰电极的阻抗小于 TiO₂（370nm）和 TiO₂（600nm）修饰电极的阻抗，这说明 TiO₂（450nm）由于具有较好的导电性使得其电子转移阻抗比 TiO₂（370nm）和 TiO₂（600nm）的小。由此可知，450nm 的空心球尺寸具有较好的光生电子-空穴分离效率。这在机理上进一步间接说明作为光催化剂的 TiO₂ 最佳空心球尺寸为 450nm（图 2-11）。

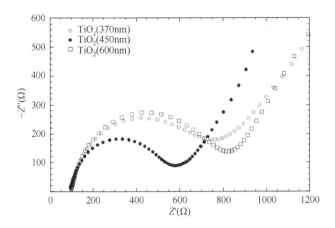

图 2-10 不同尺寸 TiO$_2$ 空心球的电化学阻抗谱图

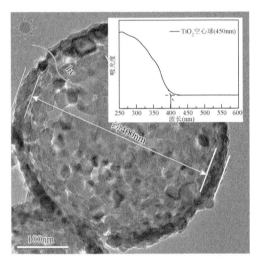

图 2-11 TiO$_2$（450nm）空心球的光吸收机理

2.4 不同尺寸 TiO$_2$@WO$_3$/Au 空心球的结构及 Cr（Ⅵ）光还原活性测试效果

2.4.1 不同尺寸 TiO$_2$@WO$_3$/Au 空心球的结构表征

为了进一步证明不同空心球尺寸对纳米材料催化性能的影响，在前期基础上制备得到不同尺寸的 TiO$_2$@WO$_3$/Au 空心球。合成路线如图 2-12 所示，通过溶胶-凝胶法依次包覆 TiO$_2$、WO$_3$、Au，最后通过煅烧得到不同尺寸的双壳 TiO$_2$@WO$_3$/Au 空心球。

图 2-12　双壳 $TiO_2@WO_3/Au$ 纳米复合材料的合成路线

利用丙烯酸甲酯和过硫酸钠作为表面活性剂,制备得到尺寸分别约为 356nm、440nm 和 587nm 的聚苯乙烯(PS)球。由 SEM 图可知制备的 PS 球尺寸均一且具有较好的分散性(图 2-13)。结合 SEM 及 TEM 图可以推测通过静电吸附、氧化、水解等过程,TiO_2 的前驱体、WO_3 的前驱体及 Au 纳米颗粒被依次吸附在 PS 表面,最后通过煅烧获得双层 $TiO_2@WO_3/Au$ 纳米空心球复合材料。SEM 及 TEM 图显示出完整的、尺寸均一的 $TiO_2@WO_3/Au$ 纳米复合材料。不同尺寸的 $TiO_2@WO_3/Au$ 纳米复合材料通过控制模板的大小制备得到,由 SEM 图可知,制备得到了 370nm、450nm、600nm 的 $TiO_2@WO_3/Au$ 纳米复合材料。纳米复合材料的尺寸分布图进一步证实 $TiO_2@WO_3/Au$ 纳米复合材料具有均一的尺寸(图 2-14)。

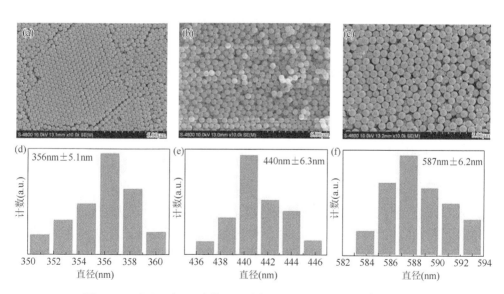

图 2-13　不同尺寸 PS 球的 SEM 图(a~c)和尺寸分布图(d~f)
(a, d) 356nm; (b, e) 440nm; (c, f) 587nm

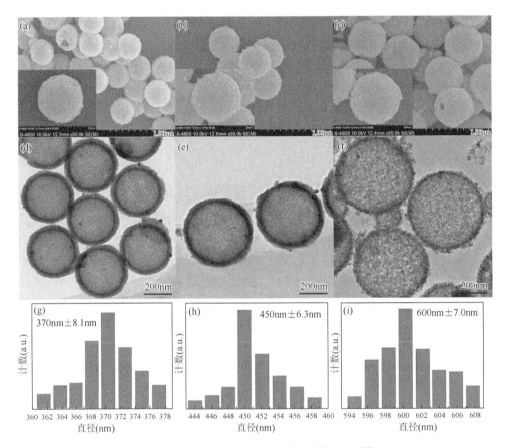

图 2-14　不同尺寸双壳 TiO_2@WO_3/Au 空心球的 SEM 图（a~c）、
TEM 图（d~f）及尺寸分布图（g~i）

（a，d，g）370nm；（b，e，h）450nm；（c，f，i）600nm

2.4.2　不同尺寸 TiO_2@WO_3/Au 空心球 Cr（Ⅵ）光还原活性测试效果及其机理

采用不同尺寸 TiO_2@WO_3/Au 空心球光催化还原 Cr（Ⅵ）（初始浓度为 4.8μmol/L）的活性大小来评估不同尺寸复合材料的表观量子效率（AQE），进一步说明不同尺寸纳米空心球对光还原活性的影响。实验结果如图 2-15 所示，4h 光照后，TiO_2（450nm）@WO_3/Au 对 Cr（Ⅵ）的光还原效率为 74%，比 TiO_2（370nm）@WO_3/Au 和 TiO_2（600nm）@WO_3/Au 的增加了 8% 和 10%，这说明 TiO_2（450nm）@WO_3/Au 在可见光下对 Cr（Ⅵ）具有较好的光还原活性。从图 2-16 也可以看出 TiO_2（370nm）@WO_3/Au、TiO_2（450nm）@WO_3/Au 和 TiO_2（600nm）@WO_3/Au 的 Cr（Ⅵ）光还原速率分别为 0.624μmol/h、0.756μmol/h 和 0.660μmol/h，这说明

空心球尺寸也会影响复合的纳米材料的光催化活性,结合之前 TiO_2 空心球最佳催化活性尺寸为 450nm 的结论,复合纳米材料的空心球尺寸对催化活性的影响也进一步引起研究者的兴趣。

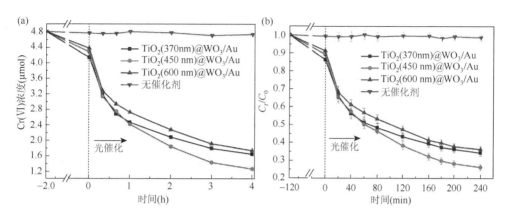

图 2-15　在可见光照射下不同尺寸 TiO_2@WO_3/Au 对 Cr(Ⅵ)浓度随时间的影响变化曲线图(a)、Cr(Ⅵ)随时间变化的还原效率曲线图(b)

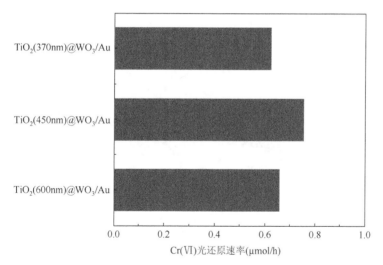

图 2-16　不同尺寸 TiO_2@WO_3/Au 对 Cr(Ⅵ)光还原速率

为了进一步研究不同尺寸 TiO_2@WO_3/Au 空心球对纳米材料表面电子传递速率的影响,采用电化学阻抗和循环伏安法电化学手段表征不同尺寸 TiO_2@WO_3/Au 空心球对纳米材料表面电子传递速率的影响。表征结果如图 2-17(a)所示,TiO_2(450nm)@WO_3/Au 复合电极在电化学阻抗谱图上的圆弧半径最小,这表明 TiO_2(450nm)@WO_3/Au 中的电荷转移电阻最小,因此在 TiO_2(450nm)@WO_3/Au

空心球中可以发生更有效的光生电子-空穴对分离及更快的界面电荷转移。另外，如图 2-17（b）所示，TiO_2（450nm）@WO_3/Au 复合电极的氧化还原峰明显增加，表明 TiO_2（450nm）@WO_3/Au 空心球电子转移速率提高，进而使光生电子与空穴的分离效率提高。因此，对于 TiO_2@WO_3/Au 复合纳米材料，450nm 的空心球尺寸同样具有较优异的催化性能。综上，纳米材料的空心球结构尺寸会影响重金属 Cr（Ⅵ）的处理，这也为重金属 Cr（Ⅵ）光催化处理的理论提供了一定的参考依据。

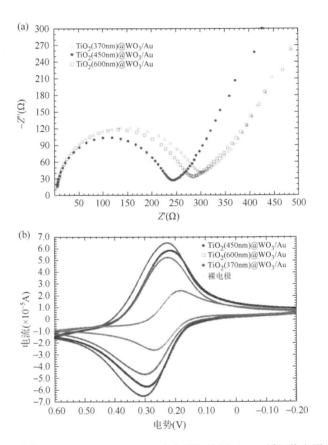

图 2-17　不同尺寸 TiO_2@WO_3/Au 的电化学阻抗图（a）、循环伏安图（b）

2.5　小结与展望

利用简单方法制备不同尺寸 TiO_2 及 TiO_2@WO_3/Au 纳米空心球，以光还原 Cr（Ⅵ）和电化学表征等手段测试纳米空心球尺寸对光催化性能的影响，结果表明，纳米空心球光催化活性与其尺寸存在相关性，当空心球外径为 450nm 时光催化活性较好，可能归因于 450nm 空心球吸光和光生电子-空穴分离效率较好。这也增强了人们对最佳空心球尺寸活性提高机理的理解。

参 考 文 献

[1] Cohen M D, Kargacin B, Klein C B, et al. Mechanisms of chromium carcinogenicity and toxicity [J]. Crit. Rev. Toxicol., 1993, 23(3): 255-281.

[2] Costa M, Klein C B. Toxicity and carcinogenicity of chromium compounds in humans [J]. Crit. Rev. Toxicol., 2006, 36(2): 155-163.

[3] Cheng Q, Wang C, Doudrick K, et al. Hexavalent chromium removal using metal oxide photocatalysts [J]. Appl. Catal. B, 2015, 176: 740-748.

[4] Fathima N N, Aravindhan R, Rao J R, et al. Solid waste removes toxic liquid waste: Adsorption of chromium(VI) by iron complexed protein waste [J]. Environ. Sci. Technol., 2005, 39(8): 2804-2810.

[5] Litter M I. Heterogeneous photocatalysis: Transition metal ions in photocatalytic systems [J]. Appl. Catal. B, 1999, 23(2): 89-114.

[6] Testa J J, Grela M A, Litter M I. Heterogeneous photocatalytic reduction of chromium(VI) over TiO_2 particles in the presence of oxalate: Involvement of Cr(VI) species [J]. Environ. Sci. Technol., 2004, 38(5): 1589-1594.

[7] Liu W, Ni J, Yin X. Synergy of photocatalysis and adsorption for simultaneous removal of Cr(VI) and Cr(III) with TiO_2 and titanate nanotubes [J]. Water Res., 2014, 53: 12-25.

[8] Dhal B, Thatoi H N, Das N N, et al. Chemical and microbial remediation of hexavalent chromium from contaminated soil and mining/metallurgical solid waste: A review [J]. J. Hazard. Mater., 2013, 250: 272-291.

[9] Jiang F, Zheng Z, Xu Z, et al. Aqueous Cr(VI) photo-reduction catalyzed by TiO_2 and sulfated TiO_2 [J]. J. Hazard. Mater., 2006, 134(1): 94-103.

[10] Sun B, Reddy E P, Smirniotis P G. Visible light Cr(VI) reduction and organic chemical oxidation by TiO_2 photocatalysis [J]. Environ. Sci. Technol., 2005, 39(16): 6251-6259.

[11] Yang L, Xiao Y, Liu S, et al. Photocatalytic reduction of Cr(VI) on WO_3 doped long TiO_2 nanotube arrays in the presence of citric acid [J]. Appl. Catal. B, 2010, 94: 142-149.

[12] Yoneyama H, Yamashita Y, Tamura H. Heterogeneous photocatalytic reduction of dichromate on n-type semiconductor catalysts [J]. Nature, 1979, 282(5741): 817-818.

[13] Wan Z, Zhang G, Wu X, et al. Novel visible-light-driven Z-scheme $Bi_{12}GeO_{20}$/g-C_3N_4 photocatalyst: Oxygen-induced pathway of organic pollutants degradation and proton assisted electron transfer mechanism of Cr(VI) reduction [J]. Appl. Catal. B, 2017, 207: 17-26.

[14] Velegraki G, Miao J, Drivas C, et al. Fabrication of 3D mesoporous networks of assembled CoO nanoparticles for efficient photocatalytic reduction of aqueous Cr(VI) [J]. Appl. Catal. B, 2018, 221: 635-644.

[15] Yang Y, Yang X A, Leng D, et al. Fabrication of g-C_3N_4/SnS_2/SnO_2 nanocomposites for promoting photocatalytic reduction of aqueous Cr(VI) under visible light [J]. Chem. Eng. J., 2018, 335: 491-500.

[16] Li Y, Cui W, Liu L, et al. Removal of Cr(VI) by 3D TiO_2-graphene hydrogel via adsorption enriched with photocatalytic reduction [J]. Appl. Catal. B, 2016, 199: 412-423.

[17] Choi Y, Koo M S, Bokare A D, et al. Sequential process combination of photocatalytic oxidation and dark reduction for the removal of organic pollutants and Cr(VI) using Ag/TiO_2 [J]. Environ. Sci. Technol., 2017, 51(7): 3973-3981.

[18] Wang L, Zhang C, Gao F, et al. Algae decorated TiO$_2$/Ag hybrid nanofiber membrane with enhanced photocatalytic activity for Cr(VI) removal under visible light [J]. Chem. Eng. J., 2017, 314: 622-630.

[19] Luo S, Qin F, Zhao H, et al. Fabrication uniform hollow Bi$_2$S$_3$ nanospheres via Kirkendall effect for photocatalytic reduction of Cr(VI) in electroplating industry wastewater [J]. J. Hazard. Mater., 2017, 340: 253-262.

[20] Liu X, Pan L, Lv T, et al. Microwave-assisted synthesis of ZnO-graphene composite for photocatalytic reduction of Cr(VI) [J]. Catal. Sci. Technol., 2011, 1(7): 1189-1193.

[21] Liu X, Pan L, Zhao Q, et al. UV-assisted photocatalytic synthesis of ZnO-reduced graphene oxide composites with enhanced photocatalytic activity in reduction of Cr(VI) [J]. Chem. Eng. J., 2012, 183: 238-243.

[22] Mekatel H, Amokrane S, Bellal B, et al. Photocatalytic reduction of Cr(VI) on nanosized Fe$_2$O$_3$ supported on natural Algerian clay: Characteristics, kinetic and thermodynamic study [J]. Chem. Eng. J., 2012, 200: 611-618.

[23] Xu H, Reunchan P, Ouyang S, et al. Anatase TiO$_2$ single crystals exposed with high-reactive {111} facets toward efficient H$_2$ evolution[J]. Chem. Mater., 2013, 25(3): 405-411.

[24] Peng B, Tang F, Chen D, et al. Preparation of PS/TiO$_2$/UF multilayer core-shell hybrid microspheres with high stability [J]. J. Colloid. Interf. Sci., 2009, 329(1): 62-66.

[25] Koch S, Kessler M, Mandel K, et al. Polycarboxylate ethers: The key towards non-toxic TiO$_2$ nanoparticle stabilisation in physiological solutions [J]. Colloid. Surface. B, 2016, 143: 7-14.

[26] Kong M, Li Y, Chen X, et al. Tuning the relative concentration ratio of bulk defects to surface defects in TiO$_2$ nanocrystals leads to high photocatalytic efficiency [J]. J. Am. Chem. Soc., 2011, 133(41): 16414-16417.

[27] Wu P, Chen H, Cheng G, et al. Exploring surface chemistry of nano-TiO$_2$ for automated speciation analysis of Cr(III) and Cr(VI) in drinking water using flow injection and ET-AAS detection [J]. J. Anal. Atom. Spectrom., 2009, 24(8): 1098-1104.

[28] Meichtry J M, Brusa M, Mailhot G, et al. Heterogeneous photocatalysis of Cr(VI) in the presence of citric acid over TiO$_2$ particles: Relevance of Cr(V)-citrate complexes [J]. Appl. Catal. B, 2007, 71(1): 101-107.

[29] Yang Y, Wang G, Deng Q, et al. Microwave-assisted fabrication of nanoparticulate TiO$_2$ microspheres for synergistic photocatalytic removal of Cr(VI) and methyl orange [J]. ACS Appl. Mater. Inter., 2014, 6(4): 3008-3015.

[30] Larsen G K, Fitzmorris R, Zhang J Z, et al. Structural, optical, and photocatalytic properties of Cr: TiO$_2$ nanorod array fabricated by oblique angle codeposition [J]. J. Phys. Chem. C, 2011, 115(34): 16892-16903.

[31] He Z, Cai Q, Wu M, et al. Photocatalytic reduction of Cr(VI) in an aqueous suspension of surface-fluorinated anatase TiO$_2$ nanosheets with exposed {001} facets [J]. Ind. Eng. Chem. Res., 2013, 52(28): 9556-9565.

[32] He Z, Jiang L, Wang D, et al. Simultaneous oxidation of *p*-chlorophenol and reduction of Cr(VI) on fluorinated anatase TiO$_2$ nanosheets with do minant {001} facets under visible irradiation [J]. Ind. Eng. Chem. Res., 2015, 54(3): 808-818.

[33] Xu S C, Pan S S, Xu Y, et al. Efficient removal of Cr(VI) from wastewater under sunlight by Fe(II)-doped TiO$_2$ spherical shell [J]. J. Hazard. Mater., 2015, 283: 7-13.

[34] Chen Y, Li W, Wang J, et al. Microwave-assisted ionic liquid synthesis of Ti^{3+} self-doped TiO$_2$ hollow nanocrystals with enhanced visible-light photoactivity [J]. Appl. Catal. B, 2016, 191: 94-105.

[35] Yang Y, Wang G, Deng Q, et al. Enhanced photocatalytic activity of hierarchical structure TiO$_2$ hollow spheres with reactive(001) facets for the removal of toxic heavy metal Cr(VI) [J]. RSC Adv., 2014, 4(65): 34577-34583.

[36] Liu B, Liu L M, Lang X F, et al. Doping high-surface-area mesoporous TiO$_2$ microspheres with carbonate for visible light hydrogen production [J]. Energ. Environ. Sci., 2014, 7(8): 2592-2597.

[37] Hu W, Zhou W, Zhang K, et al. Facile strategy for controllable synthesis of stable mesoporous black TiO$_2$ hollow spheres with efficient solar-driven photocatalytic hydrogen evolution [J]. J. Mater. Chem. A, 2016, 4(19): 7495-7502.

[38] Chen G, Feng J, Wang W, et al. Photocatalytic removal of hexavalent chromium by newly designed and highly reductive TiO$_2$ nanocrystals [J]. Water Res., 2017, 108: 383-390.

[39] Zhang J, Jin X, Morales-Guzman P I, et al. Engineering the absorption and field enhancement properties of Au-TiO$_2$ nanohybrids via whispering gallery mode resonances for photocatalytic water splitting [J]. ACS Nano, 2016, 10(4): 4496-4503.

[40] Leng W, Chen M, Zhou S, et al. Capillary force induced formation of monodisperse polystyrene/silica organic-inorganic hybrid hollow spheres [J]. Langmuir, 2010, 26(17): 14271-14275.

[41] Daniel M C, Astruc D. Gold nanoparticles: Assembly, supramolecular chemistry, quantum-size-related properties, and applications toward biology, catalysis, and nanotechnology [J]. Chem. Rev., 2004, 104(1): 293-346.

[42] Lakatos J, Brown S D, Snape C E. Coals as sorbents for the removal and reduction of hexavalent chromium from aqueous waste streams [J]. Fuel, 2002, 81(5): 691-698.

[43] Fang X, Yang H, Wu G, et al. Preparation and characterization of low density polystyrene/TiO$_2$ core-shell particles for electronic paper application [J]. Curr. Appl. Phys., 2009, 9(4): 755-759.

[44] Li Y F, Selloni A. Pathway of photocatalytic oxygen evolution on aqueous TiO$_2$ anatase and insights into the different activities of anatase and rutile [J]. ACS Catal., 2016, 6(7): 4769-4774.

[45] Kim H S, Lee J W, Yantara N, et al. High efficiency solid-state sensitized solar cell-based on submicrometer rutile TiO$_2$ nanorod and CH$_3$NH$_3$PbI$_3$ perovskite sensitizer [J]. Nano Lett., 2013, 13(6): 2412-2417.

[46] Yin H, Wada Y, Kitamura T, et al. Hydrothermal synthesis of nanosized anatase and rutile TiO$_2$ using amorphous phase TiO$_2$ [J]. J. Mater. Chem., 2001, 11(6): 1694-1703.

[47] Zhang A, Zhang Y, Xing N, et al. Hollow silica spheres with a novel mesoporous shell perforated vertically by hexagonally arrayed cylindrical nanochannels [J]. Chem. Mater., 2009, 21(18): 4122-4126.

[48] Gao Y, Chen C, Tan X, et al. Polyaniline-modified 3D-flower-like molybdenum disulfide composite for efficient adsorption/photocatalytic reduction of Cr(VI) [J]. J. Colloid. Interf. Sci., 2016, 476: 62-70.

[49] Zhao Y, Zhao D, Chen C, et al. Enhanced photo-reduction and removal of Cr(VI) on reduced graphene oxide decorated with TiO$_2$ nanoparticles [J]. J. Colloid. Interf. Sci., 2013, 405: 211-217.

[50] Zhao D, Gao X, Wu C, et al. Facile preparation of a mino functionalized graphene oxide decorated with Fe$_3$O$_4$ nanoparticles for the adsorption of Cr(VI) [J]. Appl. Surf. Sci., 2016, 384: 1-9.

第3章　核壳型纳米材料的合成及催化性能研究

3.1　引　　言

当前,负载型 Au 催化剂在 CO 催化氧化过程中表现出了独特的催化活性[1],其中 Au/SiO$_2$[2], Au/Al$_2$O$_3$[3], Au/Mg(OH)$_2$[4], Au/FeO$_x$[5, 6], Au/ZrO$_2$[7], Au/TiO$_2$[8-10] 和 Au/CeO$_2$[11-14]等催化剂受到科研工作者的广泛关注。早期研究工作表明,金属氧化物和 Au 纳米颗粒之间界面处存在着协同效应,进一步研究证明金属氧化物并不是简单地作为催化剂载体,它们本身在催化反应过程中也起到了重要作用[11],在 CO 催化氧化过程中表现出了很好的催化效果。遗憾的是,大部分负载型 Au 催化剂并没有得到实际的应用。其中一个主要的原因是,在催化反应过程中其 Au 颗粒通常不稳定,容易烧结、长大,致使其催化活性降低,催化剂寿命缩短。

如何避免活性组分 Au 颗粒在催化反应过程中烧结、长大的现象发生,是科研工作者当前亟须解决的问题。近年来,核壳结构微纳材料开创了材料设计方面的新局面,因为其具有许多独特的性质,如单分散、高的热稳定性[15]、可循环性[16]以及窄的尺寸分布[17],使其在均相催化领域中具有明显的优势,受到研究者的高度关注。相对于负载型 Au 催化剂来说,对于发展新型结构的催化剂,核壳型催化剂不仅提供了一种新的合成途径,而且也减少了研究催化过程动力学的复杂性[18]。同时,具有良好单分散性的核壳结构催化剂整体的催化活性是均一的,并且活性组分粒子彼此独立且不接触,使其在反应过程中很少发生变化,这样对于研究结构与性能之间的关联性及规律更为方便。更为重要的是,由于活性组分粒子被金属氧化物壳包覆,在催化反应过程中,活性组分粒子不会产生烧结、长大的现象。最近,德国马普研究所 F. Schüth 等[18]采用牺牲模板法制备了 Au@SiO$_2$@ZrO$_2$核壳结构复合材料,然后将复合物浸渍于 NaOH 溶液中,将中间壳层 SiO$_2$ 刻蚀掉,最终得到空心 Au@ZrO$_2$ 核壳结构复合物。这种牺牲模板法合成步骤十分复杂,实验操作烦琐,且刻蚀过程中引入的杂质 Na$^+$很难洗涤干净,而 Na$^+$对催化剂有钝化作用[19]。相比较于前人的研究工作,其催化活性没有明显提高[20],但是抗烧结能力大大提高。

（1）在早期研究的无机金属氧化物作为载体的材料中,CeO$_2$作为良好的活性载体,日益受到研究者的重视,同时 CeO$_2$具有 n 型半导体性质,具有氧缺陷,而这些氧缺陷能够提供具有反应活性的氧。氧气在 CeO_2 氧缺陷上的吸附持续发生，导致在金-载体界面处可能存在大量 O_2^- 或 O^{2-} 等表面物种，其较好的溢流性使扩散到金晶粒上的速度也较快，大大提高催化剂的反应活性。然而，直到目前很少有报道以贵金属粒子作核，CeO_2 作壳层的催化材料。其中一个重要原因是，相比较 SiO_2 和 TiO_2 等作为壳层材料包覆贵金属粒子来说[21, 22]，CeO_2 壳层在贵金属表面生长比较困难，可能是因为铈的前驱体在常温下不如硅、钛前驱体易水解。不过，Paolo Fornasiero 研究组采用非常烦琐的实验步骤合成了 Pd@CeO_2[23]和 Au@CeO_2[24]核壳型催化材料，分别用于 CO 催化氧化和富氢气体中的 CO 优先氧化反应。但是通过 TEM 和 HRTEM 图片观察，核壳结构的"核"与"壳"的界限非常不明显（Pd@CeO_2），且"壳"层中包含个数不等的"核"即多个"核"（Au@CeO_2）。而这种具有多"核"的核壳结构催化剂整体的催化活性是不均一的，这对于研究结构与性能之间的关联性及规律不利。因此，探索新的合成策略来制备核壳结构界限明晰的 Au@CeO_2 微球催化材料是后续研究所要解决的问题。这一问题的解决将有助于进一步认识以 CeO_2 作为壳层的核壳结构单元的新合成方法。

（2）Cu_2O 具有一个合适的带隙 2.2eV，其具有光吸收系数大、成本低、稳定性高以及导电性良好等优异的性能，已被广泛地用作环境友好的光催化剂。但是如何有效抑制光生电子-空穴复合仍然是一个挑战。武汉理工大学陈文课题组[25]制备出八面体结构的 Au@Cu_2O 纳米晶体，其具有高的光催化活性。台湾清华大学黄暄益课题组[26]制备出 Au-Cu_2O 核壳异质结构，使用 Au 纳米片、Au 纳米棒、Au 八面体纳米颗粒以及高晶面 Au 纳米颗粒作为导向核心引导不同形貌的 Cu_2O 壳层的生长。作者所在课题组通过简单方法合成一种星状多面体的 Au@Cu_2O 纳米结构，目的是通过设计一种新型的纳米结构，有效地避免 Au 纳米颗粒的迁移和聚集长大，使其具有超强的吸附性能，以及促进光生电子-空穴的分离（光生电子从 Cu_2O 的导带转移至 Au 纳米颗粒表面），进而提高可见光催化活性。

（3）贵金属催化剂在催化氧化过程中有着优异的特性，但是贵金属催化剂成本高，而且催化过程中极易失活，高温条件下又容易烧结长大从而活性降低，不利于实际生产中大规模使用，工业生产中需要各种苛刻条件。因此作者所在课题组试图合成一种过渡金属氧化物催化剂来替代贵金属催化剂，并初步探讨其催化活性的影响因素，进一步提高其低温 CO 催化活性。CuO 作为一种常见的过渡系金属氧化物，常被用作 CO 催化剂的活性组分，与 TiO_2、CeO_2 和 γ-Al_2O_3 等载体复合，作为一类较为高效的 CO 催化剂。在这类催化剂中，CuO/γ-Al_2O_3[27-29]是研究较早、研究较为深入的一种催化剂，CuO 和 γ-Al_2O_3 在高温情况下都能保持较高的稳定性，而且两者价格低廉，合成方法简单，适合大规模合成，进一步改进可发展为较为高效的工业催化剂[30-32]。传统的 CuO/γ-Al_2O_3 催化剂是通过共沉淀法或者浸渍法合成的，CuO 纳米颗粒无序地分散在载体 γ-Al_2O_3 表面，尺寸大小不均一，对于催化活性的研究只能从宏观加入量入手，难以得到微观系统的分析，此外，在制备催化剂的过程中，需要高温煅烧处理，CuO 会长大成为较大的纳米颗粒，CuO 还会和载体 γ-Al_2O_3 之间发生反应生成钝化层[31]，阻碍了两者接触，这些都会影响该催化剂的催化性能。因此希望采用新的方法来合成形貌可控的 CuO/γ-Al_2O_3 结构单元，合成得到的 CuO/γ-Al_2O_3 复合催化剂应该具有高的 CO 催化活性，另外特殊且均一的形貌也便于分析研究，为以后此类催化剂的合成和研究提供一种新的途径，并且将催化活性和纳米材料结构单元结合起来，便于以后此类型催化剂的设计，以更快更好地得到新型高效催化剂。

3.2 材料与方法

3.2.1 主要仪器与试剂

主要试剂：氯化亚铈（$CeCl_3·7H_2O$，分析纯），葡萄糖（$C_6H_{12}O_6·H_2O$，分析纯），尿素（H_2NCONH_2，分析纯），氯金酸（$HAuCl_4·4H_2O$，分析纯），硝酸银（$AgNO_3$，分析纯），柠檬酸三钠（$C_6H_5O_7Na_3·2H_2O$，分析纯），硝酸铝（$Al(NO_3)_3·9H_2O$，分析纯），硫酸铝（$Al_2(SO_4)_3·16H_2O$，分析纯），醋酸铜（$Cu(CH_3COO)_2·H_2O$，分析纯），氯化铜（$CuCl_2$，分析纯），氢氧化钠（NaOH，分析纯），十二烷基硫酸钠（$C_{12}H_{25}SO_4Na$，分析纯），盐酸羟胺（$HONH_3Cl$，分析纯），乙醇（C_2H_5O，分析纯）。

主要仪器：扫描电子显微镜（SEM，日本 Hitachi 公司，S-4800），透射电子显微镜（TEM，美国 FEI 公司，Tecnai G^2 F20 U-TWIN），X 射线衍射仪（XRD，德国 Bruker 公司，D8 advance），热重分析仪（德国耐施公司，TG209F1），紫外可见分光光度计［尤尼柯（上海）仪器有限公司，UV-2800AH］，傅里叶变换红外光谱仪（FTIR，美国 PE 公司 Spectrum One），X 射线光电子能谱仪（XPS，美国赛默飞世尔科技有限公司，Thermo Fisher X II），电子天平（赛多利斯科学仪器有限公司，BS110S，0.01mg），电热恒温鼓风干燥箱（上海精宏实验设备有限公司，DHG-9036A），超纯水系统（密理博公司，MilliQ），酸度计（德国梅特勒-托利多集团，PHS-2C），DSX-120 数显搅拌机（杭州仪表电机有限公司），超声波清洗器（昆山市超声仪器有限公司，KQ-250B）。

3.2.2 核壳型 Au@CeO_2 纳米材料的合成

1. 核壳型 1% Au@CeO_2 微球合成

室温条件下，将 3.75g 葡萄糖加入到 60mL 去离子水中，搅拌形成澄清溶液；

将 1.8mL 浓度为 10mmol/L 的氯金酸溶液逐滴加入到上述葡萄糖溶液中，搅拌 15min，形成黄色透明 A 溶液；0.88g 尿素加入到 34.8mL 的去离子水中形成澄清溶液，随后加入 0.7g 氯化亚铈粉末，搅拌 15min，得到无色透明 B 溶液；将 B 溶液缓慢加入到 A 溶液中，搅拌 15min，得到黄色透明的溶液，然后将该溶液倒入反应釜中，160℃晶化 20h。晶化完毕后，得到棕黑色的悬浮液，然后用去离子水多次抽滤洗涤，用 $AgNO_3$ 溶液检验不含 Cl^- 为止，将滤饼在 100℃下干燥 12h。最后，固体粉末在 600℃空气气氛下焙烧 6h。

核壳型 0.5% Au@CeO_2 微球及核壳型 2% Au@CeO_2 微球的合成步骤同上，只改变氯金酸溶液的加入体积，分别为 0.9mL 及 3.6mL。

2. 核壳型 Au@C 微球合成

室温条件下，将 24g 葡萄糖加入到 383mL 去离子水中，搅拌，形成澄清溶液；将 11.5mL 浓度为 10mmol/L 的氯金酸溶液逐滴加入到上述葡萄糖溶液中，搅拌 10min，形成黄色透明溶液，然后将该溶液倒入反应釜中，160℃晶化 20h。晶化完毕后，得到棕黑色的悬浮液，然后用去离子水多次抽滤洗涤，将滤饼在 100℃下干燥 12h。

3. CeO_2 微球合成

室温条件下，将 3.75g 葡萄糖加入到 60mL 去离子水中，搅拌，形成澄清溶液 A；将 0.88g 尿素加入到 34.8mL 去离子水中形成澄清溶液，随后加入 0.7g 氯化亚铈粉末，搅拌 15min，得到无色透明 B 溶液；将 B 溶液缓慢加入到 A 溶液中，搅拌 15min，得到无色透明的溶液，然后将该溶液倒入反应釜中，160℃晶化 20h。晶化完毕后，得到棕黑色的悬浮液，然后用去离子水多次抽滤洗涤，用 $AgNO_3$ 溶液检验不含 Cl^- 为止，将滤饼在 100℃下干燥 12h。最后，固体粉末在 600℃空气气氛下焙烧 6h。

4. 负载型 1% Au/CeO_2 微球合成

将 10mL 浓度为 10mmol/L 的氯金酸溶液加入到盛有 190mL 去离子水的圆底烧瓶中，磁力搅拌，并将溶液加热到沸腾，然后加入 20mL 浓度为 38.8mmol/L 的柠檬酸三钠溶液，搅拌 30min。然后加入 1.85g CeO_2 微球，再搅拌 12h。然后经过 8000r/min 离心，每次离心 15min，用 $AgNO_3$ 溶液检验不含 Cl^- 为止，将固体产物转移到表面皿中，在 100℃下干燥 12h。

5. Au@CeO_2 微球中间态的考察

室温条件下，将 11.25g 葡萄糖加入到 180mL 去离子水中，搅拌，形成澄清溶液；将 5.4mL 浓度为 10mmol/L 的氯金酸溶液逐滴加入到上述葡萄糖溶液中，搅拌 15min，形成黄色透明 A 溶液；2.64g 尿素加入到 104.4mL 去离子水中形成澄清溶液，随后加入 2.1g 氯化亚铈粉末，搅拌 15min，得到无色透明 B 溶液；将 B 溶液缓慢加入到 A 溶液中，搅拌 15min，得到黄色透明的溶液。将该溶液等分为 8 份，分别转移到反应釜中，160℃下分别晶化 10min、30min、1h、2h、6h、10h、16h 和 20h，当晶化完毕后，将晶化液分别转移到 8 个小瓶中，用于表征。

6. 不添加葡萄糖时 Au@CeO$_2$ 微球合成

室温条件下，将 1.8mL 浓度为 10mmol/L 的氯金酸溶液加入到 60mL 去离子水中，搅拌 15min，形成黄色透明 A 溶液；0.88g 尿素加入到 34.8mL 的去离子水中形成澄清溶液，随后加入 0.7g 氯化亚铈粉末，搅拌 15min，得到无色透明 B 溶液；将 B 溶液缓慢加入到 A 溶液中，搅拌 15min，得到黄色透明的溶液，然后将该溶液倒入反应釜中，160℃晶化 12h。晶化完毕后，产物用去离子水多次抽滤洗涤，用 AgNO$_3$ 溶液检验不含 Cl$^-$为止，将滤饼在 100℃下干燥 12h。最后，固体粉末在 600℃空气气氛下焙烧 6h。

7. 不添加尿素时 Au@CeO$_2$ 微球合成

室温条件下，将 3.75g 葡萄糖加入到 60mL 去离子水中，搅拌，形成澄清溶液；将 1.8mL 浓度为 10mmol/L 的氯金酸溶液逐滴加入到上述葡萄糖溶液中，搅拌 15min，形成黄色透明 A 溶液；0.7g 氯化亚铈加入到 34.8mL 去离子水中，搅拌 15min，得到无色透明 B 溶液；将 B 溶液缓慢加入到 A 溶液中，搅拌 15min，得到黄色透明的溶液，然后将该溶液倒入反应釜中，160℃晶化 20h。晶化完毕后，得到棕黑色的悬浮液，然后用去离子水多次抽滤洗涤，用 AgNO$_3$ 溶液检验不含 Cl$^-$为止，将滤饼在 100℃下干燥 12h。最后，固体粉末在 600℃空气气氛下焙烧 6h。

3.2.3 核壳型 Al$_2$O$_3$@CuO 纳米材料的合成

1. γ-Al$_2$O$_3$ 微球合成

合成步骤参照文献报道[33]：室温条件下，0.2886g 硫酸铝、0.8121g 硝酸铝和 1.8201g 尿素加入到 300mL 去离子水中，搅拌形成澄清溶液；溶液转移至 500mL 圆底烧瓶中，迅速加热至 98℃，然后继续搅拌，反应 1.5h，溶液由澄清变为悬浮液，产物离心，水和乙醇洗涤多次，然后 80℃干燥过夜。得到的白色粉末置于马弗炉中 900℃煅烧 2h。

2. 核壳型 Al$_2$O$_3$@CuO 微球合成

室温条件下，将 158mg 醋酸铜溶于 60mL 乙醇溶液中，超声 30min 形成绿色透明溶液，此时，将 10mg γ-Al$_2$O$_3$ 微球加入到溶液中，超声 30min 分散。然后将上述溶液转移到 100mL 高压釜中，140℃反应 6h，产物通过 5000r/min 离心得到，水和乙醇多次洗涤，置于烘箱内，80℃干燥后待用。

3. 不同 CuO 负载量 Al$_2$O$_3$@CuO 微球合成

室温条件下，将 15.8mg、31.6mg、79mg 和 158mg 醋酸铜溶于 60mL 乙醇溶液中，超声 30min 形成绿色透明溶液，此时，将 10mg γ-Al$_2$O$_3$ 微球加入到溶液中，超声 30min 分散。然后将上述溶液转移到 100mL 高压釜中，140℃反应 6h，产物通过 5000r/min 离心得到，水和乙醇多次洗涤，放置烘箱内，80℃干燥后待用。通过 ICP-MS 测定，得到的四种催化剂中 CuO 的含量分别为 20%、40%、50% 和 75%。

4. 不同铜盐 Al$_2$O$_3$@CuO 微球合成

室温条件下，将 158mg 醋酸铜、138mg 氯化铜、194mg 硝酸铜和 126mg 硫酸铜分别溶于 60mL 乙醇溶液中，超声 30min 形成绿色透明溶液，此时，将 10mg γ-Al$_2$O$_3$ 微球加入到溶液中，超声 30min 分散。然后将上述溶液转移到 100mL 高压釜中，140℃反应 6h，产物通过 5000r/min 离心得到，水和乙醇多次洗涤，置于烘箱内，80℃干燥后待用。

5. 不同溶剂 Al$_2$O$_3$@CuO 微球合成

室温条件下，将 158mg 醋酸铜分别溶于 60mL 乙醇溶液、60mL 50%（体积分数）乙醇水溶液、60mL 75%（体积分数）乙醇水溶液和 60mL 去离子水中，超声 30min 形成绿色透明溶液,此时，将 10mg γ-Al$_2$O$_3$ 微球加入到溶液中,超声 30min 分散。然后将上述溶液转移到 100mL 高压釜中，140℃不同温度反应 6h,产物通过 5000r/min 离心得到，水和乙醇多次洗涤，置于烘箱内，80℃干燥后待用。

6. 不同温度 Al$_2$O$_3$@CuO 微球合成

室温条件下，将 158mg 醋酸铜溶于 60mL 乙醇溶液中，超声 30min 形成绿色透明溶液，此时，将 10mg γ-Al$_2$O$_3$ 微球加入到溶液中，超声 30min 分散。然后上述溶液转移到 100mL 高压釜中，120℃、140℃和 160℃不同温度反应 6h,产物通过 5000r/min 离心得到，水和乙醇多次洗涤，置于烘箱内，80℃干燥后待用。

7. Al$_2$O$_3$@CuO 微球水热中间态的考察

室温条件下,将 158mg 醋酸铜溶于 60mL 乙醇溶液中,超声 30min 形成绿色透明溶液,此时,将 10mg γ-Al$_2$O$_3$ 微球加入到溶液中,超声 30min 分散。然后将上述溶液转移到 100mL 高压釜中,160℃下分别晶化 1h、2h、4h 和 6h,当晶化完毕后,将晶化液离心分散转移到 4 个小瓶中,用于表征。

8. 负载型 CuO/γ-Al$_2$O$_3$ 催化剂合成

通过浸渍法合成负载型 CuO/γ-Al$_2$O$_3$ 催化剂:室温条件下,将 1g γ-Al$_2$O$_3$(Alfa Aesar)加入到 100mL 去离子水中,搅拌,形成均匀的分散液。将 3.05g 醋酸铜加入到 Al$_2$O$_3$ 分散液中,搅拌 30min,然后 110℃除去多余的水,80℃干燥得到绿色粉末,将粉末置于马弗炉中 700℃煅烧 2h。通过 ICP-MS 测定 CuO 含量为 50%。

9. CuO/γ-Al$_2$O$_3$ 水热法合成

室温条件下,将 158mg 醋酸铜溶于 60mL 乙醇溶液中,超声 30min 形成绿色透明溶液,此时,将 10mg 商业 γ-Al$_2$O$_3$ 粉末(Alfa Aesar)加入到溶液中,超声 30min 分散。然后上述溶液转移到 100mL 高压釜中,140℃反应 6h,产物通过 5000r/min 离心得到,水和乙醇多次洗涤,置于烘箱内,80℃干燥后待用。

10. 不添加 γ-Al$_2$O$_3$ 微球 CuO 微球合成

室温条件下,将 158mg 醋酸铜溶于 60mL 乙醇溶液中,超声 30min 形成绿色透明溶液。然后将上述溶液转移到 100mL 高压釜中,140℃反应 6h,产物通过 5000r/min 离心得到,水和乙醇多次洗涤,置于烘箱内,80℃干燥后待用。

3.2.4 核壳型 Au@Cu$_2$O 星状多面体纳米材料的合成

1. 金纳米颗粒的制备

单分散的金纳米颗粒通过柠檬酸盐还原法合成[34]。取一定浓度的氯金酸溶液加入到 100mL 的去离子水中,加热至沸腾。然后加入柠檬酸三钠溶液,得到的混合物继续加热搅拌 15min。冷却到室温,离心并再分散于 100mL 的去离子水中备用。

2. 核壳型 Au@Cu$_2$O 星状多面体纳米复合材料的制备

以金溶胶作为金种,一步合成星状多面体的 Au@Cu$_2$O 纳米材料。在烧杯中加入一定量的去离子水，置于恒温水浴锅 33℃保持 15min。恒温磁力搅拌下，依次加入十二烷基硫酸钠、氯化铜溶液，继续磁力搅拌至十二烷基硫酸钠粉末完全溶解，加入不同体积的金溶胶储备液（2mL、4mL、8mL、12mL）。最后将 NaOH 溶液、盐酸羟胺溶液依次加入混合液中，磁力搅拌 2h。所得固体产物用水-乙醇溶液洗涤 3 遍，以除去表面活性剂，将产物分散于 0.5mL 乙醇中定量备用。八面体 Cu_2O 纳米材料是根据改进的其他实验组的方法制备的[35]。

3.2.5 催化性能评价

1. CO 催化氧化实验

CO 催化氧化实验装置示意图如图 3-1 所示。整个实验装置由配气系统、活性评价系统和检测系统三部分组成。配气系统中反应气体从气瓶出来经过减压阀控制压力，然后经由质量流量计精确控制流量，气体分为三路，分别是 CO、O_2 和 He，混合为预处理气体，经配气系统混合后的反应气体通入活性评价系统，反应器出口气体采用气相色谱仪在线分析。

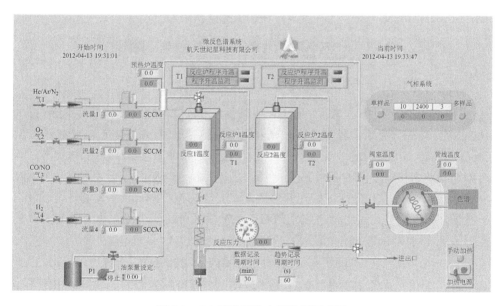

图 3-1 CO 催化氧化实验装置示意图

催化剂的活性评价在固定床微型反应器中进行。气体的组成为：1% CO，1.6% O_2 和 97.4% He（平衡气），气体纯度均为 99.999%。催化剂用量是 200mg，反应气体流速是 50mL/min，相应的空速为 15000mL/(g_{cat}·h)，柱温是 80℃，检测器温度是 110℃，采用 TDX-01 色谱柱分离各气体，检测器为热导检测器（TCD）。图 3-2 为 CO 标准曲线，通过该曲线可以得到混合气中 CO 的体积分数与其峰面积的对应关系。然后，通过下面公式计算 CO 的转化率：

$$CO 转化率（\%）=([CO_{in}]-[CO_{out}])/[CO_{in}]\times100\%$$

其中，$[CO_{in}]$ 为反应器入口处的 CO 浓度；$[CO_{out}]$ 为反应器出口处的 CO 浓度。

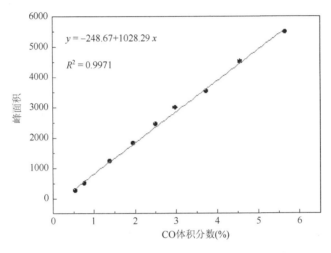

图 3-2　混合气中 CO 的体积分数与其峰面积的关系曲线

2. 芳香族污染物光催化活性和吸附活性测试

芳香族染料（罗丹明 B、甲基紫、甲基蓝、甲基橙、酸性紫 43）的溶液（5×10^{-3}g/mL，30mL）可用于吸附活性和光催化活性的测试。称取 30mg 纳米材料 P25、Cu_2O、$Au@Cu_2O$ 分散于芳香族污染物中，在黑暗条件下搅拌 1h，以达到芳香族污染物和纳米材料之间的吸附/脱附平衡。之后，在 350W 氙灯下（用滤光片滤过小于 420nm 的波段）进行可见光催化测试[36]。磁力搅拌 60min，每隔一定时间取一次样，采用高速离心方法得到上清液，然后用紫外可见分光光度计测定其吸光度。降解率可以用式（3.1）计算：

$$降解率（\%）=(C_0-C)/C_0\times100\% \qquad (3.1)$$

其中，C_0 为可见光照射前的初始污染物浓度；C 为可见光照射后的溶液中的污染物浓度。

第一阶动力学方程［式（3.2）］可用于拟合实验数据：

$$\ln(C_0/C)=k_{app}\times t \qquad (3.2)$$

其中，k_{app} 为反应速率常数；t 为反应时间[37]。

吸附剂（30mg P25、Cu_2O、$Au@Cu_2O$）分散于污染物中，在黑暗条件下进行吸附测试。磁力搅拌 60min，每隔一定时间取一次样，采用高速离心方法得到上清液，然后用紫外可见分光光度计测定其吸光度。吸附率可以用式（3.3）计算。

$$吸附率（\%）= (C_0' - C')/C_0' \times 100\% \qquad (3.3)$$

其中，C_0'、C'为溶液的初始污染物浓度和吸附后的溶液中残留的污染物浓度。

3.3 核壳型 Au@CeO$_2$ 的结构及 CO 催化氧化性能研究

3.3.1 核壳型 Au@CeO$_2$ 的结构性质

为了使催化性能与简单模型粒子的结构直接关联起来，采用一种简单并且高效的合成路线来制备核壳结构界限明晰的 Au@CeO$_2$ 核壳结构单元。在这种核壳结构单元中，每个 CeO$_2$ 微球里只含有一个 Au 纳米粒子。而 Au@CeO$_2$ 微球的形成经过了 Au^{3+} 的还原和 Ce^{3+} 的氧化过程（图 3-3）。Au@CeO$_2$ 微球焙烧前的形成机理被详细地研究。催化评价显示，在相同的反应条件下，Au@CeO$_2$ 催化剂显示出比负载型 Au/CeO$_2$ 催化剂更高的 CO 转化率和长的催化剂寿命。先前的文献报道 Au/CeO$_2$[38]和 Au/TiO$_2$[39]催化剂分别实现了 48h 和 43h 的催化剂寿命。而本研究报道的 Au@CeO$_2$ 催化剂经过 72h 后，其 CO 转化率仍为 100%，这样长的寿命归因于其核壳结构避免了活性组分 Au 粒子在催化反应过程中生长。

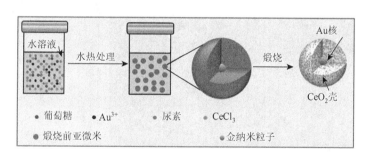

图 3-3　Au@CeO$_2$ 微球的合成路线

在实验过程中，一定比例的葡萄糖、尿素、氯化亚铈、氯金酸和去离子水混合均匀后，在 160℃下经过 20h 的水热处理即可制备出 Au@CeO$_2$ 核壳型微球。之所以选择水热法合成 Au@CeO$_2$ 核壳型微球，是因为该方法绿色、简单、廉价，并且可以放量生产，这些优点对于新型材料实现实际应用至关重要。Au@CeO$_2$ 微球的结构和形貌通过扫描电子显微镜（SEM）、透射电子显微镜（TEM）、高分辨透射电子显微镜（HRTEM）、高角环形暗场扫描电子显微镜（HAADF-

STEM)和X射线衍射(XRD)进行了表征。一些重要的特征表述如下：①图3-4(a)中，Au@CeO$_2$呈现出球形形貌，球体直径统计分布为178nm±15nm。通过TEM图[图3-4(b)]可以看到Au纳米粒子被直径为180nm、壳层厚度为85nm的CeO$_2$微球所包覆。②HAADF-STEM面扫元素分布图[图3-4(c)]更进一步显示了Au@CeO$_2$核壳型微球非常明晰的"核壳"界限。③通过扩大TEM的放大倍数，可以更清晰地观察到Au@CeO$_2$壳层部分的微观结构，其壳层部分是由8~10nm的小颗粒组成的[图3-4(d)]。从图3-4(e)中，可以看到CeO$_2$的晶面间距，说明壳层CeO$_2$结晶性好。其中晶面间距为0.31nm，归属于CeO$_2$的(111)晶面；晶面间距为0.19nm，归属于CeO$_2$的(220)晶面。选区电子衍射(SAED)显示连续的衍射环，表明壳层CeO$_2$为多晶。④采用XRD分析Au@CeO$_2$微球的晶体结构，如图3-4(f)所示，其中菱形标记的衍射峰对应面心立方Au[40]的晶面。倒三角形标记的衍射峰对应萤石结构类型的CeO$_2$的晶面。

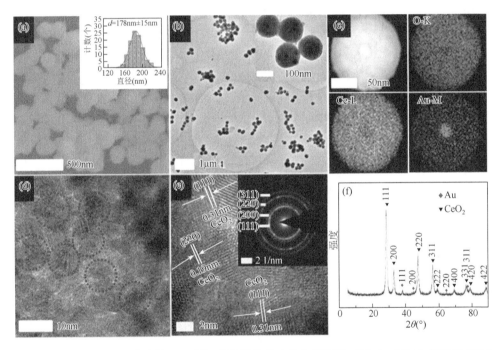

图3-4　(a) Au@CeO$_2$微球的SEM图，内嵌图为尺寸分布统计图；(b) Au@CeO$_2$微球的TEM图，内嵌图为其放大图片；(c) HAADF-STEM面扫元素分布图以及线扫分布图；(d) Au@CeO$_2$微球壳层的TEM图；(e) Au@CeO$_2$微球壳层的HRTEM图，内嵌图为SAED；(f) Au@CeO$_2$微球的XRD图

对于以一种新颖的合成方法制备界限分明的核壳型Au@CeO$_2$微球来说，研究该微球的形成机理是非常有意义的，而原料反应物在水热晶化条件下得到的固

体产物的中间态是研究其形成机理的一个重要环节。因此,考察焙烧前的产物(定义为 pre-Au@CeO$_2$)在不同晶化时间下的中间态,并通过 TEM、SAED、HAADF-STEM、XRD 和 XPS 对其进行表征。一些重要的特征如下:①在晶化温度为 160℃,晶化时间为 10min 时,可以看见 Au 纳米粒子被固体微球包覆,此时,pre-Au@CeO$_2$ 微球已经形成[图 3-5(a)]。同时,SAED 图显示出弥散的衍射环,说明 pre-Au@CeO$_2$ 微球是无定形的。pre-Au@CeO$_2$ 微球的尺寸大小受晶化时间影响。当晶化温度恒定,晶化时间在 10min~20h 之间变化时,球体的直径从 60nm 增大到 230nm。值得注意的是,当晶化时间为 6h,球体边缘出现一层碳,而且随着晶化时间的延长,碳层逐渐变厚。实际上,在合成体系中,160℃的晶化温度已经高于正常的葡萄糖苷化温度,导致其芳香化和碳化[41,42]。②对于焙烧前的产物来说,在 $2\theta = 10°$~$30°$(标记为*)出现了中高强度的宽峰,表明此产物中存在大量的碳元素[43]。产物中出现了 Au 的四个衍射峰,分别对应(111)、(200)、(220)和(311)晶面。而在该产物中没有出现 CeO$_2$ 的衍射峰,表明 Ce 元素以无定形形式存在于球体中。③相较于焙烧前的产物,经过焙烧处理后的产物显示出明显的萤石结构类型的 CeO$_2$ 衍射峰,表明经过焙烧处理后,无定形的 Ce 元素转化为晶形的 CeO$_2$。推测 Ce 元素以 Ce^{3+} 形成存在于焙烧前的产物中。为了证实这一点,采用 X 射线光电子能谱仪对该产物进行了表征。如图 3-5(d)所示,发现样品焙烧前后,其 Ce 3d 结合能峰值完全不同。样品不经过焙烧处理时,结合能峰值 884.8eV 和 904.7eV 分别归属于 Ce^{3+} 3d$_{5/2}$ 和 Ce^{3+} 3d$_{3/2}$[44],表明在焙烧前的产物中,Ce 元素的确以 +3 价形式存在,这与推测相一致。样品经过焙烧处理后,其结合能的峰值与焙烧前样品的结合能峰值完全不同,结合能峰值 882.7eV 和 901.1eV 分别归属于 Ce^{4+} 3d$_{5/2}$ 和 Ce^{4+} 3d$_{3/2}$[44](图 3-6),表明在焙烧后的样品中,Ce 元素以 +4 价形式存在,这与 XRD 结果相一致[图 3-4(f)]。

 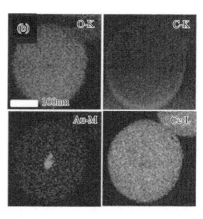

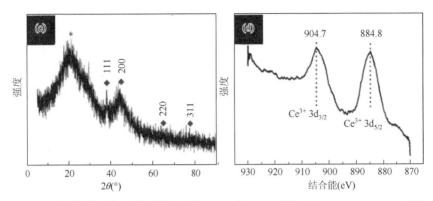

图 3-5 （a）不同晶化时间下得到的产物的 TEM 和 SAED 图；（b）HAADF-STEM 面扫元素分布图（晶化 20h）；（c）XRD 图；（d）样品焙烧前 XPS 图

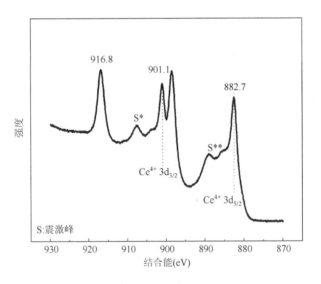

图 3-6 Au@CeO$_2$ 微球的 Ce 3d XPS 图

晶化时间分别为 30min、2h、10h 和 16h 时，所得到的形貌仍为球形，球体内含有 Au 纳米颗粒。且球体尺寸随着晶化时间的延长逐渐增大（图 3-7）。将晶化时间从 10min 到 20h 所得的晶化液放在一起进行比较。在水热晶化初期，如晶化时间为 10min 时，晶化液呈现灰白色，可能是 Ce^{3+} 在水热过程中水解为无定形的微球所致。水解产物呈现球形形貌，原因是此形貌表面能最低、最稳定。有趣的是，随着晶化时间的延长，晶化液的颜色逐渐加深。例如，晶化液的颜色依次经过了灰白色、浅黄色、橙色、红色和棕黑色的过程。先前的文献曾报道[41]，葡萄糖在水热晶化条件下，发生的化学反应非常复杂，从而导致复杂的有机化合物生成，因此在密闭的反应环境中，很难确定精确的化学反应。

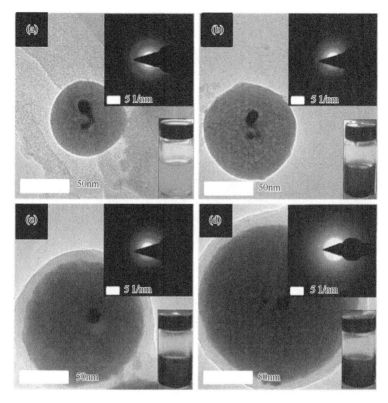

图 3-7 不同晶化时间下得到的产物的 TEM 和 SAED 图

(a) 30min；(b) 2h；(c) 10h；(d) 16h

通过产物中间态颜色的变化，初步提出 pre-Au@CeO$_2$ 核壳结构微球可能的形成机理（图 3-8）。在水热晶化反应过程中，葡萄糖除了可以将 Au^{3+} 还原为 Au^0 之外，脱水-缩合反应在葡萄糖分子之间也随之发生，而且随着晶化时间的延长，脱水-缩合反应的速率会加快，晶化液的颜色也从透明变为不透明。但是，当晶化时间过短，如晶化时间为 5min 时，晶化液呈现无色透明状，没有产物生成。然而，随着晶化时间的延长，晶化液颜色出现橙色、红色状，晶化液黏度增大，表明一些芳香化合物和低聚糖生成[42,45]，这个过程称为聚合过程。随后，棕黑色出现，晶化液黏度增大，芳香化合物和低聚糖的聚合作用加剧。低聚糖分子之间继续脱水，进而碳化过程发生。同时，在水热晶化过程中，葡萄糖碳化包覆 Au 纳米粒子的同时，Ce^{3+} 水解的产物也均匀分布在碳球体相中。然后，随着晶化时间的延长，微球逐渐长大，直到最后的尺寸。最后，经过焙烧处理后得到 Au@CeO$_2$ 微球。

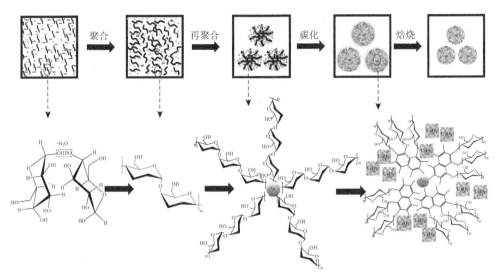

图 3-8 Au@CeO$_2$ 微球的形成机理图

3.3.2 Au@CeO$_2$ 微球的 CO 催化性能

对于 CO 催化氧化反应来说，由 Au 纳米粒子和金属氧化物组成的核壳结构型催化剂在催化反应过程当中，可以避免 Au 纳米粒子的烧结和长大，这一点对于催化过程非常重要。然而，因为"核"活性粒子被"壳"金属氧化物所包覆，另一个值得关注的问题被提出：反应分子能否通过壳层金属氧化物到达活性组分表面，同时产物分子能否及时从催化剂表面脱出？这样，壳层金属氧化物的多孔性对于分子传质就显得必不可少了。为了更进一步确认 Au@CeO$_2$ 催化剂的壳层是否具有孔道，采用气体吸附 BET 法测定催化剂的比表面积及孔分布。氮气吸附-脱附曲线以及其相应的孔分布曲线如图 3-9 所示。从图 3-9（a）可以看出，Au@CeO$_2$ 的氮气吸附-脱附等温曲线的形状表现为典型的IV型吸附曲线类型，IV型等温曲线是介孔固体最普遍出现的吸附行为[46, 47]。同时具有 H$_2$ 滞后环[48]，这种形状的滞后环产生的原因通常认为是颗粒之间堆积出来的孔道[49, 50]。计算得出 Au@CeO$_2$ 催化剂的 BET 比表面积为 82.5m^2/g，孔体积为 0.091cm^3/g，其孔径在 2.2nm 左右，这种窄的孔道非常有利于气体分子的传质。类似地，Au/CeO$_2$ 的氮气吸附-脱附等温曲线的形状也为典型的IV型吸附曲线类型，同时具有 H$_2$ 滞后环［图 3-9（b）］，通过计算得出了 Au/CeO$_2$ 催化剂的 BET 比表面积为 80.6m^2/g，孔体积为 0.082cm^3/g，其孔径在 2.1nm 左右。相比较于传统的负载型 Au 催化剂来说，核壳型 Au@CeO$_2$ 催化剂中活性组分 Au 纳米粒子被壳层很好地包覆，Au 纳米粒子之间彼此不接触，催化反应过程中，不会出现 Au 颗粒烧结、长大的现象。同时，介孔孔道有利于反应分子和产物分子的传质，这些优势对于异相催化反应至关重要。

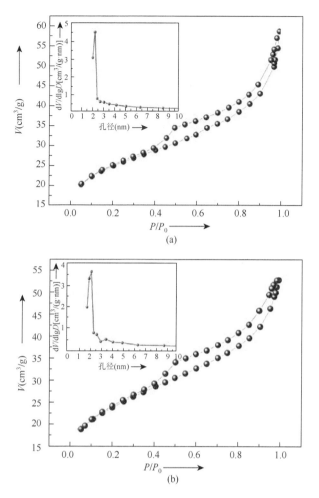

图 3-9 Au@CeO$_2$（a）和 Au/CeO$_2$（b）催化剂的氮气吸附-脱附曲线和其相应的孔分布

CO 催化氧化是研究负载型 Au 催化剂的一个标准模型反应。通常情况下，Au 纳米粒子的尺寸小于 5nm 时，催化剂表现出高的催化活性[5]。在合成出的 Au@CeO$_2$ 催化剂中，Au 的尺寸在 17nm 左右，预测其催化活性可能不会太高。然而，图 3-10 显示，Au@CeO$_2$ 催化剂在 155℃时，CO 的转化率达到了 100%，对于这种尺寸的 Au 纳米粒子来说，这一反应温度下所达到的催化活性已经相当显著了。F. Zaera 研究组研制出空心 Au@ZrO$_2$（Au 尺寸为 15nm）催化剂用于 CO 催化氧化，CO 完全转化的温度大约在 280℃。

负载型 Au 催化剂在 CO 催化氧化反应中具有独特的性质。但是目前，人们对负载型 Au 催化剂如何精确地起作用还没有完全理解。其中一个模型假设 O$_2$ 分子被吸附在可还原的金属氧化物载体上并被活化，之后传质到贵金属-载体的界

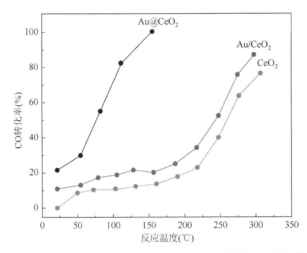

图 3-10　Au@CeO$_2$、Au/CeO$_2$ 和 CeO$_2$ 三种催化剂活性比较

面处，此界面即为 CO 催化氧化反应的场所[51]。第二种模型认为：高浓度的低配位 Au 原子的存在，对于吸附 CO 和 O$_2$ 分子，以至最后的催化反应均起了重要作用[52, 53]，而载体通过负载不同浓度的 Au 间接地影响 CO 催化活性[54]。此外，Au 不同氧化态的存在[55-57]以及 Au 在载体上的特殊结构[58]也是影响 CO 催化活性的重要因素。

在本书的研究体系中，Au@CeO$_2$ 催化剂拥有显著的催化活性，可能是由于 Au "核"与 CeO$_2$ "壳"层之间的协同作用。而活性组分 Au 纳米粒子在 CeO$_2$ 载体内部和外部，二者的协同作用可能不同，最终导致不同的催化活性[59]。为了了解 Au@CeO$_2$ 催化剂相比于负载型 Au 催化剂对 CO 催化氧化是否具有优势，合成了相近 Au 负载量 Au/CeO$_2$ 催化剂，并且测试其在不同温度下 CO 转化率。由图 3-10 可以看到，当反应温度在 300℃时，CO 的转化率为 87%，这个反应温度要高于 Au@CeO$_2$ 催化剂使 CO 完全转化的温度（大约 150℃）。负载型 Au/CeO$_2$ 催化剂催化活性较低的原因可能是其 Au 纳米粒子与 CeO$_2$ 载体之间的相互作用力弱，但是其催化活性还是高于单独的非负载型 CeO$_2$ 催化剂，其反应温度在 310℃ 时，CO 转化率为 76%（图 3-10）。

接下来比较不同 Au 含量的核壳型 Au@CeO$_2$ 催化剂的活性。结果如图 3-11 所示。三种催化剂的活性顺序为：0.93% Au@CeO$_2$＞0.55% Au@CeO$_2$＞1.97% Au@CeO$_2$。出现这种现象主要归因于活性组分 Au 颗粒的尺寸大小。Au 含量为 0.55%的 Au@CeO$_2$ 催化剂中 Au 颗粒的尺寸约为 17nm（图 3-12），与 Au 含量为 0.93%的 Au@CeO$_2$ 中 Au 颗粒的尺寸相当。但其含量较低，致使其活性低于 0.93% Au@CeO$_2$ 催化剂。而 Au 含量为 1.97%的 Au@CeO$_2$ 催化剂中 Au 颗粒的尺寸约为 23nm（图 3-13），较大的尺寸[60]对 CO 催化氧化活性不利，致使其活性较低。

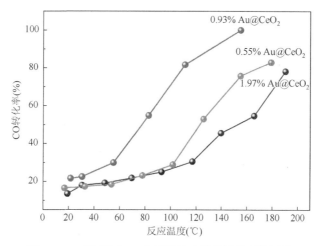

图 3-11　三种不同 Au 含量的核壳结构催化剂的活性

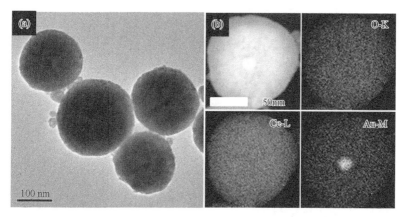

图 3-12　0.55% Au@CeO$_2$ 催化剂的 TEM 图（a）和相应的 HAADF-STEM 图（b）

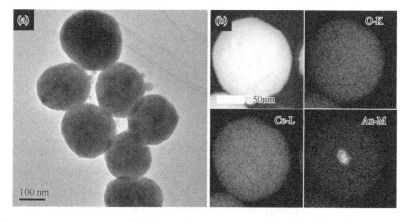

图 3-13　1.97% Au@CeO$_2$ 催化剂的 TEM 图（a）和相应的 HAADF-STEM 图（b）

评价一种新型催化剂的性能优良性,除了催化剂活性之外,催化剂的稳定性即寿命是另一个非常重要的指标。因此,比较 Au@CeO$_2$ 和 Au/CeO$_2$ 两种催化剂的稳定性,如图 3-14 所示。对于 Au@CeO$_2$ 催化剂来说,当反应时间为 72h,CO 的转化率仍为 100%,活性没有降低。同时,其形貌没有变化(图 3-15)。而对于 Au/CeO$_2$ 催化剂来说,当反应时间为 72h,CO 的转化率由 87%降低到 72%。同时,Au 颗粒的尺寸由 14nm 增大到 20nm 左右(图 3-16),表明在催化反应过程中,部分 Au 颗粒发生烧结、长大,从而致使其稳定性降低。而对于 Au@CeO$_2$ 催化剂来说,Au 颗粒被壳层 CeO$_2$ 包覆,不会烧结,所以其稳定性高。两种催化剂的催化反应途径如图 3-17 所示。

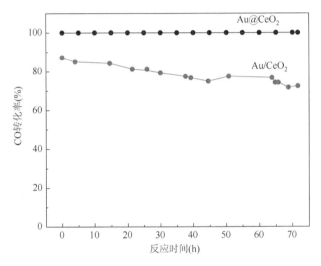

图 3-14　Au@CeO$_2$ 和 Au/CeO$_2$ 催化剂的寿命比较

Au@CeO$_2$ 的反应温度为 155℃,Au/CeO$_2$ 的反应温度为 300℃

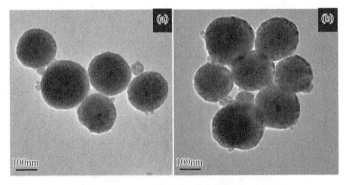

图 3-15　Au@CeO$_2$ 催化剂反应前后 TEM 比较

(a)反应前;(b)反应后

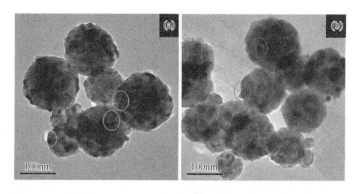

图 3-16 Au/CeO$_2$ 催化剂反应前后 TEM 比较

(a) 反应前；(b) 反应后

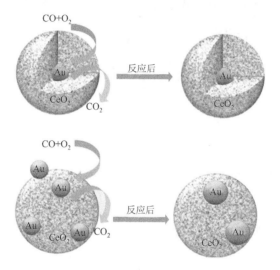

图 3-17 Au@CeO$_2$ 和 Au/CeO$_2$ 两种催化剂反应途径对比

3.4 核壳型 Au@Cu$_2$O 的结构及其光催化性能研究

3.4.1 核壳型 Au@Cu$_2$O 星状多面体的形貌表征

SEM 图 [图 3-18（a）] 显示出制备的核壳 Au@Cu$_2$O 纳米材料尺寸均一，具有星状多面体的结构。星状多面体的 Au@Cu$_2$O 纳米材料的平均尺寸是 165nm。与没有加 Au 纳米颗粒的 Cu$_2$O 的 SEM 图（图 3-19）相比，加入 Au 纳米颗粒的 Cu$_2$O 从八面体的结构转化为星状多面体结构 [图 3-18（b）]。本研究证实了 Au@Cu$_2$O 纳米材料具有核壳结构。每一个星状多面体的 Cu$_2$O 里只包覆一个 Au 纳米颗粒 [图 3-18（c），图 3-20]。这些单个纳米粒子的多晶性质也是由选区电子衍射图［图3-18（d）］证实。星状多面体Au@Cu$_2$O的HRTEM图［图3-18（e）］显示出两种类型的条纹晶格，0.24nm的晶格间距与Cu$_2$O的(111)晶面间距相吻合，0.23nm的晶格间距与Au的(111)晶面间距相吻合。这进一步证实了核壳Au@Cu$_2$O纳米结构由Au核和Cu$_2$O壳组成。

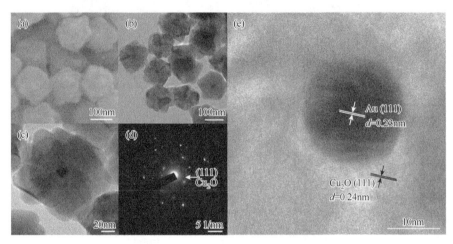

图3-18 （a）星状多面体Au@Cu$_2$O纳米材料的SEM图；（b，c）星状多面体Au@Cu$_2$O的TEM图；（d）星状多面体Au@Cu$_2$O的SAED图；（e）星状多面体Au@Cu$_2$O的HRTEM图

图3-19 八面体Cu$_2$O纳米材料的SEM图

星状多面体Au@Cu$_2$O的XRD图（图3-21）表明，Cu$_2$O的五个特征峰分别对应Cu$_2$O的五个晶面（110）、（111）、（200）、（220）、（311），这与Cu$_2$O的标准图案一致（JCPDS NO. 65-3288）[61]。在38.2°位置存在一个弱峰，表明在样品中存在Au纳米颗粒。

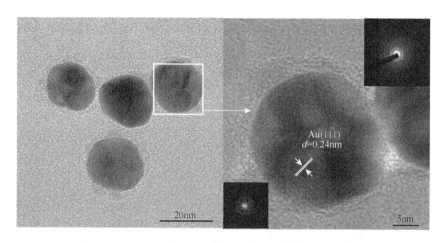

图 3-20　Au NPs 的 TEM 图（内嵌 FFT 图及 SAED 图）

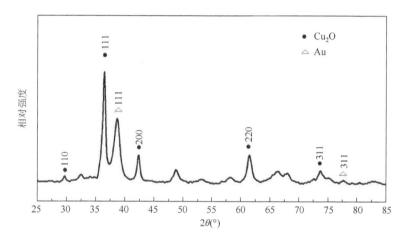

图 3-21　Au@Cu$_2$O 的 XRD 图

根据表征图可以得出每一个多面体纳米材料里只包覆一个 Au 纳米颗粒。通过调控不同体积的 Au 溶胶(2.0mL、4.0mL、8.0mL、12.0mL)制备不同尺寸的 Au@Cu$_2$O 纳米材料。根据 Au@Cu$_2$O 的 SEM 图和 TEM 图得出，制备得到了 165nm、126nm、99nm 和 85nm 的星状多面体 Au@Cu$_2$O 纳米复合材料（图 3-22，图 3-23）。根据式（3.4）以及研究结果，不同体积的 Au 溶胶制备得到的 165nm、126nm、99nm 和 85nm 的星状多面体 Au@Cu$_2$O 纳米复合材料的尺寸与计算的理论值相一致，计算的标准偏差为 5.0nm，相对标准偏差为 4.1%。这一结果也由 Au@Cu$_2$O 纳米复合材料的粒度分布图进一步证实（图 3-22）。为便于比较，表 3-1 中列出了实验和计算出的数值大小。这些结果证明了推算的合理性，例如，根据式（3.5），如果需要 99nm 尺寸大小的 Au@Cu$_2$O 纳米复合材料，那么应使用 8.0mL 的 Au 溶胶才能制备得到。该实验研究说明 Au@Cu$_2$O 纳米复合材料的尺寸是可以调控的。

$$V_1\rho(kR_1^3) = V_2\rho(kR_2^3) \tag{3.4}$$

$$V_2 = V_1 \cdot (R_1/R_2)^3 \tag{3.5}$$

$$R_2 = R_1 \cdot (V_1/V_2)^{1/3} \tag{3.6}$$

图 3-22 不同尺寸大小星状多面体 Au@Cu$_2$O 纳米材料的 SEM 图
（a）165nm，2.0mL；（b）126nm，4.0mL；（c）99nm，8.0mL；（d）85nm，12.0mL

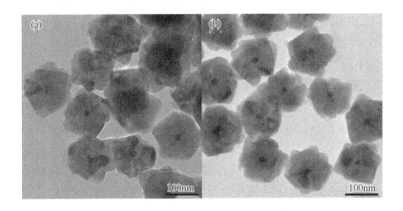

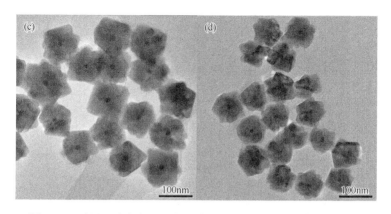

图 3-23 不同尺寸大小星状多面体 Au@Cu$_2$O 纳米材料的 TEM 图

(a) 165nm, 2.0mL；(b) 126nm, 4.0mL；(c) 99nm, 8.0mL；(d) 85nm, 12.0mL

表 3-1 不同体积（2.0mL、4.0mL、8.0mL、12.0mL）的金溶胶制备出的纳米复合材料的尺寸大小与计算出的理论值的比较

V_{Au}(mL)	R_{exp}(nm)	R_{cal}(nm)
2.0	165	—
4.0	126	129
8.0	99	102
12.0	85	89

V_{Au}：金溶胶的体积；R_{exp}：不同金溶胶的体积制备出的 Au@Cu$_2$O 的平均尺寸；R_{cal}：以 2.0mL 的 Au 溶胶制备出的 Au@Cu$_2$O 的尺寸大小为基准，根据式（3.6）计算出的其他体积的 Au@Cu$_2$O 的尺寸大小。

在星状多面体 Au@Cu$_2$O 纳米复合材料的 XPS 图中（图 3-24），结合能峰值 932.6eV 归属于 Cu 2p$_{3/2}$，结合能峰值 530.4eV 归属于 Cu$_2$O 中的 Os，这表明 Cu

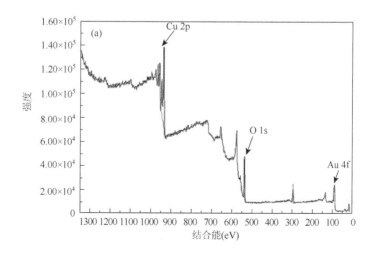

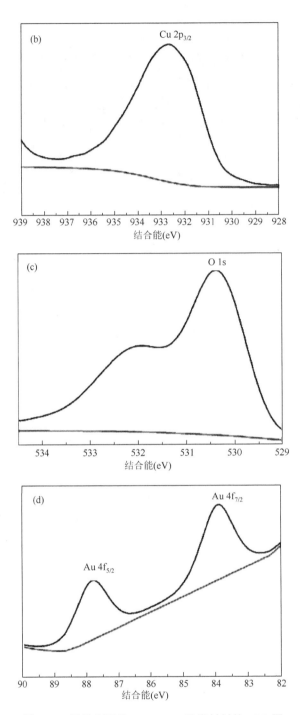

图 3-24 星状多面体 Au@Cu$_2$O 纳米材料的 XPS 图

元素的确以+1价的形式存在[61]。星状多面体Au@Cu$_2$O的XPS图中Au纳米颗粒的结合能峰值为84.2eV和87.8eV，分别与Au 4f$_{7/2}$和Au 4f$_{5/2}$对应，这与文献中报道的一致，表明存在Au[62]。

在星状多面体Au@Cu$_2$O纳米复合材料的漫反射UV-Vis光谱图（图3-25）中，可以推断出Cu$_2$O最大吸收波长是500nm左右[63]，530~580nm的吸收波长为负载在Au@Cu$_2$O上16nm的Au纳米颗粒的SPR特性产生的吸收，但由于Cu$_2$O最大吸收波长是500nm左右且Au的含量较少，所以Au的特征吸收被重叠了。星状多面体Au@Cu$_2$O比Cu$_2$O具有更宽的可见光吸收范围，星状多面体上的Au核与Cu$_2$O壳产生的协同作用使得星状多面体Au@Cu$_2$O具有更强的捕光效率。

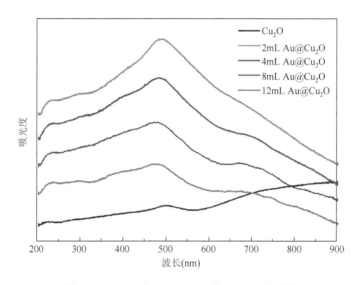

图3-25　Cu$_2$O和Au@Cu$_2$O的UV-Vis光谱图

3.4.2　核壳型Au@Cu$_2$O的吸附和光催化性能研究

用具有不同分子量的阳离子和阴离子染料测试星状多面体Au@Cu$_2$O的吸附效率。选取两种阴离子染料（酸性紫43和甲基蓝）和两种阳离子染料（罗丹明B和甲基紫）作为吸附对象。吸附经过60min，星状多面体Au@Cu$_2$O对染料的吸附率分别是酸性紫43为99.19%，甲基蓝为98.8%，罗丹明B为35.72%，甲基紫为60.25%（图3-26）。结果表明，星状多面体Au@Cu$_2$O对阴离子染料具有优异的吸附效率。因为Cu$_2$O的表面电荷为正[64]，星状多面体Au@Cu$_2$O和阴离子染料之间产生了静电吸附，提高了吸附效率。并且小分子的染料可以很容易地渗透到星状多面体Au@Cu$_2$O的内部孔隙结构，进而提高吸附速率。

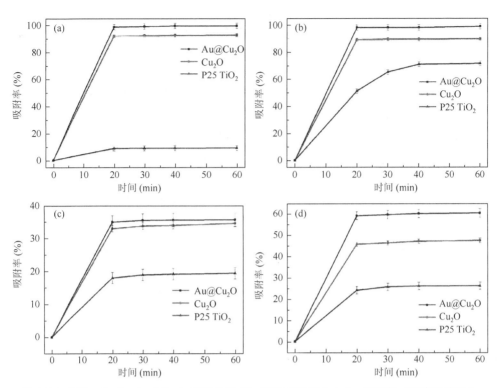

图 3-26 P25、Cu_2O、Au@Cu_2O 对酸性紫 43（阴离子染料）(a)、甲基蓝（阴离子染料）(b)、罗丹明 B（阳离子染料）(c)、甲基紫（阳离子染料）(d) 暗吸附活性的研究

图 3-27 为星状多面体 Au@Cu_2O 的氮气吸附-脱附等温曲线。星状多面体

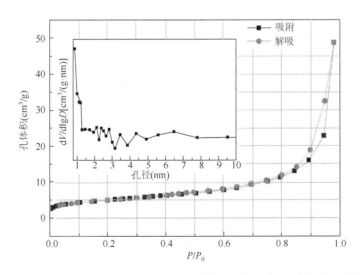

图 3-27 4mL-Au@Cu_2O 的氮气吸附-脱附等温曲线（内嵌图为孔分布图）

4mL-Au@Cu$_2$O 的比表面积、孔体积、平均孔径分别为 16.063m^2/g、0.0612cm^3/g、18.322nm（表 3-2），其中 4mL-Au@Cu$_2$O 的比表面积是 Cu$_2$O 的 1.57 倍。核壳结构具有的星状多面体结构提高了其与染料之间的亲和力，增加了 Au@Cu$_2$O 表面染料的覆盖率，进而提高了吸附的活性。4mL-Au@Cu$_2$O 比 P25 和 Cu$_2$O 具有更高的吸附活性，吸附 60min 后，P25、Cu$_2$O、4mL-Au@Cu$_2$O 对酸性紫 43 的吸附率分别为 9.07%、80.24%、99.19%。其中，4mL-Au@Cu$_2$O 大的比表面积以及大的孔径也起到了重要作用，所以 4mL-Au@Cu$_2$O 的吸附率比 Cu$_2$O 提高了将近 20 个百分点。为了进行比较，其他几种阴阳离子染料的吸附率比较置于图 3-26 中。

表 3-2 Cu$_2$O 和 Au@Cu$_2$O 的比表面积、孔体积、平均孔径

样品	S_{BET}(m^2/g)	V_{tot}(cm^3/g)	D(nm)
Cu$_2$O	10.2	0.0550	16.121
2mL-Au@Cu$_2$O	15.260	0.0508	13.255
4mL-Au@Cu$_2$O	16.063	0.0612	18.322
8mL-Au@Cu$_2$O	17.47	0.0754	17.253
12mL-Au@Cu$_2$O	19.32	0.0853	17.516

进一步研究不同体积的 Au 溶胶制备出的 Au@Cu$_2$O 对阴离子染料（酸性紫 43 或甲基蓝）的吸附率（图 3-28）。经过实验得出 Au@Cu$_2$O 对阴离子染料的吸附率大小为 4mL-Au@Cu$_2$O＞8mL-Au@Cu$_2$O/12mL-Au@Cu$_2$O＞2mL-Au@Cu$_2$O。Au@Cu$_2$O 具有高的特定的比表面积（大于 10m^2/g），能够为吸附染料提供更多吸附活性位点，并且 Au@Cu$_2$O 纳米材料的孔径也是一个重要的参数[65]。其中

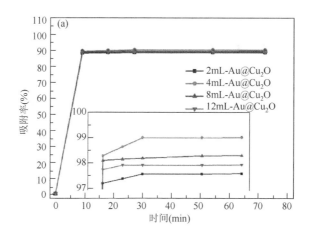

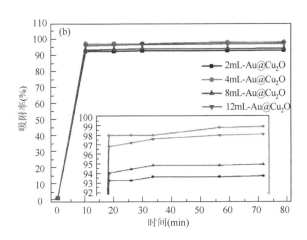

图 3-28　不同体积 Au 溶胶制备的 Au@Cu_2O 在酸性紫 43（阴离子染料）(a)、甲基蓝（阴离子染料）中 (b) 暗吸附活性的研究

4mL-Au@Cu_2O 的孔径为 18.322nm，是 Au@Cu_2O 纳米晶中孔径最大的，所以 4mL-Au@Cu_2O 的吸附活性最佳。

多相光催化的主要问题是对污染物的表面覆盖率低，4mL-Au@Cu_2O 具有与污染物高的亲和力，所以被选定作为光催化剂。为了研究催化剂结构对光催化活性的影响，三种光催化剂，包括 P25、Cu_2O、4mL-Au@Cu_2O，分别用于甲基橙和甲基紫模拟太阳光催化反应。其中，P25 由于光敏化的作用对甲基橙的降解率达到 9.64%。4mL-Au@Cu_2O 比 P25 和 Cu_2O 具有更高的光催化活性。4mL-Au@Cu_2O 对甲基橙的降解率为 54.81%，比 P25 和 Cu_2O 分别增长了 45.17 和 37.57 个百分点。此外，4mL-Au@Cu_2O 对甲基橙降解的速率常数是文献中报道的 Cu_2O-Au 对甲基橙降解的速率常数的 3.4 倍[66]。同时，$\ln(C_0/C)$ 和时间之间的线性关系表明，光降解反应遵循准一级动力学。为了进行比较，对甲基紫进行相同的光催化步骤（图 3-29、表 3-3～表 3-5）。光催化活性次序为 4mL-Au@Cu_2O>Cu_2O-Au>Cu_2O，由此可以得出 Au 核作为助催化剂为 Cu_2O 光催化活性的增强提供了协同效应。星状多面体结构可以提高光催化剂和染料之间的亲和力，增加染料在催化剂表面的覆盖率，进而提高光催化剂的吸附速率。Au 核和 Cu_2O 壳在催化过程中，光生电子从 Cu_2O 的导带转移到 Au 纳米颗粒表面上，提高了光生电子与空穴的分离效果[67]。另外，星状多面体的结构也协同促进了光生电子与空穴更大的分离。4mL-Au@Cu_2O 对甲基橙降解率为 54.81%，比 Cu_2O 增长了 37.57 个百分点，证明以上推论正确。另外，Cu_2O 与 Au 之间形成的肖特基势垒和 Au 纳米颗粒作为电子接受体进一步可以减少光生电子与空穴的复合[68]。

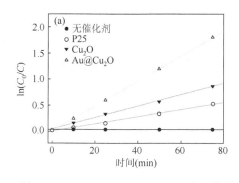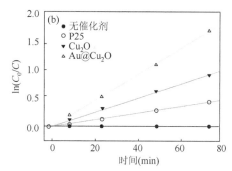

图 3-29 P25、Cu_2O、Au@Cu_2O 在甲基橙（a）、甲基紫（b）中光催化降解活性的研究

表 3-3 P25、Cu_2O-Au、Au@Cu_2O 对甲基橙的可见光降解速率常数 k

样品	$k(min^{-1})$ 甲基橙	相对比率
P25	0.0013	1
Cu_2O-Au 纳米复合材料	0.00315	2.42
Au@Cu_2O 星状多面体	0.0106	8.15

表 3-4 P25、Cu_2O、Au@Cu_2O 对甲基橙和甲基紫的可见光降解速率常数 k

样品	$k(min^{-1})$	
	甲基橙	甲基紫
P25	0.0013	0.0057
Cu_2O	0.0025	0.012
Au@Cu_2O	0.0106	0.022

表 3-5 P25、Cu_2O、Au@Cu_2O 可见光降解相关系数 R^2

样品	R^2	
	甲基橙	甲基紫
P25	0.994	0.999
Cu_2O	0.988	0.999
Au@Cu_2O	0.996	0.997

3.5 核壳型 Al_2O_3@CuO 的结构及 CO 催化氧化性能研究

3.5.1 核壳型 Al_2O_3@CuO 催化剂的形貌结构

为了提高 CuO 催化剂催化活性，希望合成得到尺寸较小的 CuO 颗粒负载在

γ-Al$_2$O$_3$ 载体上。醇热法是水热法的一种类型，只是将其中的溶剂由水换成了乙醇，由于金属盐在乙醇中的结合方式与水中完全不同，因此在后续的醇解过程中也发生了复杂的变化，但普遍的理论认为醇解速率远小于水解速率，使用醇热法可以得到尺寸较小的纳米颗粒。因此选择醇热法作为合成 CuO 纳米颗粒的新方法。对于载体的选择，最初选择的是商业 γ-Al$_2$O$_3$（Alfa Aesar），从 TEM 图[图 3-30（c）]中可以看出，商业 γ-Al$_2$O$_3$ 呈现片层结构，比表面积较大。采用醇热法向其表面生长 CuO 纳米颗粒时，发现 CuO 不会均匀分散在 γ-Al$_2$O$_3$ 表面，CuO 容易自聚集，两者是分开的[图 3-30（a）]。这样的催化剂活性组分不能均匀分散且没有特殊的形貌，对于催化活性和后期的研究都带来了一定困难。

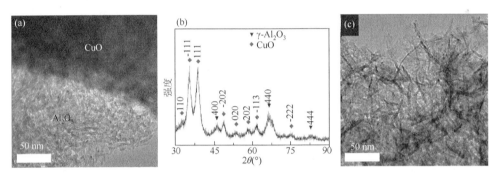

图 3-30 醇热法合成 CuO/Al$_2$O$_3$ 催化剂的 TEM 图（a）和 XRD 图（b）；
（c）商业 γ-Al$_2$O$_3$ 的 TEM 图

通过醇热法单独合成 CuO 纳米颗粒，从 TEM 图（图 3-31）中可以看出，在不加入任何表面活性剂的情况下，CuO 纳米颗粒容易自聚集形成类似球形的外貌。

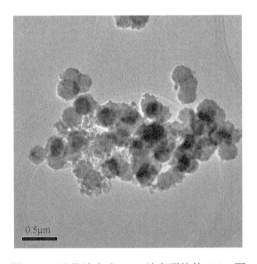

图 3-31 醇热法合成 CuO 纳米颗粒的 TEM 图

鉴于 CuO 纳米颗粒自聚集形成球形，本课题组考虑将载体 Al_2O_3 也做成球形，然后加入 Cu 盐醇热，得到分布均匀的 CuO 壳层。因此参考文献合成了球形 Al_2O_3，从 SEM 和 TEM 图［图 3-32（a，b）］上观察，合成得到的 Al_2O_3 外形为球形，尺寸均一，外表面光滑，直径在 205nm 左右。从 XRD 图［图 3-32（c）］可以看出，Al_2O_3 为 $\gamma\text{-}Al_2O_3$ 晶型。然后加入 Cu 盐，采用醇热法在 Al_2O_3 表面生长 CuO 壳层，水热反应 6h 后，从 SEM 图［图 3-32（d）］可以看出，球的直径有了明显变化，从 205nm 变成了 350nm，而 TEM 图［图 3-32（e）］则清晰地反映出合成的微球呈现出核壳型结构，Al_2O_3 为核，CuO 作为壳体。为了进一步证明核壳结构，对微球进行了切片（cross-section，通过某些机械方法将较大尺寸的微观结构从中间切开，观察内部情况）处理，切片后的 Al_2O_3 核与 CuO 壳层可以观察到明显的界限，而且元素分布图也说明了核是 Al_2O_3，壳层为 CuO。通过高倍 TEM 图［图 3-32（i）］，可以统计出 CuO 纳米颗粒的尺寸，CuO 尺寸较小，在 4～8nm 之间。HRTEM 图［图 3-32（j）］中 0.275nm 和 0.232nm 分别归属于 CuO 的（110）和（111）晶面。XRD 图谱说明了其中含有 $\gamma\text{-}Al_2O_3$ 和 CuO 两种晶相。

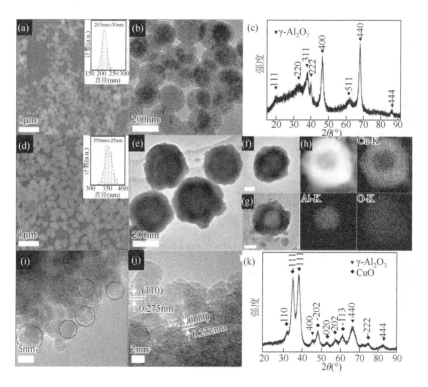

图 3-32 Al_2O_3 微球的 SEM 图（a）、TEM 图（b）和 XRD 图（c）；核壳型 Al_2O_3@CuO 微球 SEM 图（d）、TEM 图（e，f）及切片后 TEM 图（g）、元素分布图（h）、高倍 TEM 图（i）、HRTEM 图（j）、XRD 图（k）

对于这种新型核壳 $Al_2O_3@CuO$ 微球,合成过程和合成机理的研究是必不可少的。对于合成过程的研究可以方便调控微球的尺寸和形貌,而合成机理可以丰富合成手段,为其他人提供一种新的合成途径。合成过程和机理的研究主要是从反应物和反应条件入手。

反应中球形 γ-Al_2O_3 作为载体,加入醋酸铜作为前驱体,溶剂是乙醇,140℃反应 6h。前面已经探讨了载体的形貌在其中的影响,利用商业 γ-Al_2O_3 得不到预期的催化剂,只有采用球形 γ-Al_2O_3 作为载体,才可以得到核壳型 $Al_2O_3@CuO$ 微球。

换用氯化铜、硝酸铜和硫酸铜三种铜盐作为前驱体,其他条件保持不变,考察 Cu 盐的影响。反应后产物通过 TEM 图观察分析。从 TEM 图中可以发现,只有加入醋酸铜才可以得到特殊的核壳 $Al_2O_3@CuO$ 微球,而其他几种铜盐都会形成其他形状,不能均匀包覆在 Al_2O_3 载体周围(图 3-33)。这主要是由醋酸铜的特殊性质决定的,醋酸铜是由两个醋酸根与 Cu 结合,而醋酸铜不同于氯化铜、硝酸铜和硫酸铜等无机盐,乙酸根具有有机盐的某些特征,因此在醇解的过程中发生的变化和其他铜盐有区别,所得到的产物也有较大差别。

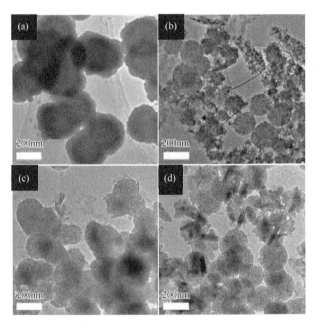

图 3-33 不同前驱体醇热后产物 TEM 图
(a)醋酸铜;(b)硫酸铜;(c)氯化铜;(d)硝酸铜

下面考察溶剂的影响。水热法和醇热法的关系和差异,主要是由金属盐在两者中的溶解度以及变化方式明显的不同造成的[69, 70]。从反应后产物 TEM 图观察,在纯水体系中，醋酸铜水解很快，形成的 CuO 颗粒相互聚集形成大的聚集体，而载体 Al_2O_3 没有观察到 CuO 壳层（图 3-34）。降低水的用量，发现 CuO 聚集体的大小也明显减小，但是 Al_2O_3 仍没有观察到 CuO 壳层，说明有水和乙醇同时存在的情况下，水解速率远远大于醇解速率，水解所占的比例较大，Al_2O_3 表面没有醇解产物。如果选择乙醇作为溶剂，醋酸铜在其中只能发生缓慢的醇解，不会快速团聚，可以在表面逐层包覆，最终得到核壳 Al_2O_3@CuO 结构。

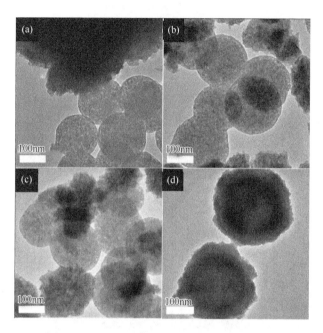

图 3-34　不同溶剂水热或醇热后产物 TEM 图
（a）纯水；（b）50%乙醇水溶液；（c）75%乙醇水溶液；（d）乙醇

此外，该过程还受到温度的影响。温度可以改变醇解速率，温度升高，热运动加强，反应物之间的反应加快，进而影响微球最终的形貌。从 TEM 图中可以看到，120℃温度下醇解速率较慢，表面只有少量的 CuO 纳米颗粒；提高温度到 140℃就可以得到形貌很好的 Al_2O_3@CuO 微球；继续提高温度，产物中会有部分自聚集的小球，这主要是由于高温促使成核加快，CuO 除了在 Al_2O_3 表面成核，溶液中也有部分 CuO 纳米颗粒自成核长大（图 3-35）[71]。

不同时间段 TEM 图可以反映出，1h 醋酸铜就会在载体表面成核结晶，表面有少量的 CuO 纳米颗粒[72]；时间延长到 2h，表面的 CuO 纳米颗粒增多，表面的 CuO 纳米颗粒作为成核点为后面的 CuO 生长提供了位点；时间到 4h，壳层厚度增加，说明溶液中铜盐在表面的 CuO 纳米颗粒上成核生长；到 6h，反应产物

图 3-35 不同温度醇热后产物 TEM 图
(a) 120℃; (b) 140℃; (c) 180℃

反应完全,没有多余的铜盐在外层成核,产物也趋于稳定,产物形貌固定(图 3-36)。合成中间态表明核壳 Al_2O_3@CuO 微球的形成是一个异相成核、外延生长过程。

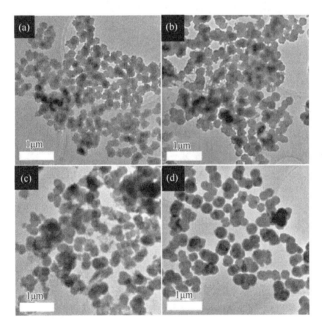

图 3-36 不同时间醇热后产物 TEM 图
(a) 1h; (b) 2h; (c) 4h; (d) 6h

综合上述对反应物、反应条件和中间态的考察,初步提出 Al_2O_3@CuO 微球的形成机理。在醋酸铜的乙醇溶液中加入 Al_2O_3 活性载体,Al_2O_3 表面带有大量 Al—OH,和溶液中的醋酸铜易于形成氢键[73],Al_2O_3 周围键合了很多醋酸铜,浓度要高于溶液中醋酸铜浓度,在高温醇热过程中首先醇解,形成 CuO 纳米晶,有了 CuO 纳米晶成核位点，溶液中的醋酸铜缓慢醇解形成 CuO 纳米颗粒，先形成的纳米颗粒又可以作为后面醇解的成核位点，壳层厚度随反应的进行逐渐增大，等到反应物完全反应完以后便可得到 Al_2O_3@CuO 微球。合成机理示意图如图 3-37 所示。

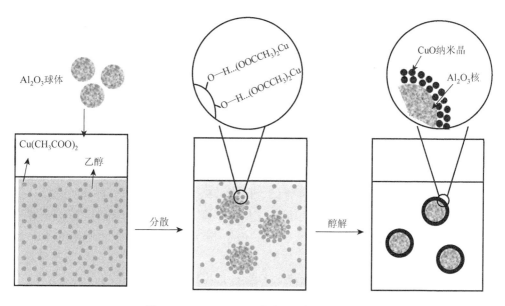

图 3-37　Al_2O_3@CuO 微球合成机理示意图

通过对形成过程以及醋酸铜本身的研究，并参考部分文献，利用图 3-38 简单描述醋酸铜在乙醇溶液中的醇解反应方程式[74]。

3.5.2　CO 催化性能评价

参考贵金属催化剂 CO 催化氧化过程，本书认为在 CO 催化过程中，CuO 和载体 Al_2O_3 有相互协同作用，CuO 作为活性组分，主要是对 CO 有一个吸附和活化的过程，而载体 Al_2O_3 主要是提供氧活性位点，两者结合在一起才能体现出 CO 的催化性能。通过转化率的测定发现，单独的 Al_2O_3 载体对于 CO 基本是没有活性的，在高温 350℃以上才能完全转化 CO；在加入了 CuO 纳米颗粒之后，合成得到的核壳型 Al_2O_3@CuO 催化剂和负载型 CuO/Al_2O_3 催化剂对催化活性都有明显的提高，尤其是核壳型 Al_2O_3@CuO 催化剂，在 160℃就可以完全转化 CO，比负载型 CuO/Al_2O_3 催化剂降低了大约 70℃，活性接近某些贵金属催化剂的催化活性[75, 76]。这主要是由于醇热法制备得到的 CuO 纳米颗粒尺寸较小，合成得到的

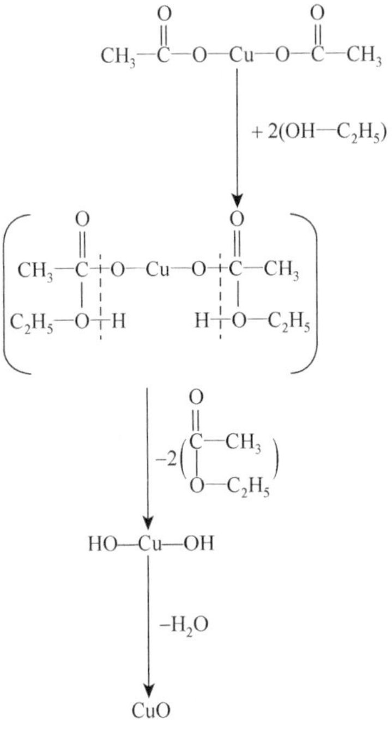

图 3-38 醋酸铜醇解反应方程式

CuO 纳米颗粒大约为 5nm，而通过 TEM 观察负载型 CuO/Al$_2$O$_3$ 催化剂中的 CuO 纳米颗粒，其大约在 20nm，因此 CuO 颗粒尺寸是影响其 CO 催化活性的一个重要因素（图 3-39）。这和贵金属催化剂的尺寸效应是基本一致的。

接着合成了不同负载量的 Al$_2$O$_3$@CuO 微球并考察其催化活性。通过调节加入铜盐量的多少来调控 Al$_2$O$_3$@CuO 微球中 CuO 的负载量。负载量由 20%增大到 75%，壳层厚度也从 15nm 变为 70nm 左右。而 XRD 图谱则表现为 CuO 特征峰增加，载体 γ-Al$_2$O$_3$ 特征峰降低（图 3-40）。

当对不同负载量 Al$_2$O$_3$@CuO 催化剂进行催化评价时，负载量从 20%增加到 50%，催化活性随之增强；但由 50%增大到 75%的时候，催化活性反而下降，主要是由于此时 CuO 壳层过厚，外层的 CuO 壳层不能迅速将吸附的 CO 迁移至活性界面，反而阻碍了 CO 反应气的传递，增加了传质阻力。此外，从反应转化率图上可以看出，反应曲线上升很快，这也

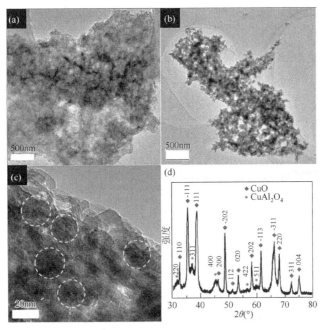

图 3-39 浸渍法 CuO/Al$_2$O$_3$ 催化剂 TEM 图（a，b）、高倍 TEM 图（c）和 XRD 图（d）

说明了最初 CuO 对于 CO 的吸附已经趋于饱和，只有在高温情况下，CO 才能迅速转移至活性位点参与反应。这与推测是完全吻合的。

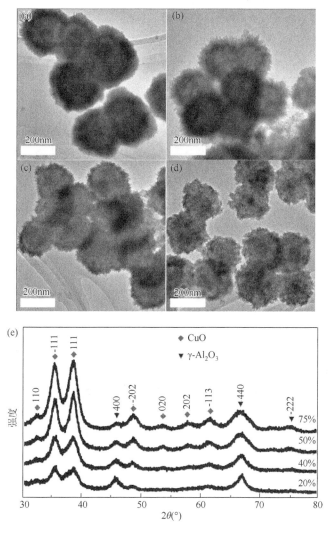

图 3-40　负载量 75%（a）、50%（b）、40%（c）、20%（d）Al$_2$O$_3$@CuO 微球的 TEM 图以及相应的 XRD 图（e）

对于负载量不同的催化剂，由于其活性组分不同，不能仅仅从 CO 转化率上去推测其催化活性的好坏，要从活性组分的利用率方面入手，考察加入相同的活性组分，哪种催化剂的转化率高，那么这种催化剂就表现出较高的催化活性。因此，引入转化频率（TOF）的概念[77]进一步考察负载量对于催化活性的影响。转化频率是催化领域常用的一个专业术语,用于比较活性组分相同但含量不同的催化剂的催化活性。转化频率即单位质量催化剂在单位时间内转化的产物的量。通过转化频率计算后,Al$_2$O$_3$@CuO 催化剂中的活性组分都变为一个统一的量,通过计算单位时间内 CO 转化的量便可以得出不同温度下转化频率(图 3-41)。

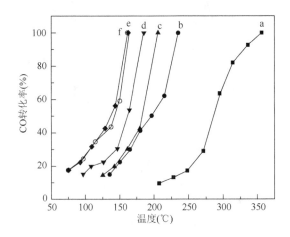

图 3-41 不同催化剂催化评价

(a) Al$_2$O$_3$ 微球;(b) 负载型 CuO/Al$_2$O$_3$ 催化剂;(c) 20%Al$_2$O$_3$@CuO 微球;(d) 50%CuO/Al$_2$O$_3$ 微球;(e) 50%Al$_2$O$_3$@CuO 微球;(f) 75%Al$_2$O$_3$@CuO 微球

通过转化频率曲线(图 3-42)可以看出,相同温度下,50%Al$_2$O$_3$@CuO 催化剂转化频率最大,高于其他几个催化剂,但核壳型 Al$_2$O$_3$@CuO 催化剂转化频率都远高于负载型 CuO/Al$_2$O$_3$ 催化剂,说明核壳型催化剂中 CuO 颗粒小,

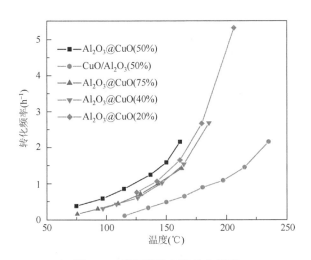

图 3-42 不同催化剂的转化频率

活性位点较多，利用率高，进一步证明了该催化剂对 CO 催化氧化具有良好的催化性能。

最后，考察核壳型催化剂和负载型催化剂的催化寿命。由于 CuO 纳米合成温度比较高，同时在高温条件下相当稳定，从反应前后的 TEM 图上没有观察到 CuO 纳米颗粒尺寸的变化，因而该催化剂能长时间维持高活性，催化反应 100h 后仍保持 100%转化率（图 3-43）。负载型催化剂经过了高温煅烧，CuO 纳米颗粒在催化过程中也不会发生较大变化，催化活性和初始活性相同（图 3-44）。上述实验结果说明核壳型 $Al_2O_3@CuO$ 催化剂是一种活性高、稳定性好的新型催化剂，在大部分应用中可以替代贵金属催化剂，具有很好的应用前景。

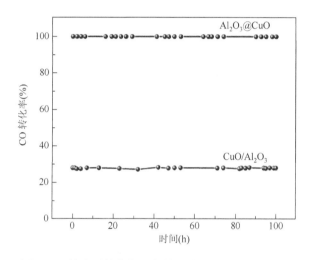

图 3-43　核壳型催化剂和负载型催化剂催化寿命比较

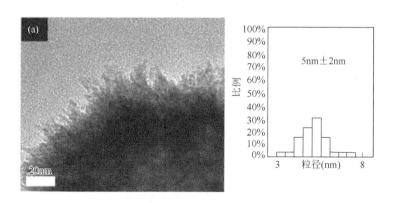

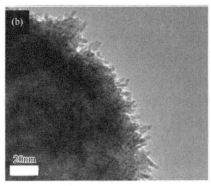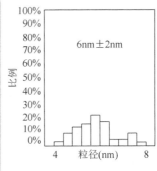

图 3-44 核壳型催化剂反应前后 TEM 图以及相应的 CuO 颗粒粒径统计

(a) 反应前；(b) 反应后

3.6 小结与展望

（1）采用一种新的合成策略来制备核壳结构界限明晰的 Au@CeO$_2$ 微纳催化材料。不同于传统制备核壳结构材料需要复杂的合成步骤，本合成方法步骤简单，可以在短时间内放量生产，极大地降低了成本与能耗。当 Au@CeO$_2$ 作为催化剂用于 CO 催化氧化反应时，相较于负载型的 Au/CeO$_2$ 作为催化剂，其催化活性和稳定性均大大提高，这样好的活性及寿命归因于材料的核壳结构中活性组分 Au 纳米粒子与壳层 CeO$_2$ 之间较强的相互作用。当前的合成策略，对于制备其他类型核壳结构材料来说，具有一定的指导意义。同时，期望这一类型的材料在环境、能源领域当中得到实际应用。

（2）采用醇热法制备 Al$_2$O$_3$@CuO 微球。不同于传统浸渍法制备负载型催化剂合成步骤，本合成方法步骤简单，可以在短时间内大量生产。而且合成温度较低，合成得到的活性组分 CuO 纳米颗粒尺寸小，当用于 CO 催化氧化时，有更多的活性位点吸附和催化 CO，相比负载型催化剂中较大尺寸的 CuO 颗粒，其催化活性大大提高，良好的活性及寿命归因于纳米 CuO 的尺寸效应和量子局限效应以及醇热法合成策略。这对于制备其他类型过渡金属氧化物 CO 催化剂来说，具有一定的指导意义。同时，期望这一类型的材料在环境领域和催化领域得到实际应用。

（3）通过简单的水溶液合成方法制备得到由 Au 核和 Cu$_2$O 壳形成的核壳型 Au@Cu$_2$O 星状多面体纳米复合材料。核壳型 Au@Cu$_2$O 星状多面体纳米复合材料具有良好的分散性、优异的化学吸附能力，且表面带正电荷，其对阴离子染料表现出杰出的吸附性能，在环境中污水的前分析处理中具有潜在的应用价值。

参 考 文 献

[1] Chen M, Goodman D W. Catalytically active gold on ordered titania supports[J]. Chem. Soc. Rev., 2008, 37(9): 1860-1870.

[2] Wu Z, Zhou S, Zhu H, et al. Oxygen-assisted reduction of Au species on Au/SiO$_2$ catalyst in room temperature CO oxidation[J]. Chem. Commun., 2008(28): 3308-3310.

[3] Wen L, Fu J K, Gu P Y, et al. Monodispersed gold nanoparticles supported on γ-Al$_2$O$_3$ for enhancement of low-temperature catalytic oxidation of CO[J]. Appl. Catal. B, 2008, 79(4): 402-409.

[4] Jia C J, Liu Y, Bongard H, et al. Very low temperature CO oxidation over colloidally deposited gold nanoparticles on Mg(OH)$_2$ and MgO[J]. J. Am. Chem. Soc., 2010, 132: 1520-1522.

[5] Liu Y, Jia C J, Yamasaki J, et al. Highly active iron oxide supported gold catalysts for CO oxidation: How small must the gold nanoparticles be? [J]. Angew. Chem. Int. Ed., 2010, 49: 5771-5775.

[6] Zhong Z, Lin J, Teh S P, et al. A rapid and efficient method to deposit gold particles onto catalyst supports and its application for CO oxidation at low temperatures [J]. Adv. Funct. Mater., 2007, 17: 1402-1408.

[7] Wang C M, Fan K N, Liu Z P. Origin of oxide sensitivity in gold-based catalysts: A first principle study of CO oxidation over Au supported on monoclinic and tetragonal ZrO$_2$[J]. J. Am. Chem. Soc., 2007, 129: 2642-2647.

[8] Li W C, Comotti M, Schüth F. Highly reproducible syntheses of active Au/TiO$_2$ catalysts for CO oxidation by deposition-precipitation or impregnation[J]. J. Catal., 2006, 237: 190-196.

[9] Widmann D, Behm R J. Active oxygen on a Au/TiO$_2$ catalyst: Formation, stability, and CO oxidation activity[J]. Angew. Chem. Int. Ed., 2011, 50: 10241-10245.

[10] Fujitani T, Nakamura I. Mechanism and active sites of the oxidation of CO over Au/TiO$_2$[J]. Angew. Chem. Int. Ed., 2011, 50: 10144-10147.

[11] Carrettin S, Concepción P, Corma A, et al. Nanocrystalline CeO$_2$ increases the activity of Au for CO oxidation by two orders of magnitude[J]. Angew. Chem. Int. Ed., 2004, 43: 2538-2540.

[12] Zhou Z, Kooi S, Flytzani-Stephanopoulos M, et al. The role of the interface in CO oxidation on Au/CeO$_2$ multilayer nanotowers [J]. Adv. Funct. Mater., 2008, 18: 2801-2807.

[13] Uchiyama T, Yoshida H, Kuwauchi Y, et al. Systematic morphology changes of gold nanoparticles supported on CeO$_2$ during CO oxidation [J]. Angew. Chem. Int. Ed., 2011, 50: 10157-10160.

[14] Wang F, Li H, Shen W. Influence of Au particle size on Au/CeO$_2$ catalysts for CO oxidation[J]. Catal. Today, 2011, 175: 541-545.

[15] Arnal P M, Comotti M, Schüth F. High-temperature-stable catalysts by hollow sphere encapsulatio [J]. Angew. Chem. Int. Ed., 2006, 45: 8224-8227.

[16] Park J C, Bang J U, Lee J, et al. Ni@SiO$_2$ yolk-shell nanoreactor catalysts: High temperature stability and recyclability[J]. J. Mater. Chem., 2010, 20: 1239-1246.

[17] Joo S H, Park J Y, Tsung C K, et al. Thermally stable Pt/mesoporous silica core-shell nanocatalysts for high-temperature reactions[J]. Nat. Mater., 2009, 8: 126-131.

[18] Galeano C, Güttel R, Paul M, et al. Yolk-shell gold nanoparticles as model materials for support-effect studies in heterogeneous catalysis: Au@C and Au@ZrO$_2$ for CO oxidation as an example[J]. Chem-Eur. J., 2011, 17: 8434-8439.

[19] Mirzaei A A, Shaterian H R, Joyner R W, et al. Ambient temperature carbon monoxide oxidation using copper

manganese oxide catalysts: Effect of residual Na$^+$ acting as catalyst poison[J]. Catal. Commun., 2003, 4: 17-20.

[20] Christmann K, Schwede S, Schubert S, et al. Model studies on CO oxidation catalyst systems: Titania and gold nanoparticles[J]. ChemPhysChem., 2010, 11: 1344-1363.

[21] Lee J, Park J C, Song H. A nanoreactor framework of a Au@SiO$_2$ yolk/shell structure for catalytic reduction of *p*-nitrophenol [J]. Adv. Mater., 2008, 20: 1523-1528.

[22] Li J, Zeng H C. Size tuning, functionalization, and reactivation of Au in TiO$_2$ nanoreactors [J]. Angew. Chem. Int. Ed., 2005, 44: 4342-4345.

[23] Cargnello M, Wieder N L, Montini T, et al. Synthesis of dispersible Pd@CeO$_2$ core-shell nanostructures by self-assembly[J]. J. Am. Chem. Soc., 2010, 132: 1402-1409.

[24] Cargnello M, Gentilini C, Montini T, et al. Active and stable embedded Au@CeO$_2$ catalysts for preferential oxidation of CO[J]. Chem. Mater., 2010, 22: 4335-4345.

[25] Kong L, Chen W, Ma D, et al. Size control of Au@Cu$_2$O octahedra for excellent photocatalytic performance[J]. J. Mater. Chem., 2012, 22 (2): 719-724.

[26] Kuo C H, Hua T E, Huang M H. Au nanocrystal-directed growth of Au-Cu$_2$O core-shell heterostructures with precise morphological control[J]. Journal of the American Chemical Society, 2009, 131 (49): 17871-17878.

[27] Rožić L S, Petrović S P, Novaković T B, et al. Textural and fractal properties of CuO/Al$_2$O$_3$ catalyst supports [J]. Chem. Eng. J., 2006, 120: 55-61.

[28] Kim S K, Kim K H, Ihm S K. The characteristics of wet air oxidation of phenol over CuO$_x$/Al$_2$O$_3$ catalysts: Effect of copper loading[J]. Chemosphere, 2007, 68: 287-292.

[29] Kwak J H, Tonkyn R, Tran D, et al. Size-dependent catalytic performance of CuO on γ-Al$_2$O$_3$: NO reduction versus NH$_3$ oxidation [J]. ACS Catal., 2012, 2: 1432-1440.

[30] Wan H, Wang Z, Zhu J, et al. Influence of CO pretreatment on the activities of CuO/γ-Al$_2$O$_3$ catalysts in CO + O$_2$ reaction[J]. App. Catal. B, 2008, 79: 254-261.

[31] Jin L, He M, Lu J, et al. Comparative study of CuO species on CuO/Al$_2$O$_3$, CuO/CeO$_2$-Al$_2$O$_3$ and CuO/La$_2$O-Al$_2$O$_3$ catalysts for CO oxidation[J]. Chin. J. Chem. Phys., 2007, 20: 582-586.

[32] Águila G, Gracia F, Araya P. CuO and CeO$_2$ catalysts supported on Al$_2$O$_3$, ZrO$_2$, and SiO$_2$ in the oxidation of CO at low temperature[J]. App. Catal. A, 2008, 343: 16-24.

[33] Roh H S, Choi G K, An J S, et al. Size-controlled synthesis of monodispersed mesoporous α-Alumina spheres by a template-free forced hydrolysis method[J]. Dalton. Trans., 2011, 40: 6901-6905.

[34] Schmid G, Simon U. Gold nanoparticles: assembly and electrical properties in 1-3 dimensions[J]. Chemical Communications, 2005, (6): 697-710.

[35] Huang W C, Lyu L M, Yang Y C, et al. Synthesis of Cu$_2$O nanocrystals from cubic to rhombic dodecahedral structures and their comparative photocatalytic activity[J]. J Am. Chem. Soc., 2011, 134 (2): 1261-1267.

[36] Chen Y, Hu C, Hu X, et al. Indirect photodegradation of a mine drugs in aqueous solution under simulated sunlight[J]. Environ. Sci. Technol., 2009, 43 (8): 2760-2765.

[37] Matos J, Laine J, Herrmann J M. Synergy effect in the photocatalytic degradation of phenol on a suspended mixture of titania and activated carbon[J]. Appl. Catal. B, 1998, 18 (3): 281-291.

[38] Aguilar-Guerrero V, Gates B C. Kinetics of CO oxidation catalyzed by highly dispersed CeO$_2$-supported gold[J]. J. Catal., 2008, 260: 351-357.

[39] Denkwitz Y, Schumacher B, Kučerová G, et al. Activity, stability, and deactivation behavior of supported Au/TiO$_2$ catalysts in the CO oxidation and preferential CO oxidation reaction at elevated temperatures[J]. J. Catal., 2009,

267: 78-88.

[40] Peng S, Lee Y, Wang C, et al. A facile synthesis of monodisperse Au nanoparticles and their catalysis of CO oxidation[J]. Nano Res., 2008, 1: 229-234.

[41] Sun X, Li Y. Colloidal carbon spheres and their core/shell structures with noble-metal nanoparticles [J]. Angew. Chem. Int. Ed., 2004, 43: 597-601.

[42] Hu B, Wang K, Wu L, et al. Engineering carbon materials from the hydrothermal carbonization process of biomass[J]. Adv. Mater., 2010, 22: 813-828.

[43] Okamura M, Takagaki A, Toda M, et al. Acid-catalyzed reactions on flexible polycyclic aromatic carbon in amorphous carbon[J]. Chem. Mater., 2006, 18: 3039-3045.

[44] Wu Z, Huang D, Yang X. A study of the interface of CeO_2-Si heterostructure grown by ion beam deposition[J]. Vacuum, 1998, 51: 397-401.

[45] Sakaki T, Shibata M, Miki T, et al. Reaction model of cellulose decomposition in near-critical water and fermentation of products[J]. Bioresour. Technol., 1996, 58: 197-202.

[46] Teng Z, Zheng G, Dou Y, et al. Highly ordered mesoporous silica films with perpendicular mesochannels by a simple stöber-solution growth approach[J]. Angew. Chem. Int. Ed., 2012, 51: 2173-2177.

[47] Xiong S, Chen J S, Lou X W, et al. Mesoporous Co_3O_4 and CoO@C topotactically transformed from chrysanthemum-like $Co(CO_3)_{0.5}(OH)\cdot 0.11H_2O$ and their lithium-storage properties[J]. Adv. Funct. Mater., 2012, 22: 861-871.

[48] Wu Z, Lv Y, Xia Y, et al. Ordered mesoporous platinum@graphitic carbon embedded nanophase as a highly active, stable, and methanol-tolerant oxygen reduction electrocatalyst[J]. J. Am. Chem. Soc., 2012, 134: 2236-2245.

[49] Yu C Y, Sea B K, Lee D W, et al. Effect of nickel deposition on hydrogen permeation behavior of mesoporous γ-alu mina composite membranes[J]. J. Colloid Interface Sci., 2008, 319: 470-476.

[50] Sing K S W. Reporting physisorption data for gas/solid systems with special reference to the deter mination of surface area and porosity[J]. Pure Appl. Chem., 1985, 57: 603-619.

[51] Schubert M M, Hackenberg S, Van Veen A C, et al. CO oxidation over supported gold catalysts— "inert" and "active" support materials and their role for the oxygen supply during reaction [J]. J. Catal., 2001, 197: 113-122.

[52] Lopez N, Janssens T V W, Clausen B S, et al. On the origin of the catalytic activity of gold nanoparticles for low-temperature CO oxidation[J]. J. Catal., 2004, 223: 232-235.

[53] Hvolbæk B, Janssens T V W, Clausen B S, et al. Catalytic activity of Au nanoparticles[J]. Nano Today, 2007, 2: 14-18.

[54] Chen W, Pan X, Bao X. Tuning of redox properties of iron and iron oxides via encapsulation within carbon nanotubes[J]. J. Am. Chem. Soc., 2007, 129: 7421-7426.

[55] Bond G C, Thompson D T. Gold-catalysed oxidation of carbon monoxide[J]. Gold Bull., 2000, 33: 41-50.

[56] Daniel M C, Astruc D. Gold nanoparticles: Assembly, supramolecular chemistry, quantum-size-related properties, and applications toward biology, catalysis, and nanotechnology[J]. Chem. Rev., 2004, 104: 293-346.

[57] Hashmi A S K, Hutchings G J. Gold Catalysis[J]. Angew. Chem. Int. Ed., 2006, 45: 7896-7936.

[58] Chen M S, Goodman D W. The structure of catalytically active gold on titania[J]. Science, 2004, 306: 252-255.

[59] Yu K, Wu Z, Zhao Q, et al. High-temperature-stable Au@SnO_2 core/shell supported catalyst for CO oxidation[J]. J. Phys. Chem. C, 2008, 112: 2244-2247.

[60] Moreau F, Bond G C. CO oxidation activity of gold catalysts supported on various oxides and their improvement by inclusion of an iron component[J]. Catal. Today, 2006, 114: 362-368.

[61] Dubé C E, Workie B, Kounaves S P, et al. Electrodeposition of metal alloy and mixed oxide films using a single-precursor tetranuclear copper-nickel complex[J]. J Electrochem. Soc., 1995, 142(10): 3357-3365.

[62] Cai J B, Wu X Q, Li S, et al. Synergistic effect of double-shelled and sandwiched TiO_2@Au@C hollow spheres with enhanced visible-light-driven photocatalytic activity[J]. ACS Appl. Mater. Inter., 2015, 7: 3764-3772.

[63] Kuo C H, Yang Y C, Gwo S, et al. Facet-dependent and Au nanocrystal-enhanced electrical and photocatalytic properties of Au-Cu_2O core-shell heterostructures[J]. J Am. Chem. Soc., 2010, 133(4): 1052-1057.

[64] Wang W C, Lyu L M, Huang M H. Investigation of the effects of polyhedral gold nanocrystal morphology and facets on the formation of Au-Cu_2O core-shell heterostructures[J]. Chem. Mater., 2011, 23(10): 2677-2684.

[65] Wessels K, Minnermann M, Rathousky J, et al. Influence of calcination temperature on the photoelectrochemical and photocatalytic properties of porous TiO_2 films electrodeposited from Ti(IV)-alkoxide solution[J]. J Phys. Chem. C, 2008, 112(39): 15122-15128.

[66] Hua Q, Shi F, Chen K, et al. Cu_2O-Au nanocomposites with novel structures and remarkable chemisorption capacity and photocatalytic activity[J]. Nano Res., 2011, 4(10): 948-962.

[67] Majhi S M, Rai P, Raj S, et al. Effect of Au nanorods on potential barrier modulation in morphologically controlled Au@Cu_2O core-shell nanoreactors for gas sensor applications[J]. ACS Appl. Mater. Inter., 2014, 6(10): 7491-7497.

[68] Jiang D, Zhou W, Zhong X, et al. Distinguishing localized surface plasmon resonance and schottky junction of Au-Cu_2O composites by their molecular spacer dependence[J]. ACS Appl. Mater. Inter., 2014, 6(14): 10958-10962.

[69] Lu G, Li S, Guo Z, et al. Imparting functionality to a metal-organic framework material by controlled nanoparticle encapsulation[J]. Nat. Chem., 2012, 4: 310-316.

[70] Zhang Y W, Si R, Liao C S, et al. Facile alcohothermal synthesis, size-dependent ultraviolet absorption, and enhanced CO conversion activity of ceria nanocrystals[J]. J. Phys. Chem. B, 2003, 107: 10159-10167.

[71] Wang Y, Meng D, Liu X, et al. Facile synthesis and characterization of hierarchical CuO nanoarchitectures by a simple solution route[J]. Cryst. Res. Technol., 2009, 44: 1277-1283.

[72] Zhang Z, Che H, Wang Y, et al. Flower-like CuO microspheres with enhanced catalytic performance for dimethyldichlorosilane synthesis[J]. RSC Adv., 2012, 2: 2254-2256.

[73] Cargnello M, Jaén J J D, Garrido J C H, et al. Exceptional activity for methane combustion over modular Pd@CeO_2 subunits on functionalized Al_2O_3[J]. Science, 2012, 337: 713-717.

[74] Li Q, Chen W, Ju M, et al. ZnO-based hollow microspheres with mesoporous shells: Polyoxometalate-assisted fabrication, growth mechanism and photocatalytic properties[J]. J. Solid State Chem., 2011, 184: 1373-1380.

[75] Huang P X, Wu F, Zhu B L, et al. CeO_2 Nanorods and gold nanocrystals supported on CeO_2 nanorods as catalyst[J]. J. Phys. Chem. B, 2005, 109: 19169-19174.

[76] Zhu J, Xie X, Carabineiro S A C, et al. Facile one-pot synthesis of Pt nanoparticles/SBA-15: An active and stable material for catalytic applications[J]. Energy Environ. Sci., 2011, 4: 2020-2024.

[77] Jia A P, Hu G S, Meng L, et al. CO oxidation over CuO/$Ce_{1-x}Cu_xO_{2-\delta}$ and $Ce_{1-x}Cu_xO_{2-\delta}$ catalysts: Synergetic effects and kinetic study[J]. J. Catal., 2012, 289: 199-209.

第4章 双壳WO₃@TiO₂纳米材料及其光催化降解阴阳离子型芳香族污染物研究

4.1 引　　言

光催化技术已经成为一种利用太阳能，并实现能量转化和存储以及环境治理的有效途径，如何提高光催化剂的效率成为当前研究的热点问题[1-3]。高效纳米光催化剂研制有三个关键问题须加以解决：①光生电子和空穴易复合[4]；②受光催化剂禁带宽度（TiO_2 3.2eV）的影响，决定其吸收范围大部分在紫外区，对太阳能利用率不足[5, 6]；③光催化剂与污染物之间的亲和力差，金属氧化物在固定pH值下显示出单一电性，吸附电性相反的污染物，排斥电性相同的污染物，导致样品光氧化不完全。由于纳米复合材料的光催化活性取决于它们的结构形貌，上述问题可通过调控催化剂的结构和形态解决[7-9]。实现光催化的过程中，电荷分离是光催化过程的重要一环，其效率直接影响光催化剂的最终效率，合理地设计光催化剂的纳米结构是提高光催化剂电荷分离效率的重要手段。其中金属氧化物空心球结构由于其独特的物理和化学性质（如比表面积大、密度低、有效的捕光效率），已被应用于光催化降解有机污染物的研究[10-13]。如果使纳米空心球内外表面分别具有正电荷和负电荷，那么阴离子和阳离子污染物与光催化剂之间的亲和力将得到加强，光催化剂在污染物表面覆盖率低的问题就可以得到解决。为了提高可见光的吸收，越来越多的科学家将具有表面等离子共振的Au纳米颗粒与金属氧化物纳米材料复合作为催化剂用于光催化降解有机污染物[14, 15]。在这种思路的引导下，设想开发具有双壳的空心球及复合Au纳米粒子的新型光催化剂用于处理阴阳离子有机污染物。如何有目的地设计合成新型光催化剂目前还是一项具有挑战性的工作，因此进行以下初步试验。

首先，设计具有双亲性的双壳纳米空心球的通用制备方法。以负电荷聚苯乙烯（PS）球为模板，吸附带正电荷的金属离子，氧化，水解，将金属氧化物（M_XO）包覆于PS球表面，借助于M_XO表面羟基，继续包覆金属氧化物（N_YO），高温煅烧去除PS，得双壳$M_XO@N_YO$纳米空心球。利用金属氧化物M_XO和N_YO之间等电点的差异，遴选一定的pH值范围，使得双壳的$M_XO@N_YO$空心球内、外壳分别带上正电荷和负电荷。使用三氧化钨（WO_3，等电点为0.4）和二氧化钛（TiO_2，等电点为6.2）分别作为阳离子和阴离子的基底，在pH = 2～5，纳米空心球WO_3

和 TiO$_2$ 壳层表面分别呈负电性和正电性[16]。WO$_3$（E_g = 2.7eV）是一种具有可见光响应的降解有机污染物的光催化剂[17]。然而，WO$_3$ 的光催化活性是不够的，因为它的导带势能不足以进行氧的还原。因此，WO$_3$ 应与其他光催化剂复合以避免光生电子与空穴的复合。作为光催化剂，TiO$_2$ 由于具有高光催化活性、宽带隙（3.2eV）、低成本、低毒性和高化学稳定性，已经被广泛地应用于光催化降解有机污染物中[18-20]。一些研究已经报道了核壳型的 WO$_3$-TiO$_2$ 纳米复合材料[21, 22]、WO$_3$-TiO$_2$ 纳米薄膜复合材料[23, 24]、WO$_3$-TiO$_2$ 纳米管复合材料[25-27]、WO$_3$-TiO$_2$ 纳米棒阵列复合材料[28, 29]、WO$_3$-TiO$_2$ 纳米线复合材料[30]和单壳结构的 WO$_3$-TiO$_2$ 的空心球复合材料[31]。尽管很多研究者研究 WO$_3$-TiO$_2$ 纳米复合材料，但目前还没有研究组提出具有双壳结构的、内外壳面分别带负电荷和正电荷的 WO$_3$@TiO$_2$ 空心球结构的纳米复合材料。将纳米复合材料 WO$_3$@TiO$_2$ 应用于阳离子芳香族污染物（罗丹明 B、甲基紫、4-硝基苯胺）和阴离子芳香族污染物（甲基橙、酸性紫 43、均苯三甲酸）的吸附研究。也利用纳米复合材料 WO$_3$@TiO$_2$ 对阳离子染料（甲基紫、4-硝基苯胺）和阴离子染料（酸性紫 43、均苯三甲酸）进行光催化活性的研究。

此外，有研究表明，Au/WO$_3$ 纳米复合材料由于 WO$_3$ 能够吸收小于 450nm 波长的光和 Au 纳米颗粒由于自身的表面等离子共振能够吸收 450～600nm 范围的光，两者复合有效地利用了太阳的波段以及促进了光生电子与空穴的分离[32]。基于此，有研究者提出制备 TiO$_2$@WO$_3$/Au 纳米空心球复合材料用于深度光催化降解有机污染物。使用聚苯乙烯（PS）球作为模板，通过溶胶-凝胶法依次包覆 TiO$_2$、WO$_3$、Au，最后通过煅烧得到双壳 TiO$_2$@WO$_3$/Au 空心球纳米复合材料。目标是：①通过独特的分层的介孔空心球体与合适的空心球直径大小来提高纳米材料的吸光效率；②利用 TiO$_2$-Au 和 WO$_3$-Au 之间的肖特基势垒新途径促进光生电子与空穴的分离；③使得纳米空心球内外表面分别具有正电荷和负电荷，那么阴离子和阳离子污染物与光催化剂之间的亲和力将得到加强。

4.2 材料与方法

4.2.1 主要仪器与试剂

主要试剂：钛酸四丁酯（$C_{16}H_{36}O_4Ti$，分析纯），苯乙烯（C_8H_8，分析纯），过硫酸钠（$Na_2S_2O_8$，分析纯），丙烯酸甲酯（$C_4H_6O_2$，分析纯），重铬酸钾（$K_2Cr_2O_7$，分析纯），1, 5-二苯碳酰二肼（$C_{13}H_{14}N_4O$，分析纯），六氯化钨（WCl_6，分析纯），氯金酸（$HAuCl_4·4H_2O$，分析纯）等。其余所用的化学试剂也均为分析纯及以上级别。所需溶液用超纯水（18.2MΩ）配制。反应溶液 pH 值用 HCl 溶液和 NaOH 溶液进行调节。

主要仪器：扫描电子显微镜（SEM，日本 Hitachi 公司，S-4800），透射电子显微镜（TEM，美国 FEI 公司，Tecnai G^2 F20 U-TWIN），X 射线衍射仪（XRD，德国 Bruker 公司，D8 advance），热重分析仪（德国耐施公司，TG209F1），紫外可见分光光度计（日本岛津公司，UV-2550），荧光分光光度计（PL，美国瓦里安公司，Cary Eclipse），电化学工作站（上海辰华仪器有限公司，CHI650D），X 射线光电子能谱仪（XPS，美国赛默飞世尔科技有限公司，Thermo Fisher XⅡ），比表面及孔隙度分析仪（BET，美国 Micromeritics 公司，ASAP 2020 分析仪），拉曼光谱仪（英国雷尼绍公司，inVia Reflex），磁力搅拌器，鼓风干燥箱，电子分析天平等。

4.2.2 催化剂制备

1. PS@WO_3 的制备

应用水解法制备 PS@WO_3，将 WCl_6 在搅拌下缓慢加入到装有乙醇的三颈烧瓶中，搅拌 30min 至固体完全溶解；加入 PS，充分搅拌 20h；将产物离心洗涤，真空干燥。

2. PS@TiO_2 的制备

应用溶胶-凝胶法制备 PS@TiO_2，将乙醇、聚乙烯吡咯烷酮加入到烧杯中，超声溶解，加入去离子水、PS，超声 15min；移入三颈烧瓶中，在搅拌下加入钛酸四丁酯，不断搅拌，于 80℃水浴回流 4h；将产物离心，乙醇洗涤，真空干燥。

3. PS@WO_3-TiO_2 纳米复合材料的制备

将乙醇、聚乙烯吡咯烷酮加入烧杯中，超声溶解，加入去离子水、PS，超声 15min；移入三颈烧瓶中，在搅拌下加入钛酸四丁酯，再将溶于乙醇的 WCl_6 溶液在搅拌下缓慢加入到三颈烧瓶中，于 80℃水浴回流 4h；将产物离心，乙醇洗涤，真空干燥。

4. PS@TiO_2-WO_3 纳米复合材料的制备

在烧杯中，加入乙醇、聚乙烯吡咯烷酮，超声溶解，加入去离子水、PS，超声 15min；移入三颈烧瓶中，在搅拌下加入钛酸四丁酯，再将溶于乙醇的 WCl_6 溶液在搅拌下缓慢加入到三颈烧瓶中，于 80℃水浴回流 4h；将产物离心，乙醇洗涤，真空干燥。

5. PS@WO$_3$@TiO$_2$ 纳米复合材料的制备

取钛酸四丁酯溶于乙醇，加入 PS@WO$_3$ + 水 + 乙醇混合液，于 80℃水浴反应 4h，将产物离心，用去离子水和乙醇循环洗涤 3 次，真空干燥。

6. PS@TiO$_2$@WO$_3$/Au 纳米复合材料的制备

取 WCl$_6$ 溶于乙醇，加入 PS@TiO$_2$ + 乙醇混合液，充分搅拌 30min，接着取 5mL 制备好的 Au 纳米溶胶加入上述溶液中，继续搅拌 20h，将产物离心，用乙醇循环洗涤 3 次，真空干燥。

将制得的 PS@WO$_3$、PS@TiO$_2$、PS@WO$_3$-TiO$_2$、PS@TiO$_2$-WO$_3$、PS@WO$_3$@TiO$_2$、PS@TiO$_2$@WO$_3$/Au 分别置于程序升温炉中，升温速率 5℃/min，550℃煅烧 3h，分别制得纳米单壳 WO$_3$、单壳 TiO$_2$、单壳 WO$_3$-TiO$_2$、单壳 TiO$_2$-WO$_3$、双壳 WO$_3$@TiO$_2$、双壳 TiO$_2$@WO$_3$/Au 纳米空心球。

4.2.3 吸附活性和光催化活性测试

用阳离子芳香族污染物（罗丹明 B、甲基紫、4-硝基苯胺）和阴离子芳香族污染物（甲基橙、酸性紫 43、均苯三甲酸）的溶液（5mg/L，50mL，pH = 5）进行吸附活性和光催化活性测试。

吸附剂（30mg 的单壳 WO$_3$、单壳 TiO$_2$、单壳 WO$_3$-TiO$_2$、单壳 TiO$_2$-WO$_3$、双壳 WO$_3$@TiO$_2$、双壳 TiO$_2$@WO$_3$/Au 空心球）分散于污染物中，在黑暗条件下进行吸附测试。磁力搅拌 80min，每隔一定时间取一次样，高速离心得到上清液，用紫外可见分光光度计测定其吸光度。吸附率用以下公式计算：

$$吸附率(\%) = \frac{C_0' - C'}{C_0'} \times 100\% \quad (4.1)$$

其中，C_0' 和 C' 为溶液的初始污染物浓度和吸附后的溶液中残留的污染物浓度。

称取 30mg P25、单壳 WO$_3$、单壳 TiO$_2$、单壳 WO$_3$-TiO$_2$、单壳 TiO$_2$-WO$_3$、双壳 WO$_3$@TiO$_2$、双壳 TiO$_2$@WO$_3$/Au 空心球纳米材料分散于芳香族污染物中，在黑暗条件下搅拌 1h，以达到芳香族污染物和纳米材料之间的吸附/脱附平衡。之后，在 300W 氙灯下（用滤光片滤过小于 420nm 的波段）进行可见光催化测试[33]。磁力搅拌 80min，每隔一定时间取一次样，高速离心得到上清液，用紫外可见分光光度计测定其吸光度。降解率用下式计算：

$$降解率(\%) = \frac{C_0 - C}{C_0} \times 100\% \quad (4.2)$$

其中，C_0 为可见光照射前的初始污染物浓度；C 为可见光照射后的溶液中的污染物浓度。

第一阶动力学方程可用于拟合实验数据[34]：

$$\ln\left(\frac{C_0}{C}\right) = k_{app} \times t \tag{4.3}$$

其中，k_{app} 为反应速率常数；t 为反应时间。

4.3 双壳 WO_3@TiO_2 空心球的结构和催化性能应用

4.3.1 双壳 WO_3@TiO_2 空心球的结构性质

双壳 WO_3@TiO_2 空心球通过溶胶-凝胶法[35]制备得到，合成路线如图 4-1 所示。在聚苯乙烯（PS）球表面依次包覆 WO_3 前驱体、TiO_2 前驱体，最后高温煅烧获得双壳 WO_3@TiO_2 空心球。为了获得纳米材料的形貌特征，进行扫描电子显微镜（SEM）表征。由图 4-2（a）可知，PS 球表面光滑且尺寸均一，通过静电吸附、氧化、水解等过程，WO_3 前驱体被吸附在带活性基团的 PS 球表面，图 4-2（b）证实了在 PS 球表面的确形成一层均匀的 WO_3 外壳。TiO_2 的前驱体钛酸四丁酯水解反应后，在 PS@WO_3 上继续包覆了一层 TiO_2，制备得到 PS@WO_3@TiO_2 纳米复合材料，图 4-2（c）证实了这一结论。其中 PS@WO_3@TiO_2 纳米复合材料中 WO_3 层的厚度和 TiO_2 层的厚度可以通过调节前驱体的浓度进行调控。最后在一定温度煅烧后，制备得到双壳 WO_3@TiO_2 纳米复合材料 [图 4-2（d）]。

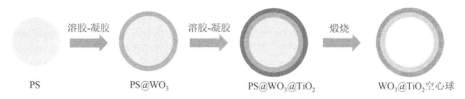

图 4-1 双壳 WO_3@TiO_2 纳米复合材料的合成路线

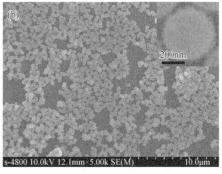

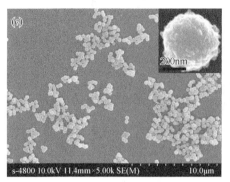

图 4-2 PS 球（a）、PS@WO$_3$（b）、PS@WO$_3$@TiO$_2$（c）、双壳 WO$_3$@TiO$_2$（d）的 SEM 图

为了确定煅烧温度，进行热分析表征（TG）。根据 TG 结果 [图 4-3（a）] 可知，PS@WO$_3$@TiO$_2$ 及 PS@WO$_3$ 的 TG 图中低于 300℃的质量损失是样品的残留溶剂和物理吸附水分的蒸发，320～450℃之间的质量损失为有机大分子的分解，即 PS 球的去除，由此得出 PS 球在 550℃煅烧时可以被完全去除。为了进一步确定样品的分子结构，进行红外光谱表征。对比红外光谱图可知[图 4-3（b）]，聚苯乙烯（PS）

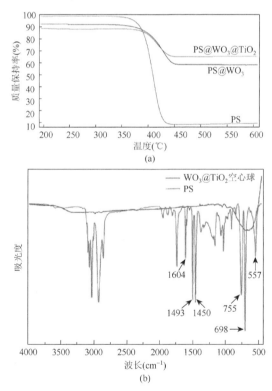

图 4-3 （a）PS 球、PS@WO$_3$ 及 PS@WO$_3$@TiO$_2$ 纳米复合材料的热重损失图；
（b）PS 球和 WO$_3$@TiO$_2$ 纳米复合材料的红外光谱图

球的特征峰如下：2750～3200cm^{-1} 为 C—H 伸展键，1480cm^{-1} 为芳香族 C—C 伸展键，765cm^{-1} 为 C—H 面外伸展键，700cm^{-1} 为 C—C 面外伸展键。煅烧后，PS 的所有特征峰消失，表明 PS 已经从 WO$_3$@TiO$_2$ 空心球中完全去除。WO$_3$@TiO$_2$ 空心球的红外吸收峰在 500～1000cm^{-1}，其中，500～800cm^{-1} 为 Ti—O、W—O 以及 W—O—W 的特征峰，这也表明空心球的壳是由 WO$_3$ 和 TiO$_2$ 组成。

为了直观地证明合成的纳米复合材料是双壳空心球结构，进行透射电子显微镜（TEM）表征。由 WO$_3$@TiO$_2$ 纳米复合材料的 TEM 图可以清晰地观察到双壳空心球结构［图 4-4（b）］。从 TEM 图中可以清晰观察到 WO$_3$@TiO$_2$ 分布的层数以及每一层的厚度［图 4-4（b）］，这为后续纳米材料壳层厚度调控提供表征依据。纳米复合材料的高分辨透射电子显微镜（HRTEM）图显示出四种类型的条纹晶格，其中 0.384nm、0.376nm 以及 0.363nm 的晶格间距与 WO$_3$ 的（002）、（020）以及（200）晶面间距相吻合，0.351nm 的晶格间距与 TiO$_2$ 的（101）晶面间距相吻合［图 4-4（d～g）］，这为纳米材料的晶型提供了一定的参考依据。而选区电子衍射图（SAED）进一步证明 WO$_3$@TiO$_2$ 纳米复合材料的多晶性质，WO$_3$ 衍射环及 TiO$_2$ 衍射环证实其确实由 WO$_3$ 和 TiO$_2$ 组成［图 4-4（h）］。在 HAADF-STEM 面扫元素分布图中黄色和绿色的区域表示 WO$_3$@TiO$_2$ 空心球是 W 和 Ti 富集区域，说明 WO$_3$@TiO$_2$ 空心球是由 WO$_3$ 壳和 TiO$_2$ 壳构成［图 4-4（i）］。为了进一步证明不同催化剂结构上的差异，对双壳 WO$_3$@TiO$_2$ 纳米复合材料与单壳的 WO$_3$-TiO$_2$ 的 HAADF-STEM 图进行对比。结果表明，WO$_3$@TiO$_2$ 中 Ti 和 W 的面扫元素分布图是分层结构，这表明 WO$_3$@TiO$_2$ 是双壳纳米结构。而 WO$_3$-TiO$_2$ 中的 Ti 和 W 的面扫元素分布图是单层结构，表明 WO$_3$-TiO$_2$ 是单壳纳米结构（图 4-5）。

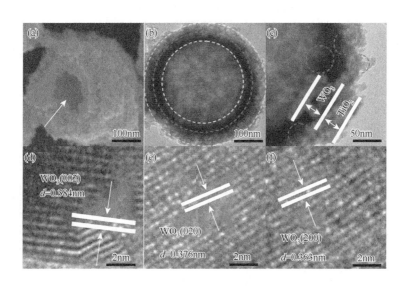

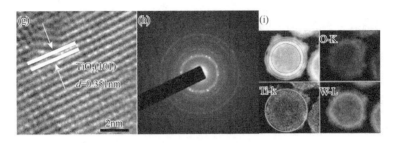

图 4-4 双壳 WO$_3$@TiO$_2$ 空心球的电镜表征图

(a) SEM 图；(b, c) TEM 图；(d~g) HRTEM 图；(h) SAED 图；(i) HAADF-STEM 图

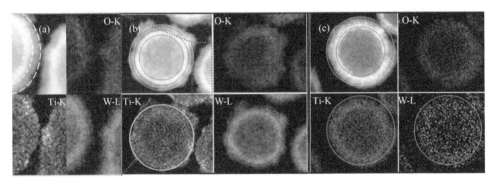

图 4-5 双壳 WO$_3$@TiO$_2$（a, b）、单壳 WO$_3$-TiO$_2$（c）的 HAADF-STEM 图

为了进一步探索纳米材料结构对光催化活性的影响，对单壳 WO$_3$、单壳 TiO$_2$、单壳 WO$_3$-TiO$_2$、双壳 WO$_3$@TiO$_2$ 空心球结构进行了 SEM 和 TEM 表征对比（图 4-6）。结果表明，不同结构纳米材料其电镜表征的形貌具有一定差异，由图 4-6 可以清

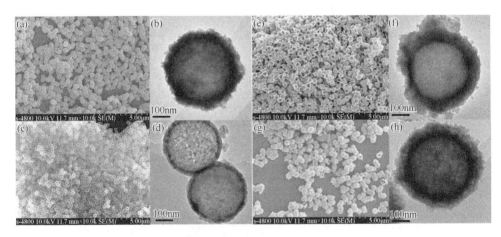

图 4-6 WO$_3$（a, b）、TiO$_2$（c, d）、单壳 WO$_3$-TiO$_2$（e, f）、双壳 WO$_3$@TiO$_2$（g, h）空心球的 SEM 图和 TEM 图

晰识别单壳和双壳结构,这为后续催化活性的对比提供了一定的参考依据。而纳米材料组成含量是影响光催化活性的另一个重要原因。不同制备方法得到的组成含量也不一样,如双壳 $WO_3@TiO_2$ 空心球中 W 和 Ti 原子分数分别为 38.31% 和 7.89%,而单壳 WO_3-TiO_2 空心球中 W 和 Ti 原子分数分别为 24.42% 和 22.12%(图 4-7)。

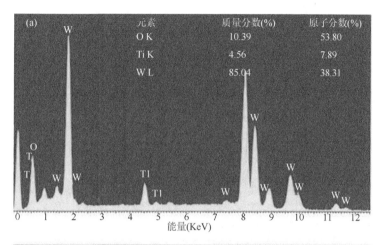

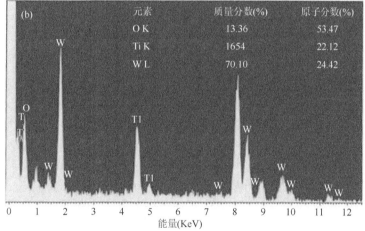

图 4-7 双壳 $WO_3@TiO_2$(a)、单壳 WO_3-TiO_2(b)的 EDX 图

为了探索纳米材料的晶格形态,进行 X 射线衍射谱图表征(图 4-8,图 4-9)。由谱图 4-8 可知,TiO_2 纳米材料图谱存在明显的锐钛矿特征峰,无金红石或板钛矿相特征峰,说明其具有较好的结晶度。其中 TiO_2 锐钛矿特征峰 25.22、37.78、47.94、54.15、54.96 及 62.69 分别与锐钛矿 TiO_2 晶面(101)、(004)、(200)、(211)、(105)及(204)的标准图谱相吻合(JCPDS NO. 21-1272)。而 WO_3 特征峰 23.07、

23.59、24.33、26.58、28.87、33.20、34.15、35.67、41.95及49.96分别对应六方单斜相WO$_3$晶面（002）、（020）、（200）、（120）、（112）、（022）、（202）、（122）、（222）及（140）的标准图谱（JCPDS NO. 43-1035）。对比TiO$_2$及WO$_3$的标准图谱，可以推断出图4-9中的双壳WO$_3$@TiO$_2$及单壳WO$_3$-TiO$_2$的壳层是由锐钛矿的TiO$_2$和六方单斜相的WO$_3$组成，且双壳WO$_3$@TiO$_2$纳米复合材料具有较好的结晶度。

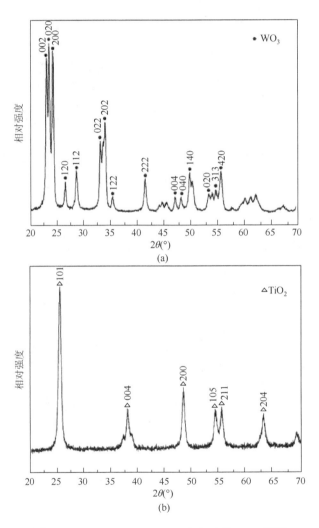

图4-8 WO$_3$（a）、TiO$_2$（b）空心球的XRD谱图

紫外可见吸收光谱图用于研究固体样品的光吸收性能，图4-10显示单壳WO$_3$、单壳TiO$_2$、单壳WO$_3$-TiO$_2$、双壳WO$_3$@TiO$_2$空心球的光吸收范围。从谱

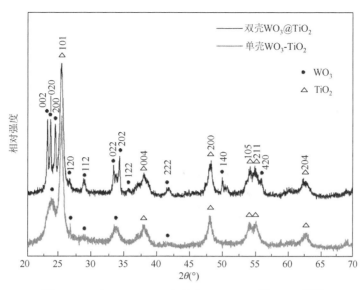

图 4-9 双壳 WO$_3$@TiO$_2$ 和单壳 WO$_3$-TiO$_2$ 的 XRD 谱图

图可知 TiO$_2$ 和 WO$_3$ 空心球的最大吸收波长分别是 400nm 和 500nm，由 Kubelka Munk 函数推算其禁带宽度分别对应 3.2eV 和 2.7eV[36, 37]。而双壳 WO$_3$@TiO$_2$ 最大吸收波长为 480nm，与 TiO$_2$ 的吸收波长相比双壳 WO$_3$@TiO$_2$ 提高可见光响应的范围，缩小的禁带宽度促进催化剂上价电子由基态到激发态的跃迁，从而提高其可见光催化性能。

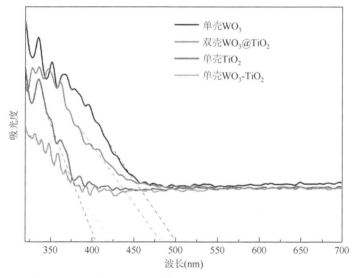

图 4-10 单壳 WO$_3$、单壳 TiO$_2$、单壳 WO$_3$-TiO$_2$、双壳 WO$_3$@TiO$_2$ 空心球的紫外可见吸收光谱图

4.3.2 双壳 $WO_3@TiO_2$ 空心球纳米复合材料的吸附和光催化降解污染物研究

材料的孔结构对于材料的很多性质有很大甚至是决定性的作用，因此利用比表面及孔隙度分析仪对双壳 $WO_3@TiO_2$ 空心球的结构进行比表面积测试。结果表明，双壳 $WO_3@TiO_2$ 空心球的氮气吸附-脱附等温曲线（图 4-11）的形状为典型的Ⅳ型吸附曲线类型，Ⅳ型等温曲线是介孔固体最普遍出现的吸附行为。其中双壳 $WO_3@TiO_2$ 的比表面积、孔体积、平均孔径分别为 53.04m²/g、0.1066cm³/g、8.042nm（表 4-1），证明了双壳 $WO_3@TiO_2$ 是一个介孔纳米材料，这有利于对污染物的吸附。

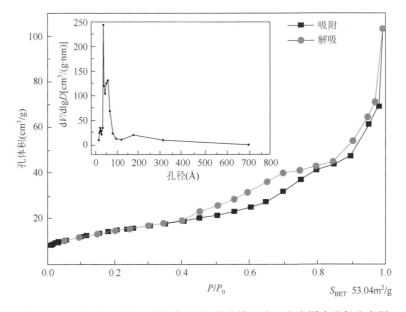

图 4-11 双壳 $WO_3@TiO_2$ 的氮气吸附-脱附等温线，内嵌图为孔径分布图

表 4-1 WO_3、TiO_2、单壳 WO_3-TiO_2、双壳 $WO_3@TiO_2$ 空心球的比表面积、孔体积和平均孔径

样品	S_{BET}(m²/g)	V_{tot}(cm³/g)	D(nm)
WO_3	28.30	0.0101	2.018
TiO_2	34.48	0.0150	2.121
WO_3-TiO_2	46.42	0.0332	2.004
$WO_3@TiO_2$	53.04	0.1066	8.042

在不同的 pH 条件下，TiO_2 空心球和 WO_3 空心球分别带不同的电荷（图 4-12）。调节 pH 的范围（2~5），使双壳 $WO_3@TiO_2$ 空心球的外层和内层分别带上正电荷和负电荷，通过静电吸附，提高催化剂和污染物（包括阳离子和阴离子芳香族污染物）之间的亲和力，提高污染物在催化剂表面的覆盖率，进而提高吸附性能。通过暗吸附反应，双壳 $WO_3@TiO_2$ 比 WO_3、TiO_2、单壳 WO_3-TiO_2 表现出更高的吸附活性。通过吸附阳离子染料甲基紫实验对比可知，双壳 $WO_3@TiO_2$、单壳 WO_3-TiO_2、WO_3、TiO_2 的吸附率分别为 98%、58%、69%、10%。其他几种阴阳离子染料的吸附率见图 4-13。结果表明，调控纳米材料的结构可以提高吸附性能。

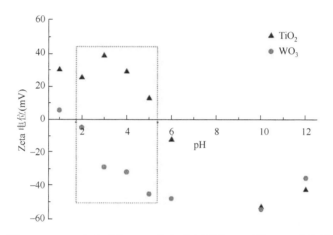

图 4-12　TiO_2 空心球和 WO_3 空心球在不同 pH 下的 Zeta 电位图

为了验证不同结构催化剂对光催化性能的影响，将五种光催化剂，包括单壳 WO_3、TiO_2、P25、单壳 WO_3-TiO_2、双壳 $WO_3@TiO_2$，用于可见光光降解罗丹明 B（或 4-硝基苯胺，阳离子污染物）和甲基橙（或均苯三甲酸，阴离子污染物）

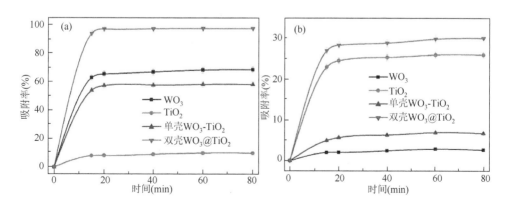

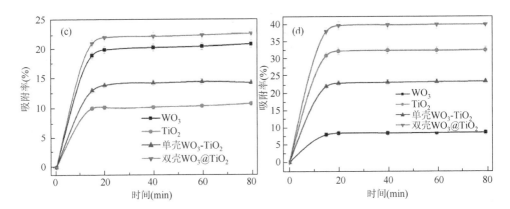

图 4-13　WO₃、TiO₂、单壳 WO₃-TiO₂ 及双壳 WO₃@TiO₂ 暗吸附速率研究
(a) 甲基紫（阳离子污染物）；(b) 酸性紫 43（阴离子污染物）；(c) 4-硝基苯胺（阳离子污染物）；
(d) 均苯三甲酸（阴离子污染物）

实验，数据经过第一阶动力学方程拟合后示于图 4-14。$\ln(C_0/C)$ 和时间之间的线性关系表明，光降解反应遵循准一级动力学。由光催化实验对此可知，双壳 WO₃@TiO₂ 比单壳 WO₃、单壳 TiO₂、P25、单壳 WO₃-TiO₂ 展现出更高的催化活性。双壳 WO₃@TiO₂ 在短时间内可见光降解罗丹明 B 的速率达到 99%。同时，为了进行更全面比较，还研究了其他三种芳族污染物可见光降解的行为（图 4-14，表 4-2，表 4-3）。双壳 WO₃@TiO₂ 催化剂表现出高的吸附性能和光催化活性可能归因于下列几个原因（图 4-15）：①双壳 WO₃@TiO₂ 外层和内层分别带上正电荷和负电荷提高了污染物的吸附能力；②WO₃@TiO₂ 有序的双壳结构提高了可见光的响应范围；③双壳 WO₃@TiO₂ 产生的协同效应提高了光生电子与空穴的分离，进而提高光催化活性。这种双壳纳米金属氧化物复合材料提供了高性能催化剂制备的研究思路，如 V₂O₅@TiO₂、WO₃@ZnO、WO₃@ZrO₂、WO₃@Ga₂O₃、V₂O₅@ZnO、V₂O₅@ZrO₂ 和 V₂O₅@Ga₂O₃（表 4-4）。

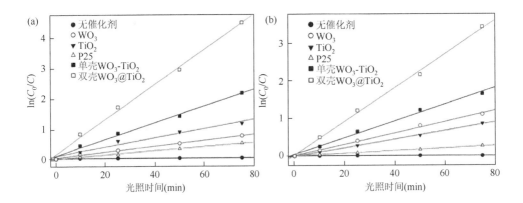

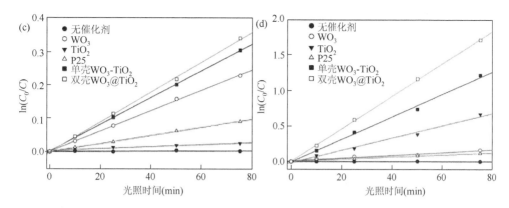

图 4-14 WO$_3$、TiO$_2$、P25、单壳 WO$_3$-TiO$_2$ 及双壳 WO$_3$@TiO$_2$ 光降解速率研究
（a）罗丹明 B；（b）甲基橙；（c）4-硝基苯胺；（d）均苯三甲酸

表 4-2 WO$_3$、TiO$_2$、P25、单壳 WO$_3$-TiO$_2$、双壳 WO$_3$@TiO$_2$ 可见光降解速率常数 k

样品	k(min^{-1})			
	罗丹明 B	甲基橙	4-硝基苯胺	均苯三甲酸
WO$_3$	0.0098	0.015	0.0036	0.0019
TiO$_2$	0.015	0.011	0.0003	0.0087
P25	0.0069	0.0035	0.0012	0.0015
WO$_3$-TiO$_2$	0.028	0.022	0.0040	0.016
WO$_3$@TiO$_2$	0.058	0.045	0.0045	0.023

表 4-3 WO$_3$、TiO$_2$、P25、单壳 WO$_3$-TiO$_2$、双壳 WO$_3$@TiO$_2$ 可见光降解相关系数 R^2

样品	R^2			
	罗丹明 B	甲基橙	4-硝基苯胺	均苯三甲酸
WO$_3$	0.996	0.996	0.999	0.957
TiO$_2$	0.969	0.998	0.935	0.989
P25	0.994	0.999	0.999	0.982
WO$_3$-TiO$_2$	0.992	0.993	0.999	0.996
WO$_3$@TiO$_2$	0.996	0.998	0.999	0.999

4.3.3 TiO$_2$@WO$_3$/Au 空心球的形貌结构及其吸附和光催化性能

为了进一步证明具有双亲性的纳米材料能够提高对阴阳离子染料的吸附，解

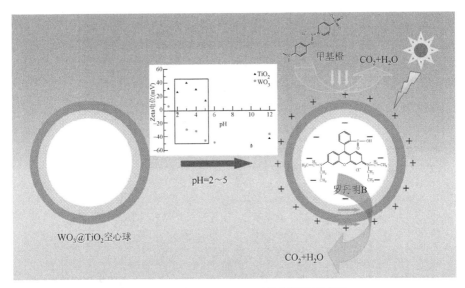

图 4-15 双壳 $WO_3@TiO_2$ 可见光降解示意图

表 4-4 半导体纳米材料的等电点

半导体纳米材料	TiO_2	WO_3	ZnO	ZrO_2	V_2O_5	Ga_2O_3
等电点	6.2	0.4~0.6	8.7~10.6	9.8~10.5	1.0~2.5	9.0

决纳米材料单一性吸附问题,通过对可见光响应的半导体及贵金属的复合,提高了 TiO_2 对太阳光的利用效率。在前期研究基础上制备得到了 $TiO_2@WO_3/Au$ 空心球,合成路线见第 2 章。

为了确定煅烧温度,进行热分析表征(TG)。根据 TG 结果(图 4-16)可知,

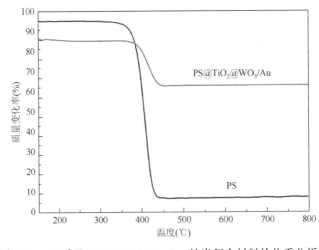

图 4-16 PS 球及 $PS@TiO_2@WO_3/Au$ 纳米复合材料的热重分析图

PS@TiO$_2$@WO$_3$/Au 的 TG 图中低于 300℃的质量损失是样品的残留溶剂和物理吸附水分的蒸发所致，320~450℃之间的质量损失为有机大分子的质量损失，即 PS 球的去除，发现在 550℃煅烧时 PS 球可以被完全去除。为了进一步确定样品的分子结构，进行红外光谱表征，对比红外光谱图 [图 4-17（a）] 可知，TiO$_2$@WO$_3$/Au 空心球的红外吸收峰在 500~1000cm^{-1}，其中，500~800cm^{-1} 为 Ti—O、W—O 以及 W—O—W 特征峰，这表明空心球的壳是由 WO$_3$ 和 TiO$_2$ 组成。利用拉曼光谱对 TiO$_2$@WO$_3$/Au 进行晶相结构分析，TiO$_2$@WO$_3$/Au 的拉曼光谱图进一步证实空心球的壳是由 WO$_3$ 和 TiO$_2$ 组成 [图 4-17（b）]。

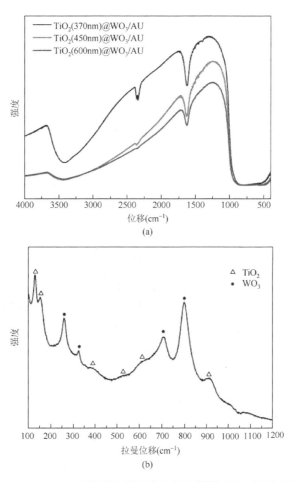

图 4-17　TiO$_2$@WO$_3$/Au 纳米复合材料的红外光谱图（a）、拉曼光谱图（b）

对比双壳 TiO$_2$@WO$_3$/Au 纳米复合材料的 SEM 图 [图 4-18（a）] 与 TEM 图 [图 4-18（b）] 可知，确实制备得到负载贵金属的双壳空心球纳米复合材料。从

图 4-18（c）中可以直观观察到 $TiO_2@WO_3/Au$ 结构分布的层数、每一层的厚度以及负载有 Au 纳米颗粒。$TiO_2@WO_3/Au$ 纳米复合材料的高分辨透射电子显微镜图（HRTEM）显示出四种类型的条纹晶格，其中 0.351nm 的晶格间距与 TiO_2 的（101）晶面间距相吻合，0.384nm、0.376nm 以及 0.363nm 的晶格间距与 WO_3 的（002）、（020）以及（200）晶面间距相吻合 [图 4-18（d）]，证实了纳米复合材料含有 TiO_2 和 WO_3。这些单个纳米粒子的多晶性质也由选区电子衍射图（SAED）证实 [图 4-18（e）]。在 HAADF-STEM 面扫分布图中橙色、黄色和蓝色的区域表示的是 Ti、W 和 Au 富集区域，以上各表征说明 $TiO_2@WO_3/Au$ 空心球确实是由 TiO_2 壳、WO_3 壳和 Au 纳米颗粒构成 [图 4-18（f）]。对不同尺寸大小的纳米复合材料进行 TEM、EDX 及 HAADF-STEM 表征并对比其差异，HAADF-STEM 图证明 $TiO_2@WO_3/Au$ 均具有分层结构，说明尺寸大小不影响双层结构的制备（图 4-19）。对比纳米复合材料的能量色散 X 射线分析（EDX）表征，结果表明相同浓度的前驱体在不同尺寸的模板下，制备出来的壳层厚度不一样，其相对含量也不一样。为了进一步证明不同催化剂结构上的差异，对不同尺寸大小的 $TiO_2@WO_3/Au$ 纳米复合材料与单壳 TiO_2-WO_3 的 HAADF-STEM 图进行对比。结果表明，不同尺寸大小的

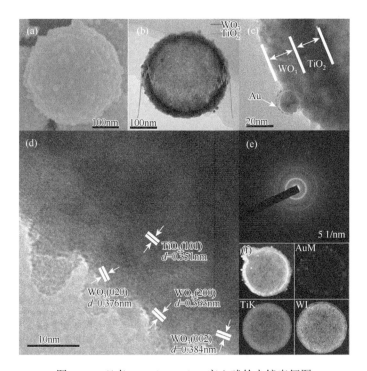

图 4-18 双壳 $TiO_2@WO_3/Au$ 空心球的电镜表征图

(a) SEM 图；(b，c) TEM 图；(d) HRTEM 图；(e) SAED 图；(f) HAADF-STEM 图

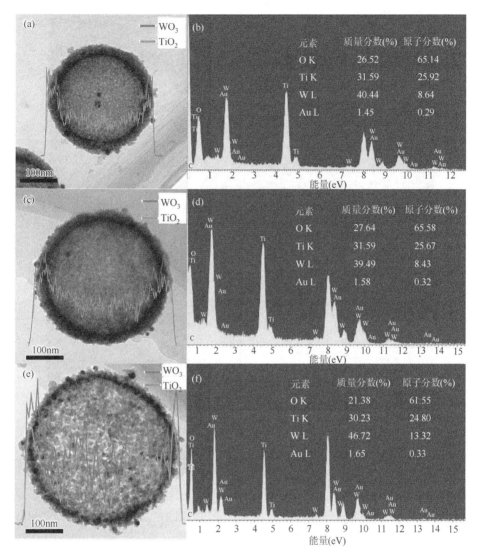

图 4-19 双壳 TiO_2@WO_3/Au 的 TEM、EDX 及 HAADF-STEM 图

(a, b) 370nm; (c, d) 450nm; (e, f) 600nm

TiO_2@WO_3/Au 中 Ti 和 W 的面扫元素分布图是分层结构,Au 纳米颗粒负载在外表面,这表明 TiO_2@WO_3/Au 是双壳的负载 Au 颗粒的纳米复合材料。而 TiO_2-WO_3 中的 Ti 和 W 的面扫元素分布图是单层结构,表明 TiO_2-WO_3 是单壳纳米结构(图 4-20)。

为了进一步探索纳米材料结构对光催化活性的影响,对 WO_3、TiO_2、单壳 TiO_2-WO_3、双壳 TiO_2@WO_3/Au 空心球结构进行 TEM 表征对比(图 4-21)。结果表明,不同结构纳米材料其电镜表征的形貌具有一定差异,由图可以清

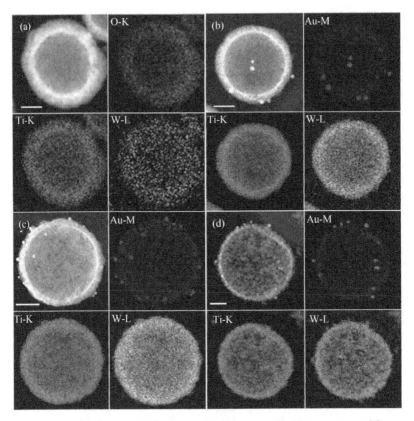

图 4-20 单壳 TiO_2-WO_3 及双壳 TiO_2@WO_3/Au 的 HAADF-STEM 图

(a) TiO_2-WO_3；(b) TiO_2@WO_3/Au 370nm；(c) TiO_2@WO_3/Au 450nm；(d) TiO_2@WO_3/Au 600nm

晰地识别单壳和双壳结构，这为后续催化活性的对比提供了一定参考依据。而纳米材料的组成是影响光催化活性的另一个重要原因，如双壳 TiO_2（370nm）@WO_3/Au 空心球中 Ti、W 和 Au 原子分数分别为 25.92%、8.64%和 0.29%

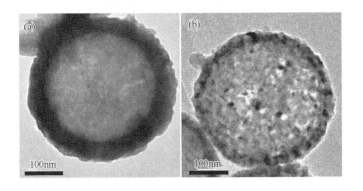

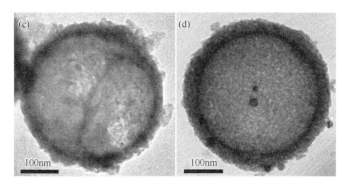

图 4-21　WO_3（a）、TiO_2（b）、单壳 TiO_2-WO_3（c）、双壳 TiO_2@WO_3/Au（d）空心球的 TEM 图

（图 4-19），而单壳 TiO_2-WO_3 空心球中 Ti 和 W 原子分数分别为 22.12%和 24.42%（图 4-22）。

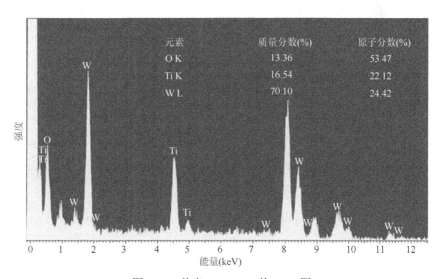

图 4-22　单壳 TiO_2-WO_3 的 EDX 图

为了探索纳米材料的晶格形态，进行 X 射线衍射谱图表征（图 4-23）。由图 4-23 可知，TiO_2 纳米材料图谱存在明显的锐钛矿特征峰，无金红石或板钛矿相特征峰，说明其具有较好的结晶度。其中 TiO_2 锐钛矿特征峰 25.22、37.78、47.94、54.15、54.96 及 62.69 分别与锐钛矿 TiO_2 晶面（101）、（004）、（200）、（105）、（211）及（204）的标准图谱相吻合（JCPDS NO. 21-1272）。而 WO_3 特征峰 23.07、23.59、24.33、26.58、28.87、33.20、34.15、35.67、41.95 及 49.96 分别对应六方单斜相 WO_3 晶面（002）、（020）、（200）、（120）、（112）、（022）、（202）、（122）、（222）

及（140）的标准图谱（JCPDS NO. 43-1035）。对比 TiO$_2$ 及 WO$_3$ 的标准图谱，可以推断出图 4-23 中的双壳 TiO$_2$@WO$_3$/Au 及单壳 TiO$_2$-WO$_3$ 的壳层是由锐钛矿的 TiO$_2$ 和六方单斜相的 WO$_3$ 组成，且双壳 TiO$_2$@WO$_3$/Au 纳米复合材料具有较好的结晶度。其中在 38.2°存在一个弱峰，表明在 TiO$_2$@WO$_3$/Au 中有少量的 Au 存在。

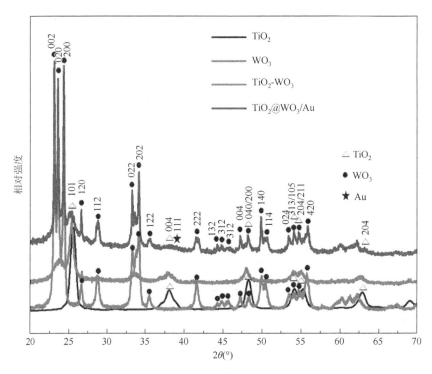

图 4-23　TiO$_2$、WO$_3$、TiO$_2$-WO$_3$ 和 TiO$_2$@WO$_3$/Au 的 XRD 谱图

图 4-24 显示双壳 TiO$_2$@WO$_3$/Au 的 XPS 谱图，由图可知结合能峰值 458.5eV 和 464.2eV 分别归属于 Ti^{4+}2p$_{3/2}$ 和 Ti^{4+}2p$_{1/2}$，这表明 Ti 元素的确以 +4 价的形式存在[38]。位于 529.8eV 和 531.2eV 的峰分别归属于 TiO$_2$ 晶格中的 O L 和化学吸附水中的氧，位于 532.5eV 处的峰可能归属于 W—O—Ti 键中的氧。W 5p$_{3/2}$，W 4f$_{3/2}$ 和 W 4f$_{7/2}$ 结合能峰值的位置与 W 元素 +6 价的结合能峰值位置一致，表明 W 元素的确以 +6 价的形式存在。双壳 TiO$_2$@WO$_3$/Au 的 XPS 图中 Au 纳米颗粒的结合能峰值为 84.2eV 和 87.8eV，分别与 Au 4f$_{7/2}$ 和 Au 4f$_{5/2}$ 对应，这与文献中报道的一致，表明 Au 颗粒确实负载在 TiO$_2$@WO$_3$/Au 复合材料中[39]。Au 纳米颗粒沉积在 WO$_3$ 壳层中充当电子陷阱位置和 SPR 敏化剂，因此光生电子-空穴分离率得到提高，即 Au 纳米颗粒是电子转移的关键因素。

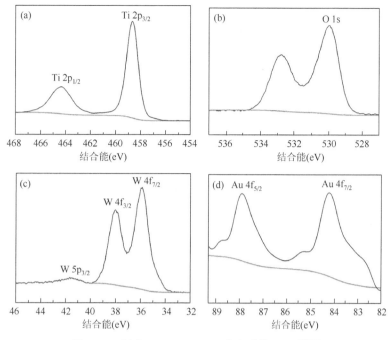

图 4-24 双壳 $TiO_2@WO_3/Au$ 空心球的 XPS 谱图
(a) Ti 2p; (b) O 1s; (c) W 5p, W 4f; (d) Au 4f

根据 WO_3、TiO_2、单壳 TiO_2-WO_3 及双壳 $TiO_2@WO_3/Au$ 空心球的紫外可见光谱图可以推断出 TiO_2 和 WO_3 空心球的最大吸收波长分别是400nm 和500nm（图 4-25），由 Kubelka Munk 函数推算其禁带宽度分别为 3.2eV 和 2.7eV[36, 37]。而单壳 TiO_2-WO_3 和双壳 $TiO_2@WO_3/Au$ 空心球的吸收波长分别为 430nm 和 470nm，其中 500～600nm 的吸收波长为负载在 $TiO_2@WO_3/Au$ 上 Au 纳米颗粒表面等离子共振特性产生的吸收。与 TiO_2 吸收波长相比，双壳 $TiO_2@WO_3/Au$ 提高可见光响应的范围，

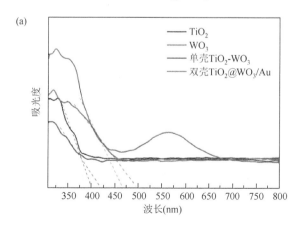

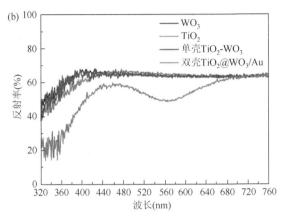

图 4-25　WO_3、TiO_2、TiO_2-WO_3、TiO_2@WO_3/Au 的紫外可见光谱图（a）和紫外可见漫反射光谱图（b）

缩小的禁带宽度促进催化剂上价电子由基态到激发态的跃迁，从而提高其可见光催化性能。

材料的孔结构对于材料的很多性质有很大甚至是决定性的作用，因此利用比表面及孔隙度分析仪对 WO_3、TiO_2、单壳 TiO_2-WO_3 及不同尺寸双壳 TiO_2@WO_3/Au 空心球的结构进行比表面积等测试（表 4-5）。结果表明，双壳 TiO_2@WO_3/Au 空心球的氮气吸附-脱附等温曲线（图 4-26）的形状为典型的Ⅳ型吸附曲线类型，Ⅳ型等温曲线是介孔固体最普遍出现的吸附行为，证明双壳 TiO_2@WO_3/Au 是一个介孔纳米材料，这有利于对污染物的吸附。

表 4-5　WO_3、TiO_2、单壳 TiO_2-WO_3、双壳 TiO_2@WO_3/Au 空心球的比表面积、孔体积和平均孔径

样品	S_{BET}(m²/g)	V_{tot}(cm³/g)	D(nm)
WO_3	28	0.11	12.0
TiO_2	40	0.15	14.5
TiO_2-WO_3	43	0.13	15.0
TiO_2（370nm）@WO_3/Au	45	0.10	8.9
TiO_2（450nm）@WO_3/Au	42	0.10	12.6
TiO_2（600nm）@WO_3/Au	40	0.06	8.7

调节 pH 的范围（2~5），使得双壳 TiO_2@WO_3/Au 空心球的外层和内层分别带上正电荷和负电荷，通过静电吸附，提高催化剂和污染物（包括阳离子和阴离子芳香族污染物）之间的亲和力，提高了污染物在催化剂表面的覆盖率，进而提高吸附性能。通过暗吸附反应，双壳 TiO_2@WO_3/Au 比 WO_3、TiO_2、单壳 TiO_2-WO_3

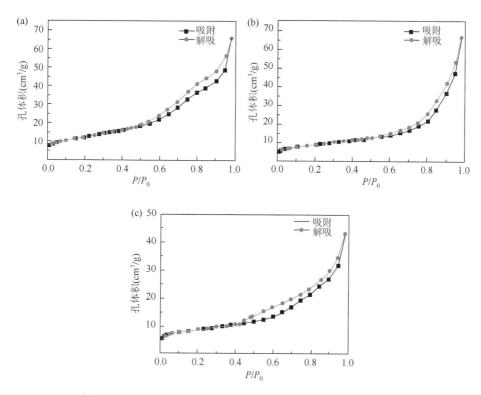

图 4-26 不同尺寸双壳 TiO$_2$@WO$_3$/Au 的氮气吸附-脱附等温线

(a) 370nm；(b) 450nm；(c) 600nm

表现出更高的吸附活性。通过吸附阳离子染料罗丹明 B 实验可知，双壳 TiO$_2$@WO$_3$/Au、单壳 TiO$_2$-WO$_3$、WO$_3$ 和 TiO$_2$ 的吸附率分别为 28%、7%、20%和 6%。双壳 TiO$_2$@WO$_3$/Au 外层和内层分别带正电荷和负电荷，所以比单壳 TiO$_2$-WO$_3$ 更具有吸附活性。其他几种阴阳离子染料的吸附率见图 4-27。结果表明，调控纳米材料的结构确实可以提高吸附性能。

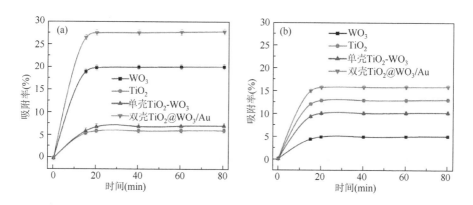

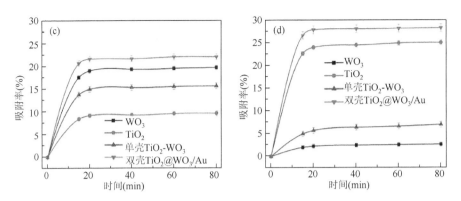

图 4-27　WO_3、TiO_2、单壳 TiO_2-WO_3、双壳 TiO_2@WO_3/Au 的暗吸附活性研究
（a）罗丹明 B（阳离子污染物）；（b）甲基橙（阴离子污染物）；（c）4-硝基苯胺（阳离子污染物）；
（d）酸性紫 43（阴离子污染物）

为了研究催化剂结构对光催化作用的影响，七种光催化剂包括 WO_3、TiO_2、P25、单壳 TiO_2-WO_3 及三种不同大小的双壳 TiO_2@WO_3/Au，用于可见光光降解罗丹明 B 实验，数据经过第一阶动力学方程拟合后示于图 4-28、表 4-6、表 4-7。

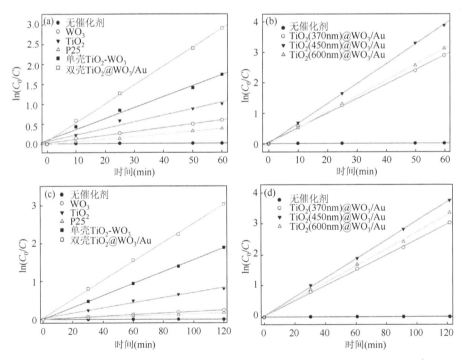

图 4-28　WO_3、TiO_2、P25、单壳 TiO_2-WO_3 及不同尺寸双壳 TiO_2@WO_3/Au 光降解速率研究
（a，b）罗丹明 B；（c，d）均苯三甲酸

为了进一步证明纳米材料的光催化活性,还对均苯三甲酸进行了相同的实验操作,其中均苯三甲酸是一种无色芳香污染物。双壳 TiO_2@WO_3/Au 比 P25 展现出更高的催化活性。双壳 TiO_2(370nm)@WO_3/Au 在短时间内可见光降解罗丹明 B 和均苯三甲酸的速率分别是 94%及 95%,比 P25 分别增长 62%和 80%。同时,$\ln(C_0/C)$ 和时间之间的线性关系表明,光降解反应遵循准一级动力学,其中 WO_3、TiO_2、P25、单壳 TiO_2-WO_3 和双壳 TiO_2(370nm)@WO_3/Au 可见光降解罗丹明 B 的速率常数分别为 $0.0097min^{-1}$、$0.016min^{-1}$、$0.0066min^{-1}$、$0.027min^{-1}$ 和 $0.047min^{-1}$。通过实验数据可知,双壳 TiO_2@WO_3/Au 具有较高的催化活性。通过对比污染物光降解前后总有机碳的含量可以得到相同的结论(表 4-8),TiO_2(370nm)@WO_3/Au 光降解罗丹明 B 和均苯三甲酸后,总有机碳分别降低 66%和 49%。

表 4-6 WO_3、TiO_2、P25、单壳 TiO_2-WO_3、双壳 TiO_2@WO_3/Au 可见光降解速率常数 k

样品	$k(min^{-1})$	
	罗丹明 B	均苯三甲酸
WO_3	0.0097	0.0020
TiO_2	0.016	0.0067
P25	0.0066	0.0014
单壳 TiO_2-WO_3	0.027	0.016
双壳 TiO_2(370nm)@WO_3/Au	0.047	0.025
双壳 TiO_2(450nm)@WO_3/Au	0.065	0.031
双壳 TiO_2(600nm)@WO_3/Au	0.052	0.027

表 4-7 WO_3、TiO_2、P25、单壳 TiO_2-WO_3、双壳 TiO_2@WO_3/Au 可见光降解相关系数 R^2

样品	R^2	
	罗丹明 B	均苯三甲酸
WO_3	0.995	0.997
TiO_2	0.975	0.986
P25	0.995	0.990
单壳 TiO_2-WO_3	0.989	0.999
双壳 TiO_2(370nm)@WO_3/Au	0.998	0.999
双壳 TiO_2(450nm)@WO_3/Au	0.999	0.999
双壳 TiO_2(600nm)@WO_3/Au	0.999	0.998

表 4-8　光催化前后总有机碳对比

样品	TOC（mg/L）	
	罗丹明 B[a]	均苯三甲酸[b]
WO_3	3.519	2.749
TiO_2	3.244	2.491
P25	3.647	2.824
单壳 TiO_2-WO_3	2.24	2.063
双壳 TiO_2（370nm）@WO_3/Au	1.294	1.481
双壳 TiO_2（450nm）@WO_3/Au	1.246	1.269
双壳 TiO_2（600nm）@WO_3/Au	1.261	1.645

a. 罗丹明 B：TOC，3.757mg/L；处理时间，60min。
b. 均苯三甲酸：TOC，2.929mg/L；处理时间，120min。

双壳 TiO_2（370nm）@WO_3/Au 比单壳 TiO_2-WO_3 具有更好的催化活性，是因为 Au 纳米颗粒能有效地接收 WO_3 产生的光生电子，促进了 WO_3 光生电子与空穴的分离，进而提高光催化活性[32]。对比不同 TiO_2 基光催化剂的光催化活性，结果表明，TiO_2 空心球与 WO_3 壳和 Au 纳米颗粒偶联产生的协同效应提高了光催化性能（表 4-9）。对不同尺寸的 TiO_2@WO_3/Au 纳米复合材料进行光催化对比，结果表明，双壳 TiO_2（450nm）@WO_3/Au 表现出更高的催化活性。纳米复合材料光催化活性次序是 TiO_2(450nm)@WO_3/Au＞TiO_2(600nm)@WO_3/Au＞TiO_2(370nm)@WO_3/Au（图 4-28、表 4-6、表 4-7）。尺寸为 450nm 的双壳 TiO_2@WO_3/Au 在短时间内可见光降解罗丹明 B 的速率最高，说明可通过合适尺寸的、分层的空心球结构来促进光生电子-空穴的分离。因此，TiO_2（450nm）@WO_3/Au 为最佳的光电催化剂。

表 4-9　不同 TiO_2 基光催化剂的光催化活性对比

样品	k(min^{-1})	光源	对象	文献
核壳 Au@TiO_2	0.014	可见光	罗丹明 B	[40]
r-GO/AuNP/m-TiO_2	0.012	可见光	罗丹明 B	[41]
单壳 TiO_2-WO_3	0.027	可见光	罗丹明 B	本工作
双壳 WO_3@TiO_2	0.058	可见光	罗丹明 B	本工作
双壳 TiO_2（450nm）@WO_3/Au	0.065	可见光	罗丹明 B	本工作

如紫外可见漫反射光谱图（图 4-29、图 4-30）所示，525～625nm 产生的

吸收峰主要是 TiO$_2$@WO$_3$/Au 上负载的 Au 纳米颗粒表面等离子共振所产生的吸收。SPR 峰发生红移可能是受空心球尺寸的影响，其中 450nm 产生的红移最大，说明 TiO$_2$（450nm）@WO$_3$/Au 具有较好的可见光吸收范围。荧光发射光谱主要由激发的电子与空穴的复合引起，从荧光发射光谱图可以得知 TiO$_2$（450nm）@WO$_3$/Au 具有较弱的荧光强度，说明 TiO$_2$（450nm）@WO$_3$/Au 具有较高的电子与空穴的分离效率[42]。实验结果表明，450nm 尺寸大小的纳米复合材料具有较佳的光催化活性，这为后续的基础研究提供了一定的参考依据（图 4-31、图 4-32）。

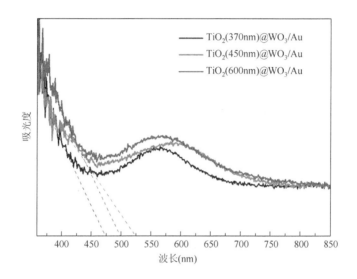

图 4-29 不同尺寸双壳 TiO$_2$@WO$_3$/Au 纳米复合材料的紫外可见吸收光谱图

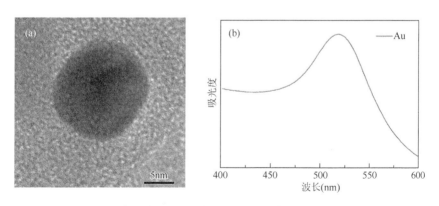

图 4-30 （a）Au 纳米颗粒的 TEM 图；（b）Au 纳米颗粒的紫外可见吸收光谱图

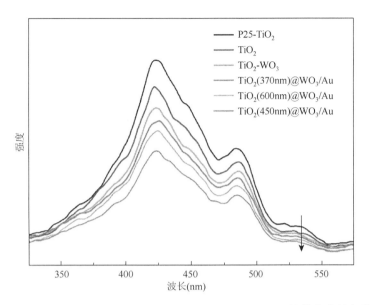

图 4-31　P25、TiO_2、TiO_2-WO_3 及不同尺寸 TiO_2@WO_3/Au 的荧光发射光谱图

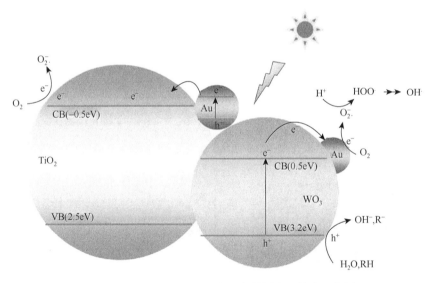

图 4-32　TiO_2@WO_3/Au 纳米复合材料电子转移示意图

4.4　小结与展望

本章证明了一种新颖的方法，以具有双壳结构和"内外层分别带正负电荷"，制备得到的双壳纳米金属氧化物复合材料可高效吸附阳离子芳香族污染物（罗丹

· 126 ·

明 B、甲基紫、4-硝基苯胺）和阴离子芳香族污染物（甲基橙、酸性紫 43、均苯三甲酸）。且其对阴阳离子染料具有较高的光催化活性，光催化降解活性依次是双壳 $WO_3@TiO_2$＞单壳 WO_3-TiO_2＞P25。结果揭示 TiO_2 与 WO_3 耦合不仅可同时吸附阴阳离子型污染物，而且在光催化性能方面具有协同效应。双壳 $WO_3@TiO_2$ 纳米金属氧化物复合材料在结构上也为其他类似 $M_XO@N_YO$ 这种双壳纳米金属氧化物复合材料提供了研究思路，如 $V_2O_5@TiO_2$、$WO_3@ZnO$、$WO_3@ZrO_2$、$WO_3@Ga_2O_3$、$V_2O_5@ZnO$、$V_2O_5@ZrO_2$ 和 $V_2O_5@Ga_2O_3$。为了进一步提高光催化效率，在原来基础上设计双壳 $TiO_2@WO_3$/Au 这一高性能可见光驱动的光催化剂。通过调控适当的空心球大小、不同等电点和不同带隙的两种光催化剂的壳壳组合以及助催化剂（如 Au 纳米颗粒）的添加，改善了非均相光催化活性。这种光催化剂结构独特而新颖，通过有机污染物的光催化分解来表现出高效的催化性能。双壳 $TiO_2@WO_3$/Au 纳米金属氧化物复合材料在结构上也为其他类似 $M_XO@N_YO$/Au 这种双壳纳米金属氧化物复合材料提供了研究思路，在环境处理中具有潜在的应用价值。

参 考 文 献

[1] Xu X, Randorn C, Efstathiou P, et al. A red metallic oxide photocatalyst[J]. Nat. Mater., 2012, 11(7): 595-598.

[2] Shannon M A, Bohn P W, Elimelech M, et al. Science and technology for water purification in the coming decades [J]. Nature, 2008, 452(7185): 301-310.

[3] Yoon T P, Ischay M A, Du J. Visible light photocatalysis as a greener approach to photochemical synthesis [J]. Nat. Chem., 2010, 2(7): 527-532.

[4] Li R, Zhang F, Wang D, et al. Spatial separation of photogenerated electrons and holes among {010} and {110} crystal facets of $BiVO_4$ [J]. Nat. Commun., 2013, 4: 1432.

[5] Mubeen S, Lee J, Singh N, et al. An autonomous photosynthetic device in which all charge carriers derive from surface plasmons [J]. Nat. Nanotechnol., 2013, 8(4): 247-251.

[6] Chen W, Fan Z, Zhang B, et al. Enhanced visible-light activity of titania via confinement inside carbon nanotubes [J]. J. Am. Chem. Soc., 2011, 133(38): 14896-14899.

[7] Zhang H, Lv X, Li Y, et al. P25-graphene composite as a high performance photocatalyst [J]. ACS Nano, 2009, 4(1): 380-386.

[8] Zhang J, Xu Q, Feng Z, et al. Importance of the relationship between surface phases and photocatalytic activity of TiO_2 [J]. Angew. Chem. Int. Edit., 2008, 47(9): 1766-1769.

[9] Varghese O K, Paulose M, LaTempa T J, et al. High-rate solar photocatalytic conversion of CO_2 and water vapor to hydrocarbon fuels [J]. Nano Lett., 2009, 9(2): 731-737.

[10] Jing L, Zhou W, Tian G, et al. Surface tuning for oxide-based nanomaterials as efficient photocatalysts [J]. Chem. Soc. Rev., 2013, 42(24): 9509-9549.

[11] Li S, Chen J, Zheng F, et al. Synthesis of the double-shell anatase-rutile TiO_2 hollow spheres with enhanced photocatalytic activity [J]. Nanoscale, 2013, 5(24): 12150-12155.

[12] Cao J, Zhu Y, Bao K, et al. Microscale Mn_2O_3 hollow structures: Sphere, cube, ellipsoid, dumbbell, and their phenol adsorption properties [J]. J. Phys. Chem. C, 2009, 113(41): 17755-17760.

[13]　Hu J, Chen M, Fang X, et al. Fabrication and application of inorganic hollow spheres [J]. Chem. Soc. Rev., 2011, 40(11): 5472-5491.

[14]　Heutz N A, Dolcet P, Birkner A, et al. Inorganic chemistry in a nanoreactor: Au/TiO$_2$ nanocomposites by photolysis of a single-source precursor in miniemulsion [J]. Nanoscale, 2013, 5(21): 10534-10541.

[15]　Cai J, Wu X, Li S, et al. Synergistic effect of double-shelled and sandwiched TiO$_2$@Au@C hollow spheres with enhanced visible-light-driven photocatalytic activity [J]. ACS Appl. Mater. Inter., 2015, 7(6): 3764-3772.

[16]　Parks G A. The isoelectric points of solid oxides, solid hydroxides, and aqueous hydroxo complex systems [J]. Chem. Rev., 1965, 65(2): 177-198.

[17]　Chen D, Gao L, Yasumori A, et al. Size-and shape-controlled conversion of tungstate-based inorganic-organic hybrid belts to WO$_3$ nanoplates with high specific surface areas [J]. Small, 2008, 4(10): 1813-1822.

[18]　Chen X, Mao S S. Titanium dioxide nanomaterials: Synthesis, properties, modifications, and applications [J]. Chem. Rev., 2007, 107(7): 2891-2959.

[19]　Shang S, Jiao X, Chen D. Template-free fabrication of TiO$_2$ hollow spheres and their photocatalytic properties [J]. ACS Appl. Mater. Inter., 2012, 4(2): 860-865.

[20]　Thompson T L, Yates J T. Surface science studies of the photoactivation of TiO$_2$ new photochemical processes [J]. Chem. Rev., 2006, 106(10): 4428-4453.

[21]　Yang J, Zhang X, Liu H, et al. Heterostructured TiO$_2$/WO$_3$ porous microspheres: Preparation, characterization and photocatalytic properties [J]. Catal. Today, 2013, 201: 195-202.

[22]　Yang X L, Dai W L, Guo C, et al. Synthesis of novel core-shell structured WO$_3$/TiO$_2$ spheroids and its application in the catalytic oxidation of cyclopentene to glutaraldehyde by aqueous H$_2$O$_2$ [J]. J. Catal., 2005, 234(2): 438-450.

[23]　Lu Y, Yuan M, Liu Y, et al. Photoelectric performance of bacteria photosynthetic proteins entrapped on tailored mesoporous WO$_3$-TiO$_2$ films [J]. Langmuir, 2005, 21(9): 4071-4076.

[24]　Cai G, Wang X, Zhou D, et al. Hierarchical structure Ti-doped WO$_3$ film with improved electrochromism in visible-infrared region [J]. RSC Adv., 2013, 3(19): 6896-6905.

[25]　Nah Y C, Ghicov A, Kim D, et al. TiO$_2$-WO$_3$ composite nanotubes by alloy anodization: Growth and enhanced electrochromic properties [J]. J. Am. Chem. Soc., 2008, 130(48): 16154-16155.

[26]　Lu B, Li X, Wang T, et al. WO$_3$ nanoparticles decorated on both sidewalls of highly porous TiO$_2$ nanotubes to improve UV and visible-light photocatalysis [J]. J. Mater. Chem. A, 2013, 1(12): 3900-3906.

[27]　Nah Y C, Paramasivam I, Hahn R, et al. Nitrogen doping of nanoporous WO$_3$ layers by NH$_3$ treatment for increased visible light photoresponse [J]. Nanotechnology, 2010, 21(10): 105704.

[28]　Smith W, Wolcott A, Fitzmorris R C, et al. Quasi-core-shell TiO$_2$/WO$_3$ and WO$_3$/TiO$_2$ nanorod arrays fabricated by glancing angle deposition for solar water splitting [J]. J. Mater. Chem., 2011, 21(29): 10792-10800.

[29]　Smith W, Zhao Y. Enhanced photocatalytic activity by aligned WO$_3$/TiO$_2$ two-layer nanorod arrays [J]. J. Phys. Chem. C, 2008, 112(49): 19635-19641.

[30]　Vuong N M, Kim D, Kim H. Electrochromic properties of porous WO$_3$-TiO$_2$ core-shell nanowires [J]. J. Mater. Chem. C, 2013, 1(21): 3399-3407.

[31]　Lv K, Li J, Qing X, et al. Synthesis and photo-degradation application of WO$_3$/TiO$_2$ hollow spheres [J]. J. Hazard. Mater., 2011, 189(1): 329-335.

[32]　Tanaka A, Hashimoto K, Ko minami H. Visible-light-induced hydrogen and oxygen formation over Pt/Au/WO$_3$ photocatalyst utilizing two types of photoabsorption due to surface plasmon resonance and band-gap excitation [J]. J. Am. Chem. Soc., 2014, 136(2): 586-589.

[33] Chen Y, Hu C, Hu X, et al. Indirect photodegradation of a mine drugs in aqueous solution under simulated sunlight [J]. Environ. Sci. Technol., 2009, 43(8): 2760-2765.

[34] Matos J, Laine J, Herrmann J M. Synergy effect in the photocatalytic degradation of phenol on a suspended mixture of titania and activated carbon [J]. Appl. Catal. B, 1998, 18(3): 281-291.

[35] Agrawal M, Gupta S, Pich A, et al. Template-assisted fabrication of magnetically responsive hollow titania capsules [J]. Langmuir, 2010, 26(22): 17649-17655.

[36] Xi G, Yan Y, Ma Q, et al. Synthesis of multiple-shell WO_3 hollow spheres by a binary carbonaceous template route and their applications in visible-light photocatalysis [J]. Chem-Eur. J., 2012, 18(44): 13949-13953.

[37] Wu X, Tian Y, Cui Y, et al. Raspberry-like silica hollow spheres: Hierarchical structures by dual latex-surfactant templating route [J]. J. Phys. Chem. C, 2007, 111(27): 9704-9708.

[38] Zhuang J, Tian Q, Zhou H, et al. Hierarchical porous TiO_2@C hollow microspheres: One-pot synthesis and enhanced visible-light photocatalysis [J]. J. Mater. Chem., 2012, 22(14): 7036-7042.

[39] Daniel M C, Astruc D. Gold nanoparticles: Assembly, supramolecular chemistry, quantum-size-related properties, and applications toward biology, catalysis, and nanotechnology [J]. Chem. Rev., 2004, 104(1): 293-346.

[40] Zhang N, Liu S, Fu X, et al. Synthesis of M@TiO_2 (M = Au, Pd, Pt) core-shell nanocomposites with tunable photoreactivity [J]. J. Phys. Chem. C, 2011, 115(18): 9136-9145.

[41] Wang M, Han J, Xiong H, et al. Nanostructured hybrid shells of r-GO/AuNP/m-TiO_2 as highly active photocatalysts [J]. ACS Appl. Mater. Inter., 2015, 7(12): 6909-6918.

[42] Yang Y, Wen J, Wei J, et al. Polypyrrole-decorated Ag-TiO_2 nanofibers exhibiting enhanced photocatalytic activity under visible-light illu mination [J]. ACS Appl. Mater. Inter., 2013, 5(13): 6201-6207.

第 5 章 双壳夹心 Au/TiO$_2$ 纳米材料的合成及 CO 催化氧化性能研究

5.1 引　　言

较早的研究表明,较大块体的 Au 没有催化活性,自 1987 年 M. Haruta 发现 Au 负载催化剂在室温和低温条件下对 CO 氧化有独特的活性[1],人们围绕 Au 负载催化剂进行了全方面的研究,其中包括:选择不同的载体,如 Au/TiO$_2$[2-7], Au/Co$_3$O$_4$[8], Au/Fe$_2$O$_3$[9], Au/ZnO[10], Au/CeO$_2$[11] 等催化剂;CO 催化氧化的反应位点和反应机理;CO 催化氧化过程中 Au NPs 和载体的变化;Au 催化剂在 CO 催化氧化过程中失活[12-17]。任何催化剂的发展目标就是如何能够实现工业化,适应各种各样的需求。Au 催化剂以其对 CO 催化氧化的优异性能受到人们的广泛关注,但遗憾的是,Au 催化剂在实际应用和工业催化中并没有得到广泛的发展,原因是 Au 负载催化剂在 CO 催化过程中不稳定,Au NPs 之间会相互融合长大,而在高温反应条件下更容易烧结长大,使其活性迅速降低。因此,如何提高 Au 催化剂的寿命,使其在催化过程中较长时间保持其优异的活性,是科研工作者亟须解决的重要问题。随着研究的深入和各种新型结构单元的出现,人们的研究手段已经从以前单纯添加原料得到杂乱无章的产物变为从结构单元入手,设计和制备出单分散性良好,具有各种优异性能的和独特结构的 Au 催化剂,在 CO 催化氧化过程中显示了较长的寿命和较好的热稳定性[18-24]。相对于以前单纯添加原料和产物杂乱无章,结构单元易于调控,重复性好,尺寸分布均一,为以后的研究提供了较为统一的研究单元,而且结构单元最主要的一个优势就是可以根据需要去设计和改进,大大减少了催化剂研发过程中的步骤和时间,因而受到研究工作者的高度关注。

近年来,提高 Au 催化剂寿命的主要研究思路就是将催化过程中易于烧结长大的 Au NPs 保护或隔离起来,彼此之间相互独立,使其难以相互接触,在反应过程中也就不会发生变化,保证了 Au 催化剂活性的持续性。美国橡树岭国家实验室的 Dai Sheng 研究组[25]通过对负载型 Au 催化剂进行改进,在其表面负载一层无定形的 Al$_2$O$_3$,使得 Al$_2$O$_3$ 颗粒像"栅栏"一样将 Au NPs 分开,阻止其在催化过程中和高温条件下融合长大,该催化剂显示良好的热抗性,在高温煅烧后仍能表现出较好的 CO 催化氧化性能。中国科学技术大学的谢毅研究组[26]通过水热法合成了核壳型 Au@SnO$_2$ 结构单元，Au NPs 被 SnO$_2$ 层保护，在催化过程中不会烧结长大，显示了良好的寿命。作者所在课题组前期通过自模板法合成了核壳型 Au@CeO$_2$ 结构单元[27]，显示了其对 CO 催化氧化良好的催化活性和寿命。美国加州大学河滨分校的 Yin 研究组[28, 29]分别制备了 Au@SiO$_2$@ZrO$_2$ 和 Pt@SiO$_2$@TiO$_2$ 微球，然后将微球浸渍于 NaOH 溶液中，刻蚀除去中间层 SiO$_2$，最终得到了 yolk-shell 型 Au@ZrO$_2$ 和 Pt@TiO$_2$ 结构单元，这两种催化剂既能体现核壳型催化剂对 Au NPs 和 Pt NPs 的保护作用，也增加了催化剂的比表面积，增加了更多的反应气吸附位点，极大降低了空腔内气体流动过程中的传质阻力，提高了催化活性和寿命。

这些早期的工作提供了很多合成手段和实验思路，同时也暴露了一些缺点。在制备这些核壳型或 yolk-shell 型催化剂[26-28, 30]的过程中 Au NPs 都避免不了融合长大，合成得到的 Au 催化剂中的 Au NPs 都很大，室温下催化活性较低，甚至没有活性。核壳型催化剂 Au NPs 与载体接触面积大，但气体传质会受到厚的壳层的影响[31]，活性达不到预期效果；yolk-shell 结构单元解决了传质阻力的问题，但是 Au NPs 与载体之间的作用大大降低，催化活性受到影响。

因此，如何改进 Au 催化剂，使得 Au NPs 尺寸较小，同时又能受到载体的保护成为实验设计的一个重点。这些问题的解决有助于得到催化活性高同时稳定性好的 Au 催化剂，又可以为后面的研究提供理论支持和实验思路，同时更加丰富 Au 催化剂的合成手段和结构单元的类型。

5.2　材料与方法

5.2.1　主要仪器与试剂

主要试剂：氯金酸（HAuCl$_4$·4H$_2$O，分析纯），柠檬酸三钠（C$_6$H$_5$O$_7$Na$_3$·2H$_2$O，分析纯），硼氢化钠（NaBH$_4$，分析纯），羟丙基纤维素（C$_{36}$H$_{70}$O$_{19}$，分析纯），钛酸四丁酯（C$_{16}$H$_{36}$O$_4$Ti，分析纯），正硅酸乙酯（C$_8$H$_{20}$O$_4$Si，分析纯），异丙醇（C$_3$H$_8$O，分析纯），无水乙醇（C$_2$H$_6$O，分析纯），氨水（NH$_3$·H$_2$O，25%～28%）。

主要仪器：HJ-4A 多头磁力恒温加热搅拌器（常州国华电器有限公司），电子天平（瑞士梅特勒-托利多公司），KH5200 超声波清洗器（昆山禾创超声仪器有限公司），5424 离心机（Eppendorf 公司），温控热台（IKA RCT basic ETS-D5，温度波动范围±0.1℃），DHG-9036A 电热鼓风干燥箱（上海一恒科学仪器有限公司），100mL 聚四氟乙烯内衬反应釜（福州克雷斯试验设备有限公司），S-4800 扫描电子显微镜（SEM，日本 Hitachi 公司），Tecnai G^2 20 ST 透射电子显微镜（TEM，美国 FEI 公司），Tecnai G^2-F20 U-TWIN 高分辨透射电子显微镜（HRTEM，美国

FEI 公司），扫描透射电子显微镜（STEM，美国 FEI 公司），能量色散 X 射线元素分析（EDX，美国 FEI 公司），Tecnai G^2-F20 U-TWIN 配置高角环形暗场扫描透射电子显微镜（HAADF，美国 FEI 公司），Quadrasorb SI-MP 比表面及孔隙度分析仪（BET，美国康塔仪器公司），Thermo Fisher XⅡ 电感耦合等离子体质谱仪（ICP-MS，美国赛默飞世尔科技有限公司），D8 Focus 系统多晶 X 射线衍射仪（XRD，德国 Bruker 公司），MRT-M00114BG 催化剂评价试验装置（北京航天世纪星科技有限公司），GC-2014C 气相色谱仪（日本岛津公司）。

5.2.2 材料的合成

1. SiO_2 微球合成

室温条件下，4mL 去离子水、1mL 氨水与 20mL 异丙醇混合，搅拌形成澄清溶液；将 1mL 正硅酸乙酯加入到上述溶液中，剧烈搅拌 5min，形成均匀溶液，室温下继续搅拌 12h。离心得到产物，然后用乙醇洗涤 3 次，真空干燥过夜待用[32]。

2. 核壳型 $SiO_2@TiO_2$ 微球合成

室温条件下，20mL 乙醇和 0.1mL 去离子水搅拌均匀，加入 0.1g 羟丙基纤维素，搅拌溶解形成澄清溶液，将 0.2g SiO_2 球分散到上述溶液中，搅拌 30min，该溶液为 A 溶液；配制 1mL 钛酸四丁酯和 5mL 乙醇的 B 溶液，用注射泵以 0.5mL/min 的流量将 B 溶液注入到 A 溶液中，85℃回流 2h。反应后得到乳白色的悬浮液，用乙醇多次离心洗涤，产物真空干燥过夜[33]。

3. $SiO_2@TiO_2$ 微球吸附 Au NPs

室温超声条件下，将上述得到的 $SiO_2@TiO_2$ 微球加入到 50mL Au 胶体溶液中，然后搅拌 24h，用去离子水多次离心洗涤，直至上清液为无色。最后，产物在真空条件下干燥过夜。

4. $SiO_2@TiO_2/Au@TiO_2$ 微球合成

合成重复 $SiO_2@TiO_2$ 微球的合成步骤：室温条件下，20mL 乙醇和 0.1mL 去离子水搅拌均匀，加入 0.1g 羟丙基纤维素，搅拌溶解形成澄清溶液，将 0.2g $SiO_2@TiO_2/Au$ 球分散到上述溶液中，搅拌 30min，该溶液为 A 溶液；配制 1mL 钛酸四丁酯和 5mL 乙醇的 B 溶液，用注射泵以 0.5mL/min 的流量将 B 溶液注入到 A 溶液中，85℃回流 2h。反应后得到乳白色的悬浮液，用乙醇多次离心洗涤，产物真空干燥过夜。该步骤重复两次。

5. SiO$_2$@TiO$_2$/Au@TiO$_2$ 微球水热晶化及 SiO$_2$ 球刻蚀

将上述合成得到的 SiO$_2$@TiO$_2$/Au@TiO$_2$ 微球分散到去离子水中（1mg/mL），取 50mL 分散液转移至 100mL 聚四氟乙烯内胆中，180℃水热反应 24h，反应后高压釜自然冷却至室温，产物用去离子水和乙醇多次离心洗涤，真空干燥过夜。

6. 水热晶化中间态的考察

合成得到的 SiO$_2$@TiO$_2$/Au@TiO$_2$ 微球分散到去离子水中（1mg/mL），分别取 50mL 分散液 4 份转移至四个 100mL 聚四氟乙烯内胆中，180℃水热反应 2h、8h、16h 和 24h，反应后高压釜自然冷却至室温，产物用去离子水和乙醇多次离心洗涤，真空干燥过夜后分散到去离子水中表征。

7. SiO$_2$@TiO$_2$/Au@TiO$_2$ 微球煅烧以及 NaOH 刻蚀 SiO$_2$ 球

合成得到的 SiO$_2$@TiO$_2$/Au@TiO$_2$ 微球粉末转移至瓷舟中，放入马弗炉中 400℃高温煅烧，升温速度为 2℃/min。待煅烧结束后，粉末转移到 2.5 mol/L NaOH 溶液中搅拌刻蚀 SiO$_2$ 球，刻蚀后产物用去离子水多次离心洗涤去除多余的 NaOH。产物干燥待用。

5.2.3 催化性能评价

催化剂的活性评价在固定床微型反应器中进行。气体的组成为：1% CO、1.6% O$_2$ 和 97.4% He（平衡气），气体纯度均为 99.999%。催化剂用量是 100mg，反应气体流速是 50mL/min，相应的空速为 30000mL/(g$_{cat}$·h)，柱温是 80℃，检测器温度是 110℃，采用 TDX-01 色谱柱分离各气体，检测器为热导检测器（TCD）。

5.3 夹心型 Au/TiO$_2$ 空心微球的合成机理及 CO 催化氧化性能研究

5.3.1 夹心型 Au/TiO$_2$ 空心微球的表征及其合成机理

实验中利用 SiO$_2$ 球作为模板，采用溶胶-凝胶法在 SiO$_2$ 球包覆无定形 TiO$_2$ 层，接着将合成好的 Au NPs 固定在 TiO$_2$ 表面，然后在其外层继续包覆无定形 TiO$_2$ 层，使其能够将 Au NPs 嵌在 TiO$_2$ 层中间，将微球放入水热釜中水热晶化，在水热晶化的过程中内部的 SiO$_2$ 球会被热水刻蚀掉，最终得到了 Au/TiO$_2$ 复合空心球，Au NPs 嵌在该空心球的 TiO$_2$ 壳层内（图 5-1）。

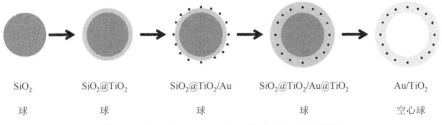

| SiO₂ 球 | SiO₂@TiO₂ 球 | SiO₂@TiO₂/Au 球 | SiO₂@TiO₂/Au@TiO₂ 球 | Au/TiO₂ 空心球 |

图 5-1 夹心型 Au/TiO_2 空心微球的合成路线图

实验中采用的模板 SiO_2 易合成，大小可调控，表面具有大量的基团，易于外层包覆，溶胶-凝胶法方法简单，容易得到均匀的 TiO_2 壳层，最后采用水热法晶化 TiO_2 同时刻蚀 SiO_2 球，该方法不同于传统的煅烧晶化和 NaOH 刻蚀法。正是由于独特的水热晶化辅助刻蚀法，得到的 Au/TiO_2 空心微球具有特殊的夹心型壳层，该壳层中 Au NPs 稳定，解决了 CO 催化氧化过程中存在的难题，使其催化性能有了较大提高。

Au/TiO_2 空心微球的结构和形貌通过扫描电子显微镜（SEM）、透射电子显微镜（TEM）、高分辨透射电子显微镜（HRTEM）、高角环形暗场扫描透射电子显微镜（HAADF-STEM）、比表面积（BET）和 X 射线衍射（XRD）进行了表征。①从 SEM 图［图 5-2（a）］中看出，结构单元外形呈现出球形形貌，单分散性好，球体尺寸统计分布为 720nm±20nm。通过 TEM 图［图 5-2（b）］可以看到结构单元具有空心结构，壳层厚度均匀，为 70nm，内部的空腔大约为 580nm。对单个空心球进行观察，在表面和壳层中间均没有发现 Au NPs，可能是由于壳层厚度较大而 Au NPs 较小，两者衬度差别小，但是通过 ICP-MS 测定确实有 1%（质量分数）Au 元素存在，因此采用切片的方法处理空心球。从切片前后图的 TEM［图 5-2（d）］中可以看出切片后空心球变为一个圆环，其大小以及壳层厚度都和切片前的空心球相符合，在切片后的圆环上很清楚地观察到很多黑色的小颗粒，通过 HRTEM 确定为 Au 元素。Au NPs 尺寸很小，尺寸范围为 5.25nm±0.9nm，因此在 TEM 图片上很难观察到。②HAADF-STEM 面扫元素分布图［图 5-2（e）］进一步显示了结构单元的壳层为 TiO_2，Au NPs 分散在壳层中间。③通过扩大 TEM 的放大倍数，可以更清晰地观察到壳层部分的微观结构，其壳层部分是由 10nm 左右的 TiO_2 颗粒组成，而 Au NPs 被 TiO_2 颗粒包围着，处于颗粒之间的空隙中［图 5-2（f）］。从 HRTEM 图中可以看到 Au 和 TiO_2 的晶面间距，说明壳层确实是由 Au 和 TiO_2 组成，而且两者都具有良好的晶形。其中晶面间距 0.352nm，归属于 TiO_2 的（101）晶面；晶面间距 0.235nm，归属于 Au 的（111）晶面。④采用 BET 来分析空心球的比表面积和壳层表面的孔径，图中的 BET 曲线说明了空心球的壳层具有介孔孔道，孔道大小为 3.86nm，该孔道是由 TiO_2 纳米颗粒堆积而成，孔道直径小于内部 Au 颗粒直径，因此 Au 能在其中固定，不易迁移。⑤利用粉末 X 射线衍射（XRD）分析该空心结构单元的晶体结构，在其中只出现了锐钛矿 TiO_2 的特征衍射峰，没有 Au 的特征衍射峰,这是由于 Au 的含量很小(<5%),而且 Au NPs 尺寸较小,衍射峰的宽化也使得 Au 特征衍射峰消失。

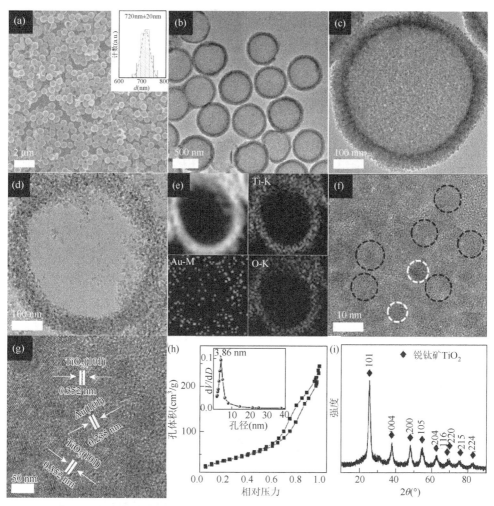

图 5-2 夹心型 Au/TiO$_2$ 空心球 SEM 图(a)、TEM 图(b,c)、切片处理后的 TEM 图(d)、元素分布图(e)、壳层的高倍 TEM 图(f)、HRTEM 图(g)、BET 分析(h)、XRD 图谱(i)

对于这个具有新颖形貌的结构单元,研究其合成过程中的各个环节非常重要,对更好地调控结构单元,以及后期的催化过程都有很大影响,所以在后期的研究中对合成过程中的每个步骤都做了详细研究,进一步增加了对该结构单元以及其优异的 CO 催化氧化性能的认识。

对于模板 SiO$_2$ 的合成,采用溶胶-凝胶法来合成 SiO$_2$ 球,可以通过加入异丙醇和水的比例和加入氨水的量来调节 SiO$_2$ 球的大小(图 5-3)。合成得到的 SiO$_2$

球尺寸均一，且分散良好，这为其后的 TiO_2 包覆提供均一的成核位点，容易形成均匀的 TiO_2 壳层。

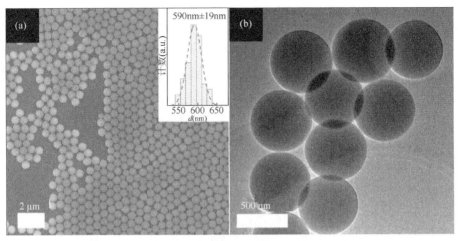

图 5-3　SiO_2 球 SEM 图（a）（粒径统计）和 TEM 图（b）

向 SiO_2 的分散液中加入表面活性剂羟丙基纤维素（HPC）作为连接剂，利用钛酸四丁酯（TBOT）水解生成 TiO_2 包覆在 SiO_2 表面，通过调控加入钛酸四丁酯的量来调控壳层的厚度。通过该方法合成了尺寸均一的 $SiO_2@TiO_2$ 核壳结构，从 TEM 图 [图 5-4（a）] 中发现，微球尺寸有了一定增加，而且表面变得粗糙，这说明表面已经包覆上了薄层 TiO_2，从高倍 TEM 图 [图 5-4（b）] 上可以清楚地观察到，TiO_2 壳层厚度在 20nm 左右。

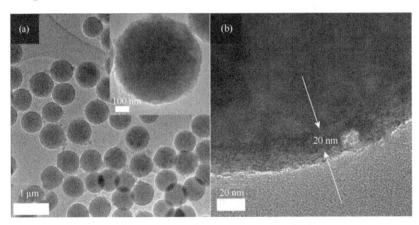

图 5-4　核壳型 $SiO_2@TiO_2$ 微球 TEM 图（a）和高倍 TEM 图（b）

将 $SiO_2@TiO_2$ 微球加入到已经制备好的 Au 胶体溶液中，超声分散，搅拌使得 Au NPs 吸附在 TiO_2 壳层表面。制备好的 Au NPs 表面是由柠檬酸三钠保护的，表面显示为负电性，而 TiO$_2$ 在水溶液中其表面会带有较强的正电荷，正负电荷吸引使得 Au NPs 能够很强地吸附在 TiO$_2$ 表面。从 TEM 图 [图 5-5（a）] 中可以看出，TiO$_2$ 球表面均匀分散的黑点就是 Au NPs，在 STEM 图 [图 5-5（b）] 上可以更清楚地观察到 Au NPs（亮点）均匀分散在表面，从高倍 TEM 图 [图 5-5（c）] 中也可以观察到表面分布均匀的 Au NPs。

图 5-5　SiO$_2$@TiO$_2$/Au 微球 TEM 图（a）、STEM 图（b）和高倍 TEM 图（c）

采用与 TiO$_2$ 包覆相同的方法在 SiO$_2$@TiO$_2$/Au 微球的表面包覆 TiO$_2$ 壳层，为了更好地保护内层的 Au NPs 不会在后续的处理过程中迁移出去，重复进行了两次包覆。包覆后的 TEM 显示，微球的尺寸明显增加，微球直径统计结果为 709nm±10nm。从 TEM 图 [图 5-6（a）] 中不能观察到明显的 SiO$_2$@TiO$_2$ 核壳结构，这是由于壳层是由无定形 TiO$_2$ 组成，和内部的 SiO$_2$ 球衬度基本一致。但相对于模板 SiO$_2$ 微球增加了大约 120nm，说明表面 TiO$_2$ 壳层厚度应该为 60nm。XRD 图 [图 5-6（b）] 中出现了 SiO$_2$ 的峰而没有出现锐钛矿 TiO$_2$ 的特征衍射峰，说明微球中 TiO$_2$ 壳层是无定形的。SiO$_2$@TiO$_2$ 的切片结果 [图 5-6（c）] 证明了 TiO$_2$ 壳层厚度为 60nm，Au NPs 嵌在层中间，尺寸大约为 5nm。从 HRTEM 图 [图 5-6（d）] 中可以看到 Au NPs 的晶格，周围是无定形的 TiO$_2$，没有明显的晶格出现，这和 XRD 的结果相一致。

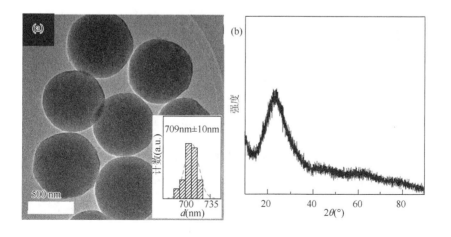

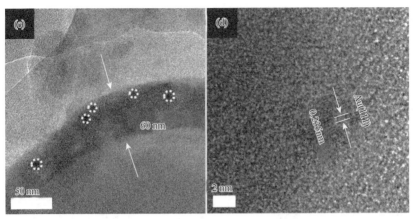

图 5-6　SiO$_2$@TiO$_2$/Au@TiO$_2$ 微球 TEM 图（a）、XRD 图（b）、
切片后的高倍 TEM 图（c）和 HRTEM 图（d）

制备得到的 SiO$_2$@TiO$_2$/Au@TiO$_2$ 微球中的 TiO$_2$ 为无定形晶型，在催化过程中对 O$_2$ 吸附能力较差，因此需要晶化为锐钛矿 TiO$_2$；内部的 SiO$_2$ 模板对于 CO 催化没有活性，还会阻碍反应气在其中的传递，增加传质阻力，需要去除。一般的方法是通过煅烧晶化 TiO$_2$，然后加入刻蚀剂 NaOH 刻蚀 SiO$_2$，最终得到 Au/TiO$_2$ 复合空心球。最初采用传统的煅烧-NaOH 刻蚀法处理 SiO$_2$@TiO$_2$/Au@TiO$_2$ 微球[34, 35]，得到了尺寸均一的空心球（图 5-7）。但是煅烧晶化过程中，最初形成的小 TiO$_2$ 颗粒要进行迁移和烧结长大，相互之间会发生剧烈的变化，内部的 Au NPs 会随着 TiO$_2$ 颗粒的迁移而发生一定的相分离，即 TiO$_2$ 和 Au 相互分离独自融合长大，这种变化会导致 Au NPs 的烧结长大，使得微球中 Au NPs 尺寸较大。从 TEM 图中可以看出，Au NPs 尺寸比较大，范围在 10~20nm 之间，这是由于 TiO$_2$ 在高温煅烧下会剧烈迁移生长成 20nm 左右的大颗粒，Au NPs 也相应迁移融合为较大尺寸。而较大尺寸的 Au NPs 对于 CO 催化是不利的。此外利用 NaOH 刻蚀 SiO$_2$，

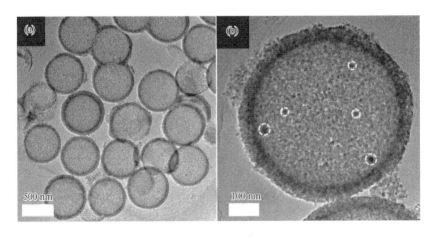

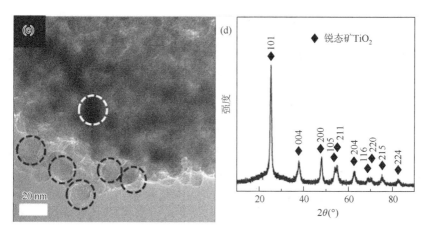

图 5-7　煅烧-NaOH 刻蚀法制备得到的夹心型 Au/TiO$_2$ 空心球 TEM 图（a，b）、壳层高倍 TEM 图（c）、XRD 图谱（d）

Na$^+$会吸附在 TiO$_2$ 表面难以去除，使载体钝化，这对后期的催化过程有负效应。

因此，采用新的晶化方法，同时找到清洁的刻蚀剂，来制备更加高效的催化剂。水热法是一种较为温和的晶化方法，能够在较低的温度得到结晶好而且尺寸较小的纳米颗粒。在水热晶化过程中，小的纳米晶核迅速长大为尺寸小的纳米颗粒并稳定存在，在更长时间的水热晶化过程中也不会发生剧烈变化，内部 Au NPs 会被周围尺寸小的 TiO$_2$ 纳米颗粒紧密限制在中间[36]，难以迁移融合长大，对于后期催化活性和稳定性都有很大的提高。更重要的是，有文献报道[37,38]，在较高的温度下，水也可以作为一种很好的刻蚀剂去破坏 Si—OH 之间的交联，使得 SiO$_2$ 逐步被刻蚀去除。因此，采用简单而且清洁的水热晶化辅助刻蚀法来处理 SiO$_2$@TiO$_2$/Au@TiO$_2$ 微球，该方法一步即可实现 TiO$_2$ 晶化和 SiO$_2$ 刻蚀，减少了以往煅烧-NaOH 刻蚀法两步法的烦琐性，同时也减少了不良试剂 NaOH 的使用。从前面的表征数据分析得出，水热晶化辅助刻蚀法可以得到形貌良好的结构单元，而且内部的 Au NPs 也在水热晶化过程中没有明显的变化，反应前后尺寸都保持在 5nm 左右，说明该方法可以控制 Au NPs 的尺寸，进一步提高 CO 催化活性。

为了探讨水热过程中 TiO$_2$ 是如何晶化和 SiO$_2$ 是如何被刻蚀掉的，做水热中间态的考察，即选取 0h、2h、8h、16h 和 24h 五个时间点停止水热反应，然后通过 TEM 观察，来确定水热过程中各个时间段的 SiO$_2$@TiO$_2$/Au@TiO$_2$ 微球的变化情况。从 TEM 图中可以观察到，水热反应前，SiO$_2$@TiO$_2$/Au@TiO$_2$ 微球表面是无定形的 TiO$_2$；反应进行到 2h，表面的 TiO$_2$ 晶化为锐钛矿 TiO$_2$，从高倍 TEM 图中看出 TiO$_2$ 尺寸为 10nm；进一步增加水热时间至 8h、16h 和 24h，TiO$_2$ 颗粒尺寸没有变化，内部的 SiO$_2$ 逐步被热水刻蚀掉，水热反应 24h 后，模板 SiO$_2$ 已经完全被刻蚀去除，得到了空心微球（图 5-8）。

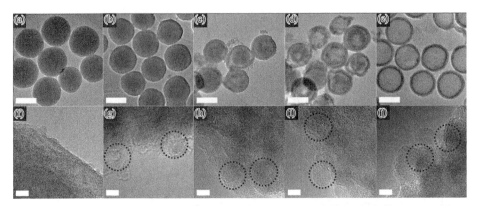

图 5-8 SiO$_2$@TiO$_2$/Au@TiO$_2$ 微球 180℃水热处理后 TEM 图以及相应的 HRTEM 图

(a, f) 0h; (b, g) 2h; (c, h) 8h; (d, i) 16h; (e, j) 24h

下面讨论水热温度对空心球合成的影响。水热温度分别为 140℃、180℃和 200℃，水热时间都为 24h。从 TEM 图中可以看出，表面都形成了晶化好的 TiO$_2$ 纳米颗粒，但是 140℃温度下，内部的 SiO$_2$ 还没有被完全刻蚀去除，而高温 200℃ 得到的空心微球和 180℃是一致的，所以温度高有利于 SiO$_2$ 的快速去除，180℃是合适的温度条件（图 5-9）。

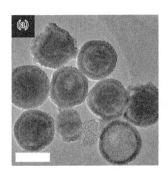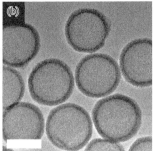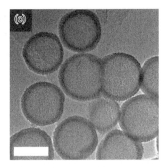

图 5-9 SiO$_2$@TiO$_2$/Au@TiO$_2$ 微球在不同温度下水热处理 24h 后 TEM 图

(a) 140℃；(b) 180℃；(c) 200℃

5.3.2 催化性能评价

通过对结构单元的设计以及各个步骤的调控，合成了预期的 Au/TiO$_2$ 复合空心球，该空心球的壳层具有夹心结构，Au NPs 被夹在两层 TiO$_2$ 层之间。被嵌在内部的 Au NPs 尺寸很小（5nm 左右），因此在常温下对 CO 催化性能较好；催化过程中，两层 TiO$_2$ 壳层可以将 Au NPs 紧紧固定在颗粒之间而难以迁移长大，对催化寿命也有极大提高；同时，空心在催化过程中的作用也是很明显的，可以增加反应气在催化剂内部的流通，极大降低了传质阻力，在较大空速下仍能保持很高的 CO 转化率。

利用固定床 CO 催化氧化反应装置来试验该催化剂的催化活性，该催化剂中 Au NPs 尺寸明显小于本课题组以后工作中 Au NPs 的尺寸（17nm），预测该催化剂活性应该明显高于 Au@CeO_2 催化剂。因此降低催化剂的用量（100mg），反应气的比例和流量都没有改变，反应空速增加了一倍，变为 30000mL/(g_{cat}·h)。选取商业 Au/TiO_2 催化剂（STREM COMPANY）、负载型 Au/TiO_2 空心球催化剂、TiO_2 空心球催化剂以及煅烧-NaOH 刻蚀法制备得到的夹心型 Au/TiO_2 空心催化剂。

从 SEM 图和 TEM 图看，商业 Au/TiO_2 催化剂是无定形结构，4nm 左右的 Au NPs 负载在 TiO_2 载体表面（图 5-10）。从 HRTEM 图和 XRD 分析结果也可以相应地看到 Au NPs 和 TiO_2。XRD 图中只能看到 TiO_2 锐钛矿和金红石晶型，而没有出现 Au 的特征峰，这主要是由于 Au NPs 尺寸小和负载量低（约 1%），这和制备得到的 Au/TiO_2 空心催化剂分析结果是一致的。

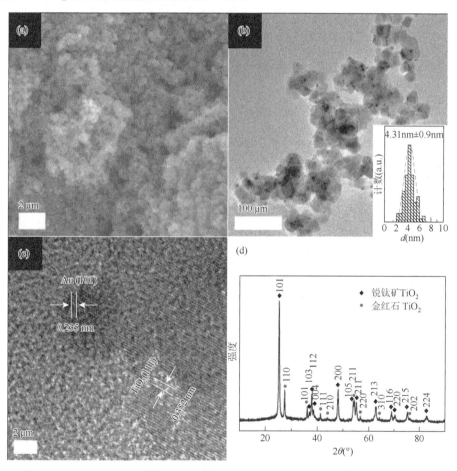

图 5-10　商业 Au/TiO_2 催化剂 SEM 图（a）、TEM 图（Au NPs 粒径统计）(b)、HRTEM 图（c）、XRD 图（d）

负载型 Au/TiO$_2$ 空心球以及 TiO$_2$ 空心球都是按照合成 TiO$_2$ 空心球的方法先得到 TiO$_2$ 空心球（图 5-11），然后在上面通过旋蒸干燥的方法负载 Au NPs。

从 SEM 图和 TEM 图来看（图 5-12），两者都表现出了空心球的外貌特征，对于负载型 Au/TiO$_2$ 空心球催化剂，在表面上还可以清楚地观察到均匀分布的 Au NPs，尺寸在 5nm 左右，XRD 分析表明两种催化剂中的 TiO$_2$ 的晶型与夹心型 Au/TiO$_2$ 空心球催化剂是一致的。

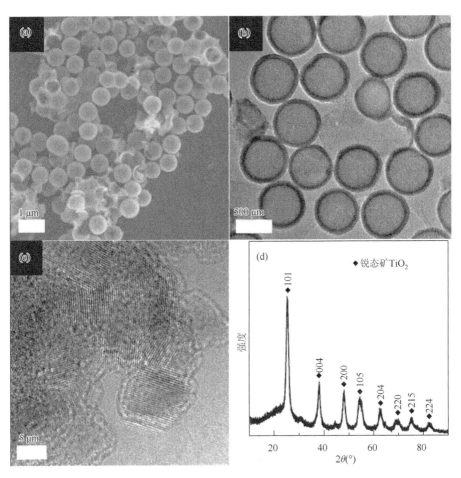

图 5-11　空心 TiO$_2$ 微球 SEM 图（a）、TEM 图（b）、
HRTEM 图（c）、XRD 图（d）

煅烧-NaOH 刻蚀法合成得到的夹心型 Au/TiO$_2$ 空心催化剂的 Au NPs 和 TiO$_2$ 颗粒尺寸相比于水热法得到的催化剂都有明显增大，Au 的尺寸在 10～20nm 范围内，而 TiO$_2$ 颗粒尺寸为 20nm 左右。

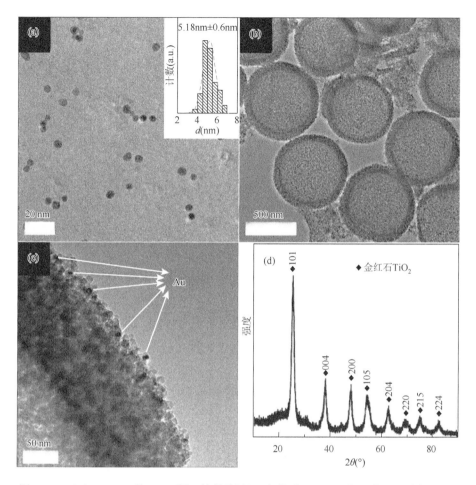

图 5-12 （a）Au NPs 的 TEM 图（粒径统计）；负载型 Au/TiO$_2$ 空心球 TEM 图（b）；
高倍 TEM 图（c）和 XRD 图（d）

从 CO 转化率图上可以看出，合成得到的夹心型 Au/TiO$_2$ 空心球催化剂和商业 Au/TiO$_2$ 催化剂对 CO 氧化有良好的催化性能，即使在室温情况下，CO 转化率都达到了 100%，这主要归因于这两种催化剂中 Au NPs 尺寸小，有文献报道[39]，2～5nm 的 Au 对 CO 催化氧化性能最高，Au 尺寸效应是影响 Au 催化剂 CO 催化氧化最主要的一个因素。另外，负载型催化剂在常温下 CO 催化转化率只有 50% 左右，明显低于夹心型 Au/TiO$_2$ 空心球，这主要是由于负载型 Au/TiO$_2$ 空心球是在外表面上吸附上了 Au NPs，接触面积小，Au NPs 和 TiO$_2$ 载体之间的作用力较弱[40]；而合成的夹心型 Au/TiO$_2$ 空心球，Au NPs 是在壳层中间，周围被很多 TiO$_2$ 纳米颗粒紧密包覆，因此接触面积大，相互之间作用力强。Au 和载体之间的作用是影响 Au 催化剂的另一个因素。对于 TiO$_2$ 空心球来说，没有 Au 存在，其催化活性差，在较高温度下才能将 CO 完全转化，说明 Au 和 TiO$_2$ 之间有协同作用，共同催化 CO 氧化（图 5-13）。

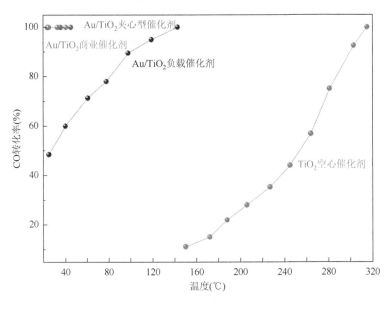

图 5-13　催化剂催化评价

寿命是评价催化剂好坏的一个重要指标，尤其是在工业生产过程中需要长时间连续催化，反应的持续性对催化剂寿命的要求要大于催化活性，催化剂寿命也是必不可少的需要考虑的一个因素。

对催化剂的考察，主要是通过在固定床反应气中持续通入反应气使之反应，在不同时间点采样测定当时的 CO 转化率，计算得到当时的催化活性。从时间-CO 转化率图（图 5-14）上可以看出，在前 20h，商业 Au/TiO$_2$ 催化剂以及夹心型 Au/TiO$_2$ 空心球催化剂对 CO 催化氧化都能保持较高的活性，没有较大的变化，但是在 20~30h 之间，商业催化剂活性迅速降低，并在随后的时间内逐渐下降，反应 100h 后，CO 转化率已经降低到了 60%；而合成得到的催化剂由于壳体 TiO$_2$ 层的保护和限制，内部的 Au NPs 难以迁移长大，可以很好地保持其催化活性，即使反应 100h 后，转化率仍没有降低，保持了很好的活性[41]。对于负载型 Au/TiO$_2$ 空心球催化剂，由于 Au NPs 和 TiO$_2$ 之间作用较弱，Au NPs 在催化过程中很容易迁移长大或从载体表面脱落，造成催化活性有一定的损失。催化剂在催化过程中的变化如图 5-15 所示。

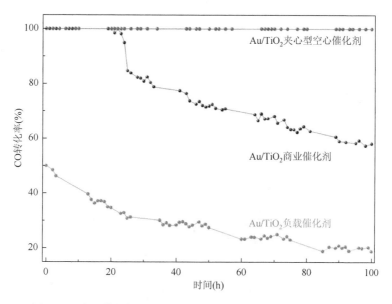

图 5-14　商业催化剂、合成催化剂以及负载催化剂催化寿命比较

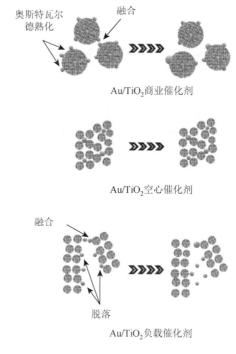

图 5-15　商业催化剂、合成催化剂以及负载催化剂催化过程中 Au NPs 变化示意图

从反应前后的 TEM 图（图 5-16）上也可以清楚地看出，夹心型 Au/TiO$_2$ 空心球

催化剂没有明显的变化，内部的 Au NPs 在 TME 图中仍观察不到，说明 Au NPs 在催化过程中没有烧结长大；而对于商业催化剂，反应前载体表面均匀分散的 Au 小颗粒在反应后都有了不同程度的长大，反应后局部区域内载体表面的 Au NPs 数量明显减少，进而出现了许多颗粒较大的 Au NPs，说明没有两层载体的限制，表面的 Au NPs 会有一定的迁移长大；对于负载催化剂，表面的 Au 颗粒也明显烧结长大，颗粒尺寸从反应前的 5nm 变为 10nm 左右。商业 Au/TiO$_2$ 催化剂和负载型 Au/TiO$_2$ 空心球中 Au 尺寸变大导致了两种催化剂活性降低，反应寿命大大缩减。

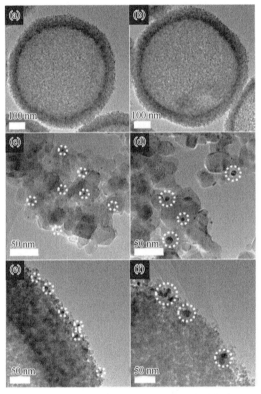

图 5-16 合成催化剂（a，b）、商业催化剂（c，d）以及负载催化剂（e，f）催化前后 TEM 图

热抗性即催化剂在高温处理后催化活性维持的程度，也是考察 Au 催化剂稳定性的一个通用方法[42]。由于 Au 尺寸小，催化剂活性高，其易变性和易迁移性也很高，尤其是在高温条件（>573K）下，Au NPs 整体都会较快迁移长大，形成较大的纳米颗粒，因而对整个催化剂催化活性具有较大的影响。

对商业 Au/TiO$_2$ 催化剂和合成得到的夹心型 Au/TiO$_2$ 空心球催化剂都分别进行 200℃、300℃和 400℃高温处理，然后放入固定床反应器内进行 CO 催化氧化，通过 CO 转化率来考察其催化活性的变化。

从 TEM 图中可以看出，在高温处理后，Au 尺寸普遍增大，200℃、300℃和400℃高温处理后分别增大为 5.3nm、6.6nm 和 8.5nm 左右；对于夹心型 Au/TiO$_2$ 空心球催化剂，200℃和300℃高温处理后，产物没有明显变化，而煅烧到400℃，由于载体 TiO$_2$ 颗粒从 10nm 增加到了 15nm，内部的 Au NPs 也发生了迁移长大，在 TEM 图中可以观察到部分长大的 Au NPs，但大部分的 Au 还是保持了以前的小尺寸（图 5-17、图 5-18）。

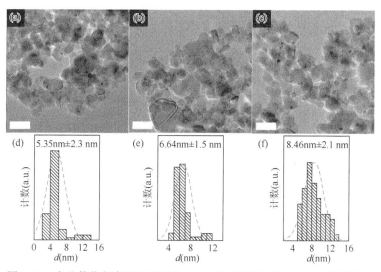

图 5-17 商业催化剂高温处理后的 TEM 图以及相应的 Au NPs 粒径统计
（a，d）200℃；（b，e）300℃；（c，f）400℃

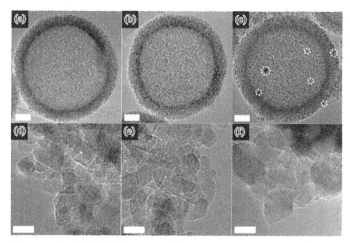

图 5-18 合成催化剂高温处理后的 TEM 图以及相应的 HRTEM 图
（a，d）200℃；（b，e）300℃；（c，f）400℃

通过测定 CO 催化转化率发现，其催化活性的变化确实按照上述推测，随着温度升高，商业 Au/TiO$_2$ 中的 Au NPs 尺寸有一定的增长，导致了 CO 催化活性降低；而夹心型 Au/TiO$_2$ 空心球中 Au NPs 有壳层 TiO$_2$ 保护，在高温处理过程中，迁移融合较慢，生长成大颗粒的能力较差，很多 Au 尺寸还是保持在 5nm 左右，因此催化活性在 200℃ 和 300℃ 没有变化，直到 400℃ 高温处理，有少量 Au 迁移长大，催化活性随之下降为 60% 左右，相比于商业催化剂下降到了 20% 还是有很大提高的。因此在实际应用过程中合成催化剂的性能也要明显优于商业催化剂。催化剂热抗性的实验数据汇总在表 5-1 中。

表 5-1 商业催化剂和合成催化剂热抗性比较

煅烧温度（℃）	商业 Au/TiO$_2$		TiO$_2$@Au@TiO$_2$（SH）	
	初始活性（%）（25℃）	$T_{100\%}$（℃）	初始活性（%）（25℃）	$T_{100\%}$（℃）
未处理	100	25	100	25
200	100	25	100	25
300	80	50	100	25
400	20	155	60	90

5.4 小结与展望

本章采用逐步合成的策略，在 SiO$_2$ 模板外面成功包覆了无定形 TiO$_2$ 壳层，并将 Au NPs 嵌在 TiO$_2$ 壳层中间，最终通过新的水热辅助刻蚀法成功晶化了 TiO$_2$ 并同时将模板 SiO$_2$ 球刻蚀掉。这种方法不同于传统的煅烧-NaOH 刻蚀法，不仅可以得到较小尺寸的 Au NPs，而且还可以减少不良试剂 NaOH 的使用。当夹心型 Au/TiO$_2$ 空心微球作为 CO 催化剂时，其催化转化率可达到商业 Au/TiO$_2$ 的效果。本章所采用的新型合成策略为合成其他类型的 CO 催化剂空心材料提供了一种手段和思路，而这类材料在 CO 催化方面可能具有较大的潜在应用价值。

参 考 文 献

[1] Haruta M, Kobayashi T, Sano H, et al. Novel gold catalysts for the oxidation of carbon monoxide at a temperature far below 0℃[J]. Chem. Lett., 1987, 2: 405-408.

[2] Zanella R, Giorgio S, Shin C H, et al. Characterization and reactivity in CO oxidation of gold nanoparticles supported on TiO$_2$ prepared by deposition-precipitation with NaOH and urea[J]. J. Catal., 2004, 222: 357-367.

[3] Iizuka Y, Tode T, Takao T, et al. A kinetic and adsorption study of CO oxidation over unsupported fine gold powder and over gold supported on titanium dioxide[J]. J. Catal., 1999, 187: 50-58.

[4] Boccuzzi F, Chiorino A, Manzoli M, et al. Au/TiO$_2$ nanosized samples: A catalytic, TEM, and FTIR study of the effect of calcination temperature on the CO oxidation [J]. J. Catal., 2001, 202: 256-267.

[5] Bokhimi X, Zanella R, Morales A. Au/rutile catalysts: Effect of support dimensions on the gold crystallite size and the catalytic activity for CO oxidation[J]. J. Phys Chem. C, 2007, 111: 15210-15216.

[6] Lee S, Fan C, Wu T, et al. CO oxidation on Au/TiO$_2$ catalysts produced by size-selected cluster deposition[J]. J. Am. Chem. Soc., 2004, 126: 5682-5683.

[7] Christmann K, Schwede S, Schubert S, et al. Model studies on CO oxidation catalyst systems: Titania and gold nanoparticles[J]. ChemPhysChem, 2010, 11: 1344-1363.

[8] Haruta M, Tsubota S, Kobayashi T, et al. Low-temperature oxidation of CO over gold supported on TiO$_2$, α-Fe$_2$O$_3$, and Co$_3$O$_4$[J]. J. Catal., 1993, 144: 175-192.

[9] Haruta M, Yamada N, Kobayashi T, et al. Gold catalysts prepared by coprecipitation for low-temperature oxidation of hydrogen and of carbon monoxide[J]. J. Catal., 1989, 115: 301-309.

[10] Liu X, Liu M H, Luo Y C, et al. Strong metal-support interactions between gold nanoparticles and ZnO nanorods in CO oxidation[J]. J. Am. Chem. Soc., 2012, 134, 10251-10258.

[11] Si R, Flytzani-Stephanopoulos M. Shape and crystal-plane effects of nanoscale ceria on the activity of Au-CeO$_2$ catalysts for the water-gas shift reaction[J]. Angew. Chem. Int. Ed., 2008, 47: 2884-2887.

[12] Haruta M. Size-and support-dependency in the catalysis of gold[J]. Catal. Today, 1997, 36: 153-166.

[13] Konova P, Naydenov A, Venkov C, et al. Activity and deactivation of Au/TiO$_2$ catalyst in CO oxidation[J]. J. Mol. Catal. A, 2004, 213: 235-240.

[14] Andreeva D. Low temperature water gas shift over gold catalysts[J]. Gold Bull., 2002, 35: 82-88.

[15] Kolmakov A, Goodman D W. Imaging gold clusters on TiO$_2$(110) at elevated pressures and temperatures[J]. Catal. Lett., 2000, 70: 93-97.

[16] Kielbassa S, Kinne M, Behm R J. Thermal stability of Au nanoparticles in O$_2$ and air on fully oxidized TiO$_2$(110) substrates at elevated pressures. An AFM/XPS study of Au/TiO$_2$ model systems [J]. J. Phys. Chem. B, 2004, 108: 19184-19190.

[17] Valden M, Lai X, Goodman D W. Onset of catalytic activity of gold clusters on titania with the appearance of nonmetallic properties[J]. Science, 1998, 281: 1647-1650.

[18] Chen C, Nan C, Wang D, et al. Mesoporous multicomponent nanocomposite colloidal spheres: Ideal high-temperature stable model catalysts[J]. Angew. Chem. Int. Ed., 2011, 50: 3725-3729.

[19] Ma Z, Brown S, Overbury S H, et al. Au/ PO$_4^{3-}$ /TiO$_2$ and PO$_4^{3-}$ /Au/TiO$_2$ catalysts for CO oxidation: Effect of synthesis details on catalytic performance[J]. Appl. Catal. A, 2007, 327: 226-237.

[20] Zhao K, Qiao B, Wang J, et al. A highly active and sintering-resistant Au/FeO$_x$-hydroxyapatite catalyst for CO oxidation[J]. Chem. Commun., 2011, 47: 1779-1781.

[21] Cargnello M, Wieder N L, Montini T, et al. Synthesis of dispersible Pd@CeO$_2$ core-shell nanostructures by self-assembly [J]. J. Am. Chem. Soc., 2010, 132: 1402-1409.

[22] Pandey A D, Güttel R, Leoni M, et al. Influence of the microstructure of gold-zirconia yolk-shell catalysts on the CO oxidation activity[J]. J. Phys. Chem. C , 2010, 114: 19386-19394.

[23] Du J, Qi J, Wang D, et al. Facile synthesis of Au@TiO$_2$ core-shell hollow spheres for dye-sensitized solar cells with remarkably improved efficiency[J]. Energy Environ. Sci., 2012, 5: 6914-6918.

[24] Dai Y, Lim B, Yang Y, et al. A sinter-resistant catalytic system based on platinum nanoparticles supported on TiO nanofibers and covered by porous silica[J]. Angew. Chem. Int., Ed., 2010, 49: 8165-8168.

[25] Yan W, Mahurin S M, Pan Z, et al. Ultrastable Au nanocatalyst supported on surface-modified TiO$_2$ nanocrystals[J]. J. Am. Chem. Soc., 2012, 127: 10480-10481.

[26] Yu K, Wu Z, Zhao Q, et al. High-temperature-stable Au@SnO$_2$ core/shell supported catalyst for CO oxidation [J]. J. Phys. Chem. C, 2008, 112: 2244-2247.

[27] Qi J, Chen J, Li G, et al. Facile synthesis of core-shell Au@CeO$_2$ nanocomposites with remarkably enhanced catalytic activity for CO oxidation[J]. Energy Environ. Sci., 2012, 5: 8937-8941.

[28] Lee I, Joo J B, Yin Y, et al. A yolk@shell nanoarchitecture for Au/TiO$_2$ catalysts [J]. Angew. Chem. Int. Ed., 2011, 50: 10208-10211.

[29] Liang X, Li J, Joo J B, et al. Diffusion through the shells of yolk-shell and core-shell nanostructures in the liquid phase[J]. Angew. Chem. Int. Ed., 2012, 51: 8034-8036.

[30] Arnal P M, Comotti M, Schüth F. High-temperature-stable catalysts by hollow sphere encapsulation[J]. Angew. Chem. Int. Ed., 2006, 45: 8224-8227.

[31] Lu J, Fu B, Kung M C, et al. Coking-and sintering-resistant palladium catalysts achieved through atomic layer deposition[J]. Science, 2012, 335: 1025-1028.

[32] Stöber W, Fink A, Bohn E. Controlled growth of monodisperse silica spheres in the micron size range[J]. J. Colloid Interface Sci., 1968, 26: 62-69.

[33] Joo J B, Zhang Q, Lee I, et al. Mesoporous anatase titania hollow nanostructures though silica-protected calcination[J]. Adv. Funct. Mater., 2012, 22: 166-174.

[34] Zhong Z, Yin Y, Gates B, et al. Preparation of mesoscale hollow spheres of TiO$_2$ and SnO$_2$ by templating against crystalline arrays of polystyrene beads[J]. Adv. Mater., 2000, 12: 206-209.

[35] Zhang Q, Lima D Q, Lee I, et al. A highly active titanium dioxide based visible-light photocatalyst with nonmetal doping and plasmonic metal decoration[J]. Angew. Chem. Int. Ed., 2011, 31: 7088-7092.

[36] Yoon K, Yang Y, Lu P, et al. A highly reactive and sinter-resistant catalytic system based on platinum nanoparticles embedded in the inner surfaces of CeO$_2$ hollow fibers[J]. Angew. Chem. Int. Ed., 2012, 51: 9543-9546.

[37] Hu Y, Zhang Q, Goebl J, et al. Control over the permeation of silica nanoshells by surface-protected etching with water[J]. Phys. Chem. Chem. Phys., 2010, 12: 11836-11842.

[38] Wong Y J, Zhu L, Teo W S, et al. Revisiting the stober method: Inhomogeneity in silica shells [J]. J. Am. Chem. Soc., 2011, 133: 15830-15833.

[39] Carrettin S, Concepción P, Corma A, et al. Nanocrystalline CeO$_2$ increases the activity of Au for CO oxidation by two orders of magnitude[J]. Angew. Chem. Int. Ed., 2004, 43: 2538-2540.

[40] Haruta M. Catalysis of gold nanoparticles deposited on metal oxides[J]. Cattech, 2002, 2: 102-105.

[41] Yang F, Chen M S, Goodman D W. Sintering of Au particles supported on TiO$_2$(110) during CO oxidation[J]. J. Phys. Chem. C, 2009, 113, 254-260.

[42] Comotti M, Li W C, Spliethoff B, et al. Support effect in high activity gold catalysts for CO oxidation[J]. J. Am. Chem. Soc., 2006, 128, 917-924.

第6章 双壳夹心 TiO_2@Au@CeO_2 空心球光催化降解污染物及光还原 Cr（Ⅵ）研究

6.1 引　　言

近年来，光催化降解作为一种高效环保的有机污染物去除技术受到了广泛的关注[1-5]。光催化降解有机物技术既充分利用太阳能又解决有机污染物处理难题，可提高光催化剂的催化效率及其应用前景，光催化剂复合可打破紫外光源的束缚。许多金属氧化物光催化剂在光催化降解污染物方面取得了很大进展[6-9]。最近研究中，研究者已经认识到光催化剂的结构和形态对光催化活性有显著影响[10-12]。为了解决纳米材料光催化过程中产生的问题，作为金属氧化物基光催化剂的高效结构，空心球体由于其独特的大表面积、低密度和高效的吸光性能而被使用[13, 14]。半导体上负载的 Au 纳米颗粒产生表面等离子共振效应所引起的可见光增强吸收，有利于提高催化剂的光催化活性[15]。因此，有必要开发一种负载 Au 纳米颗粒的新型空心球作为光驱动光催化剂。然而，Au 纳米颗粒负载位置对光催化活性的影响的重要性尚不清楚。

在各种无机氧化物催化剂中，CeO_2 由于其高热稳定性、储氧能力以及 Ce（Ⅲ）和 Ce（Ⅳ）氧化态之间的易转化的优点而引起了广泛的关注。CeO_2 可以通过释放/存储氧来调节氧气含量，这在许多氧化反应中起着重要的作用[16-19]。而二氧化钛作为最重要的金属氧化物和半导体之一，尤其是锐钛矿型 TiO_2，已广泛用于光催化有机污染物[20-22]。TiO_2 掺杂后，CeO_2 的光吸收性能和光降解性能得到改善。近年来，一些研究也报道了各种形态的 TiO_2-CeO_2 纳米复合材料，包括核壳型的 TiO_2-CeO_2 纳米复合材料[23, 24]、TiO_2-CeO_2 纳米阵列复合材料[25, 26]、TiO_2-CeO_2 纳米线复合材料[27]、TiO_2-CeO_2 纳米薄膜复合材料[28, 29]和 TiO_2-CeO_2 纳米晶体复合材料[30-33]。此外，在 Au/TiO_2（或 Au/CeO_2）样品中，TiO_2（或 CeO_2）的带隙激发与负载的 Au 纳米颗粒吸附电子性质的耦合可以有效提高光催化剂性能[34, 35]。在以前的工作中，双壳空心球结构也可以有效地加速光子诱导电子与空穴的分离和转移，并且提高光催化过程的效率[15, 36-39]。因此，本章提出制备 TiO_2@Au@CeO_2 和 TiO_2@CeO_2/Au 纳米复合空心球，探究 Au 纳米颗粒在纳米复合空心球中的负载位置对光催化性能的影响。

通过溶胶-凝胶法制得双壳 $TiO_2@Au@CeO_2$ 及 $TiO_2@CeO_2/Au$ 空心球。其中 Au 纳米颗粒作为电子捕获点和表面等离子共振-光敏剂，Au 负载在 $TiO_2@Au@CeO_2$ 及 $TiO_2@CeO_2/Au$ 催化剂上有效减少了电子与空穴的复合。此外，金纳米颗粒的共存可以增加 $TiO_2@Au@CeO_2$ 和 $TiO_2@CeO_2/Au$ 空心球的可见光吸收，从而解决异质光催化的主要问题。这项工作增强了对作为提高光催化活性的助催化剂的贵金属可控位置的基本理解。

6.2 材料与方法

6.2.1 主要仪器与试剂

主要试剂：钛酸四丁酯（$C_{16}H_{36}O_4Ti$，分析纯），氯金酸（$HAuCl_4·4H_2O$，分析纯），硝酸铈（$Ce(NO_3)_3·6H_2O$，分析纯），葡萄糖（$C_6H_{12}O_6·H_2O$，分析纯），尿素（H_2NCONH_2，分析纯），苯乙烯（C_8H_8，分析纯），过硫酸钠（$Na_2S_2O_8$，分析纯），丙烯酸甲酯（$C_4H_6O_2$，分析纯），重铬酸钾（$K_2Cr_2O_7$，分析纯），1,5-二苯碳酰二肼（$C_{13}H_{14}N_4O$，分析纯）等。其余所用的化学试剂均为分析纯及以上级别。所需溶液用超纯水（18.2MΩ）配制。反应溶液 pH 值用 HCl 溶液和 NaOH 溶液进行调节。

主要仪器：扫描电子显微镜（SEM，日本 Hitachi 公司，S-4800），透射电子显微镜（TEM，美国 FEI 公司，Tecnai G^2 F20 U-TWIN），X 射线衍射仪（XRD，德国 Bruker 公司，D8 advance），热重分析仪（德国耐施公司，TG209F1），紫外可见分光光度计（日本岛津公司，UV-2550），荧光分光光度计（PL，美国瓦里安公司，Cary Eclipse），电化学工作站（上海辰华仪器有限公司，CHI650D），X 射线光电子能谱仪（XPS，美国赛默飞世尔科技有限公司，Thermo Fisher X Ⅱ），比表面及孔隙度分析仪（BET，美国 Micromeritics 公司，ASAP 2020 分析仪），总有机碳分析仪（TOC，日本岛津公司，TOC-VCPH），磁力搅拌器，鼓风干燥箱，电子分析天平等。

6.2.2 催化剂制备

1. 聚苯乙烯球的制备、TiO_2 空心球的制备

以上制备方法参见前面章节。

2. Au 纳米颗粒的制备（5nm）

通过硼氢化钠还原法制备单分散的 Au 纳米颗粒[40]。在两颈烧瓶中加入190mL

去离子水,在磁力搅拌中加入 5mL 氯金酸溶液(10mmol/L),继续搅拌 2min;然后取 5mL 柠檬酸三钠溶液(10mmol/L)加入至上述溶液,继续搅拌 10min;最后加入 3mL 硼氢化钠溶液(100mmol/L)搅拌 12h,制得 5nm 左右的 Au 纳米颗粒。

3. CeO_2 纳米颗粒的制备

依次称取葡萄糖(1g)、尿素(0.22g)和硝酸铈(0.1g)在磁力搅拌下溶于 10mL 去离子水中,将混合液置于高压反应釜中 160℃保持 20h。用乙醇洗涤产物 3 次,真空干燥。最后煅烧获得 CeO_2 纳米颗粒(煅烧参数:5℃/min,600℃ 6h)。

4. $TiO_2@CeO_2$ 空心球的制备

依次称取葡萄糖(1g)、尿素(0.22g)和硝酸铈(0.1g)在磁力搅拌下溶于 10mL 去离子水中;得到的混合液利用进样器以 1mL/min 的速率逐滴加入到 15mL 的 $PS@TiO_2$ + 乙醇混合液中,充分搅拌 30min;最后在高压反应釜中 160℃反应 20h,用乙醇洗涤产物 3 次,真空干燥。通过煅烧获得双壳 $TiO_2@CeO_2$ 空心球(煅烧参数:5℃/min,600℃ 6h)。

5. $TiO_2@CeO_2/Au$ 空心球的制备

依次称取葡萄糖(1g)、尿素(0.22g)和硝酸铈(0.1g)在磁力搅拌下溶于 10mL 去离子水中,得到的混合液利用进样器以 1mL/min 的速率逐滴加入 15mL 的 $PS@TiO_2$ + 乙醇混合液中,充分搅拌 30min;然后取 5mL Au 溶胶加入到上述混合液中,充分搅拌分散 30min;最后在高压反应釜中 160℃反应 20h,用乙醇洗涤产物 3 次,真空干燥。通过煅烧获得双壳 $TiO_2@CeO_2/Au$ 空心球(煅烧参数:5℃/min,600℃ 6h)。

6. $TiO_2@Au@CeO_2$ 空心球的制备

取 15mL 的 $PS@TiO_2$ + 乙醇混合液,加入 5mL 制备好的 Au 溶胶加入上述溶液中,搅拌分散 30min;依次称取葡萄糖(1g)、尿素(0.22g)和硝酸铈(0.1g)在磁力搅拌下溶于 10mL 去离子水中,得到的混合液利用进样器以 1mL/min 的速率逐滴加入上述溶液;最后在高压反应釜中 160℃反应 20h,用乙醇洗涤产物 3 次,真空干燥。通过煅烧获得双壳 $TiO_2@Au@CeO_2$ 空心球(煅烧参数:5℃/min,600℃ 6h)。

6.2.3 光催化活性测试

用芳香族污染物甲基橙的溶液(5×10^{-3}g/mL,50mL,pH = 5)进行光催化活性测试。称取 30mg CeO_2、单壳 TiO_2、双壳 $TiO_2@CeO_2$、双壳 $TiO_2@CeO_2/Au$、双壳 $TiO_2@Au@CeO_2$ 纳米材料分散于芳香族污染物中,在黑暗条件下搅拌 1h,

以达到芳香族污染物和纳米材料之间的吸附/脱附平衡。之后，在300W氙灯下（用滤光片滤过小于400nm的波段）进行可见光催化测试。磁力搅拌120min，每隔一定时间取一次样，高速离心得到上清液，用紫外可见分光光度计测定其吸光度。降解率用以下公式计算：

$$降解率(\%) = \frac{C_0 - C}{C_0} \times 100\% \tag{6.1}$$

其中，C_0 为可见光照射前的初始污染物浓度；C 为可见光照射后的溶液中的污染物浓度。

第一阶动力学方程可用于拟合实验数据：

$$\ln\left(\frac{C_0}{C}\right) = k_{\text{app}} \times t \tag{6.2}$$

其中，k_{app} 为反应速率常数；t 为反应时间[34]。

光催化剂（30mg，双壳 $TiO_2@CeO_2$、双壳 $TiO_2@CeO_2/Au$、双壳 $TiO_2@Au@CeO_2$）光催化降解均苯三甲酸（50mL，10mg/L）的反应条件与甲基橙相同。光降解后，收集样品并过滤，然后通过总有机碳分析仪测试均苯三甲酸的降解效率。

6.2.4 Cr（Ⅵ）光还原活性测试

不同尺寸的 TiO_2 空心球以及双壳 $TiO_2@WO_3/Au$ 空心球光催化还原 Cr（Ⅵ）的反应在100mL石英反应器中进行。100mg/L 的 Cr（Ⅵ）储备溶液用 $K_2Cr_2O_7$ 配制得到，进一步稀释至5mg/L用于光还原实验。光催化剂（30mg，双壳 $TiO_2@CeO_2$、双壳 $TiO_2@CeO_2/Au$、双壳 $TiO_2@Au@CeO_2$）分散于 Cr（Ⅵ）溶液中（50mL，5mg/L，pH = 4.03），在石英反应器中暗反应2h以达到其吸附-解吸平衡，然后进行光还原性能测试。通过比色法测定水溶液中 Cr（Ⅵ）的浓度，加入1,5-二苯碳酰二肼显色后，用紫外可见分光光度计在吸收波长540nm处测定吸光度[41]。

6.3 双壳夹心 $TiO_2@Au@CeO_2$ 空心球的结构及其光催化应用

6.3.1 双壳夹心 $TiO_2@Au@CeO_2$ 空心球的形貌表征

在 PS 球模板上通过模板 + 溶胶-凝胶法 + 煅烧方法制备得到双壳 $TiO_2@CeO_2$、$TiO_2@CeO_2/Au$、$TiO_2@Au@CeO_2$ 空心球。TiO_2 前驱体、CeO_2 前驱体及 Au 纳米颗粒通过水解、静电吸附依次包覆在 PS 球表面（图6-1），主要区别是 Au 纳米颗粒的负载时间不一样。为了确定煅烧温度，进行热分析表征（TG）。根据 TG 结果（图6-2）可知，$PS@TiO_2@CeO_2$ 在600℃煅烧时 PS 球可以被完全去除。表征结果显示，在不同煅烧时间条件下，双壳 $TiO_2@CeO_2$ 的空心球结构并没有发生明显改变，其尺寸均一。但如果煅烧时间过短，从 TEM 图可以直观得知双壳 $TiO_2@CeO_2$ 晶化不完全；如果煅烧时间过长，从 SEM 图可以直观得知双壳 $TiO_2@CeO_2$ 表面包覆的 CeO_2 纳米颗粒出现部分脱落现象，XRD 谱图也证实了以上结论（图 6-3）。因此选择 6h 作为煅烧时间来保证 $TiO_2@CeO_2$ 及其复合材料下一步研究的进行。

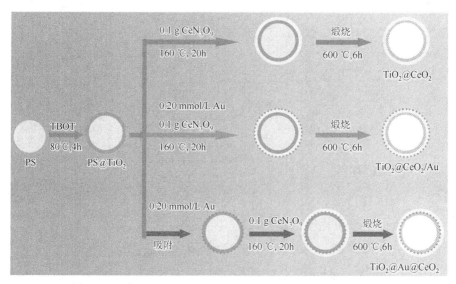

图 6-1　双壳 $TiO_2@CeO_2$、$TiO_2@CeO_2/Au$ 及 $TiO_2@Au@CeO_2$ 纳米复合材料的合成路线

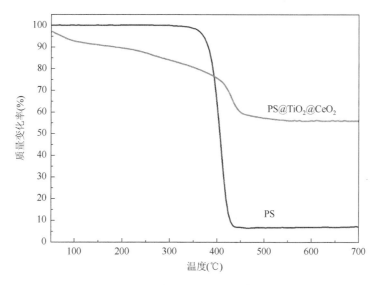

图 6-2　PS 球及 $PS@TiO_2@CeO_2$ 的热重损失图

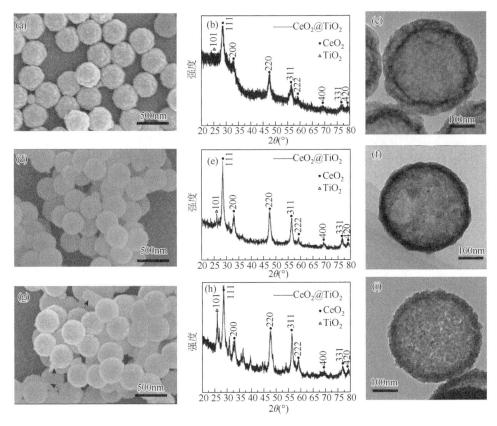

图 6-3　600℃煅烧时双壳 TiO_2@CeO_2 空心球的 SEM、XRD 及 TEM 表征图
(a～c) 3h；(d～f) 6h；(g～i) 9h

　　为了直观观察材料的形貌特征，联合 SEM 图及 TEM 图来证明确实获得双壳空心球纳米材料。由于 PS@TiO_2 表面丰富的羟基功能基团，PS@TiO_2 微球表面在吸附 Ce^{6+} 后经过反应包覆 CeO_2 前驱体，通过煅烧去除 PS 球后形成双壳 TiO_2@CeO_2 空心球纳米材料。由 SEM 图可知，制得的纳米材料具有球形结构且分散性较好 [图 6-4 (a, b)]。从 TEM 图可以进一步证实 SEM 图的结论，并且更直观地观察到 TiO_2@CeO_2 分布的层数以及每一层的厚度 [图 6-4 (c, d)]。由 HRTEM 图可知 TiO_2@CeO_2 纳米复合材料的晶界面组成，图中显示出三种类型的条纹晶格，其中 0.19nm、0.31nm 及 0.351nm 的晶格间距分别与 CeO_2 (220) 和 (111) 晶面及 TiO_2 (101) 晶面间距相吻合 [图 6-4 (e)]，证实其是由 TiO_2 和 CeO_2 组成。TiO_2@CeO_2 纳米复合材料中的多晶性质也由选区电子衍射图得到证实 [图 6-4 (f)]。在 TiO_2@CeO_2 的 HAADF-STEM 面扫元素分布图中绿色、红色和黄色的区域表示 TiO_2@CeO_2 空心球是 O、Ti 和 Ce 元素的富集区域，进一步证明纳米复合

材料是由 TiO_2 和 CeO_2 构成[图 6-4（g）]。图 6-4（h）显示双壳 $TiO_2@CeO_2$ 纳米材料 XRD 谱图结果，XRD 谱图中显示出锐钛矿 TiO_2 的（101）晶面，与 TiO_2 锐钛矿标准谱图（JCPDS NO. 21-1272）相吻合[42]。XRD 谱图中其他特征峰的位置分别与立方相 CeO_2 晶面（111）、（200）、（220）、（311）、（222）、（400）、（331）和（420）的标准谱图（JCPDS NO. 34-0394）相吻合[43]。以上结果说明 $TiO_2@CeO_2$ 确实是由锐钛矿相 TiO_2 及立方相 CeO_2 组成。$TiO_2@CeO_2$ 的 HAADF-STEM 线扫图进一步证实 TiO_2 和 CeO_2 是分层结构，表明 $TiO_2@CeO_2$ 是双层结构。由 EDX 可知，双壳 $TiO_2@CeO_2$ 空心球纳米复合材料由 TiO_2 壳和 CeO_2 壳组成，Ti 和 Ce 的原子分数分别为 17.47%和 21.93%（图 6-5）。

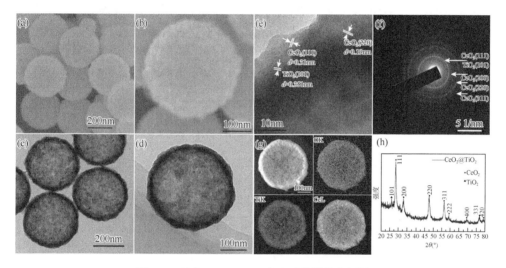

图 6-4　双壳 $TiO_2@CeO_2$ 空心球的结构表征图

（a，b）SEM；（c，d）TEM；（e）HRTEM；（f）SAED；（g）HAADF-STEM；（h）XRD

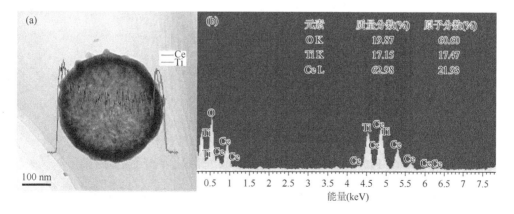

图 6-5　双壳 $TiO_2@CeO_2$ 空心球的 TEM、HAADF-STEM 线扫分布图及 EDX 图

从 X 射线光电子能谱（XPS）图的峰位和峰形可知双壳 $TiO_2@CeO_2$ 表面元素由 Ti、O 和 Ce 组成（图6-6）。其中 Ti 2p 谱图中显示出两个贡献峰，Ti $2p_{3/2}$ 和 $2p_{1/2}$（自旋-轨道分裂产生）分别位于 458.5eV 和 464.2eV，归属于与氧八面体配位的 Ti^{4+}，这表明 Ti 元素的确以+4 价的形态存在[44]。O 1s 谱清楚地表明 Ti 和 O L 的结合能峰值位置没有改变。Ce 3d 结合能峰 881.9eV 和 900.4eV 分别对应 Ce $3d_{3/2}$ 和 $3d_{5/2}$，表明 Ce 元素的确以+4 价的形式存在[8]。图 6-6（d）是单壳 TiO_2 空心球及双壳 $TiO_2@CeO_2$ 空心球的紫外可见吸收光谱图，从图中可以明显地看到，双壳 $TiO_2@CeO_2$ 与单壳 TiO_2 相比，双壳 $TiO_2@CeO_2$ 的可见光吸收波段得到拓展，这一现象表明该材料可以利用太阳光作为光源进行光催化实验。单壳 TiO_2 空心球及双壳 $TiO_2@CeO_2$ 空心球的最大吸收波长分别是 380nm 及 475nm。由此可以推断出单壳 TiO_2 空心球的禁带宽度（3.2eV）与文献报道相对应［图6-6（d）][45]。而双壳 $TiO_2@CeO_2$ 吸收光谱表现出红移，可能是受由电子-光子耦合引发的界面极化效应的影响。

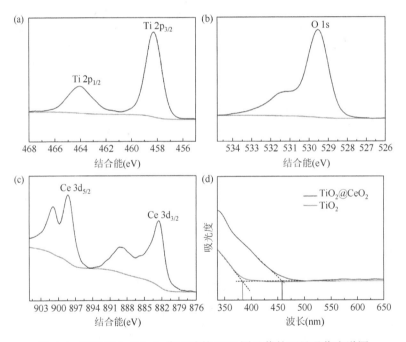

图 6-6 双壳 $TiO_2@CeO_2$ 空心球的 XPS 图及紫外可见吸收光谱图
（a）Ti 2p；（b）O 1s；（c）Ce 3d；（d）紫外可见吸收光谱图

6.3.2 双壳夹心 $TiO_2@Au@CeO_2$ 空心球光氧化及光还原性能

为了研究光催化剂结构对光催化活性的影响，取 CeO_2、TiO_2、P25、CeO_2/Au、TiO_2/Au、$TiO_2@CeO_2$、$TiO_2@CeO_2$/Au 和 $TiO_2@Au@CeO_2$ 空心球等八种光催化剂，

用于模拟太阳光下光催化降解甲基橙研究。图6-7及表6-1结果表明,虽然相对于P25等催化剂来说,双壳$TiO_2@CeO_2$空心球在可见光下的光催化活性已经有很大提高,但对于当前有机污染的高效降解目标来说还是有差距的,所以设想通过在纳米材料上负载贵金属来提高光生电子与空穴的分离效率,从而进一步提高光降解活性。设想采用模板+溶胶-凝胶+煅烧法将Au纳米颗粒沉积在$TiO_2@CeO_2$空心球的内外层表面,制得$TiO_2@CeO_2/Au$和$TiO_2@Au@CeO_2$等催化剂。它们的光催化活性结果对比表明,$TiO_2@Au@CeO_2$确实表现出比P25和TiO_2更优异的催化性能,比双壳$TiO_2@CeO_2$的催化活性也有很大提高。$TiO_2@Au@CeO_2$光催化降解甲基橙的效率达95%,比P25和TiO_2分别提高了64%和54%。经处理光催化数据发现,$\ln(C_0/C)$和反应时间呈直线关系,此时反应为一级反应,k为表观一级反应速率常数,其中CeO_2、TiO_2、P25、CeO_2/Au、TiO_2/Au、$TiO_2@CeO_2$、$TiO_2@CeO_2/Au$和$TiO_2@Au@CeO_2$的速率常数分别为$0.0091min^{-1}$、$0.0046min^{-1}$、$0.0034min^{-1}$、$0.013min^{-1}$、$0.011min^{-1}$、$0.014min^{-1}$、$0.021min^{-1}$和$0.026min^{-1}$。

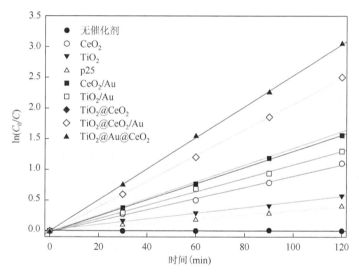

图6-7 CeO_2、TiO_2、P25、CeO_2/Au、TiO_2/Au、$TiO_2@CeO_2$、$TiO_2@CeO_2/Au$和$TiO_2@Au@CeO_2$在甲基橙中可见光光催化降解一级动力学的研究

实验条件:污染物50mL,5mg/L;催化剂(30mg);300W氙灯(>400nm)

表6-1 CeO_2、TiO_2、P25、CeO_2/Au、TiO_2/Au、$TiO_2@CeO_2$、$TiO_2@CeO_2/Au$和$TiO_2@Au@CeO_2$可见光降解速率常数k及相关系数R^2

样品	k(min^{-1})	R^2
CeO_2	0.0091	0.997
TiO_2	0.0046	0.995

续表

样品	k (min^{-1})	R^2
P25	0.0034	0.999
CeO$_2$/Au	0.013	0.999
TiO$_2$/Au	0.011	0.996
TiO$_2$@CeO$_2$	0.014	0.998
TiO$_2$@CeO$_2$/Au	0.021	0.998
TiO$_2$@Au@CeO$_2$	0.026	0.999

TEM 图证实了 Au 纳米颗粒确实负载在 TiO$_2$@CeO$_2$ 上（图 6-8）。通过 HRTEM 图像和 HAADF-STEM 图像证实 TiO$_2$、CeO$_2$ 和 Au NPs 之间界面的形成（图 6-8～图 6-10）。Au 纳米颗粒分别被包覆在 TiO$_2$@CeO$_2$/Au 的外表面及夹心于 TiO$_2$@Au@CeO$_2$ 中。在贵金属负载 TiO$_2$@CeO$_2$ 纳米复合材料中，采用 5nm 大小的 Au 纳米颗粒进行研究。Au 纳米颗粒 XPS 图中的结合能峰值 84.2eV 和 88.2eV 位置的主峰分别归属于 4f$_{7/2}$ 和 4f$_{5/2}$ Au 金属态，自旋能与文献报道的 Au 4f$_{7/2}$ 和 Pt 4f$_{5/2}$ 数据吻合[37]（图 6-11）。

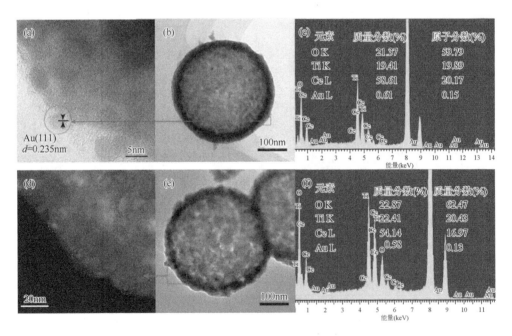

图 6-8 （a～c）TiO$_2$@CeO$_2$/Au 的 HRTEM 图、TEM 图及 EDX 图；
（d～f）TiO$_2$@Au@CeO$_2$ 的 HRTEM 暗场分布图、TEM 图及 EDX 图

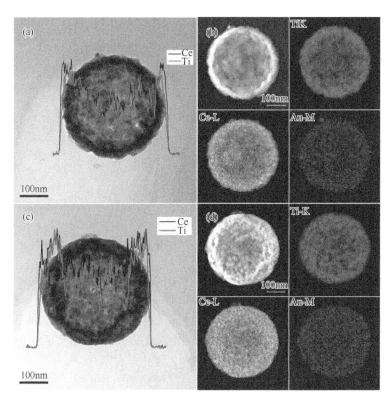

图 6-9　TiO$_2$@CeO$_2$/Au（a，b）、TiO$_2$@Au@CeO$_2$（c，d）的 TEM 图、HAADF-STEM 线扫分布图及 HAADF-STEM 面扫分布图

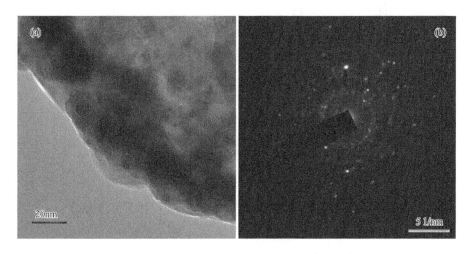

图 6-10　TiO$_2$@Au@CeO$_2$ 空心球的 TEM 图及 SAED 图

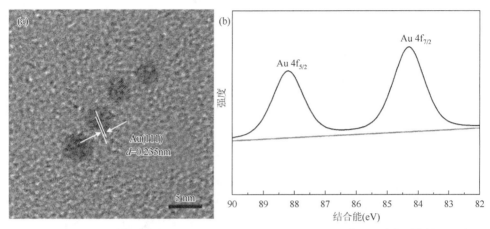

图 6-11　(a) Au 纳米颗粒的 HRTEM 图；(b) TiO_2@Au@CeO_2 中 Au 纳米颗粒的 XPS 图

对光催化数据进一步分析，双壳 TiO_2@Au@CeO_2 能够在短时间内对甲基橙的可见光降解速率达到 95%，相对于双壳 TiO_2@CeO_2 来说增长了 16%。根据以上结果推测可能是夹心层中的 Au 纳米颗粒可以有效地减少光生电子和空穴的复合，促进 CeO_2 光生电子与空穴的分离。TiO_2@Au@CeO_2 比 TiO_2@CeO_2/Au 及 TiO_2@CeO_2 具有更好的光催化活性，由此得出贵金属不同位置的负载对光催化是有影响的这一结论：CeO_2 壳层和 Au 纳米颗粒作为助催化剂及有效的组装协同增强 TiO_2 空心球可见光催化活性。对不同 TiO_2 基光催化剂的光催化活性进行比较（表 6-2），发现制备的独特的分层空心球结构和夹心层结构可以促进电子-空穴分离。对比 TiO_2@CeO_2、TiO_2@CeO_2/Au 及 TiO_2@Au@CeO_2 空心球的紫外可见吸收光谱图（图 6-12）可知，550～700nm 光吸收波段可能是负载的 Au 纳米颗粒表面等离子共振（SPR）产生的吸收，由此可知 Au 的包覆提高 TiO_2@CeO_2/Au 及 TiO_2@Au@CeO_2 空心球的吸光效率，进而提高可见光的催化能力。对制备的纳米复合材料的稳定性进行测试，结果表明，TiO_2@Au@CeO_2 作为光催化剂具有较好的稳定性，在重复三次光催化降解甲基橙后还具有较好的催化活性（图 6-13）。然而，TiO_2@CeO_2/Au 空心球在三次循环后光催化效率从 91% 降到 71%，可能归因于 TiO_2@CeO_2/Au 材料中 Au 的不稳定性。通过对比催化前后的 TEM 图（图 6-14）可知，TiO_2@Au@CeO_2 中的 Au 在三次循环使用后，并没有脱落。而 TiO_2@CeO_2/Au 中的 Au 在三次循环使用后开始出现脱落，这就可以解释 TiO_2@CeO_2/Au 在三次循环使用后催化效率降低的现象。这个结论与前面提出的设想相符合，也为后续高效催化剂结构的设计提供了一定的启发。

表 6-2　不同 TiO_2 基光催化剂的光催化活性对比

样品	k（min^{-1}）	光源	对象	参考文献
CdS-TiO_2-Au	0.012	可见光	甲基橙	[46]

续表

样品	k (min^{-1})	光源	对象	参考文献
N-F 共掺杂 TiO$_2$	0.0082	可见光	甲基橙	[47]
双壳 TiO$_2$@CeO$_2$	0.014	可见光	甲基橙	本书
双壳 TiO$_2$@CeO$_2$/Au	0.021	可见光	甲基橙	本书
双壳 TiO$_2$@Au@CeO$_2$	0.026	可见光	甲基橙	本书

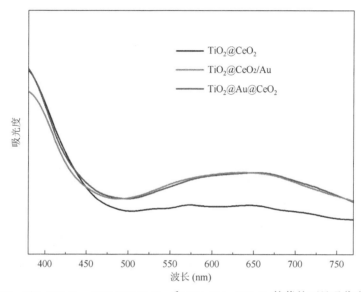

图 6-12　TiO$_2$@CeO$_2$、TiO$_2$@CeO$_2$/Au 和 TiO$_2$@Au@CeO$_2$ 的紫外可见吸收光谱图

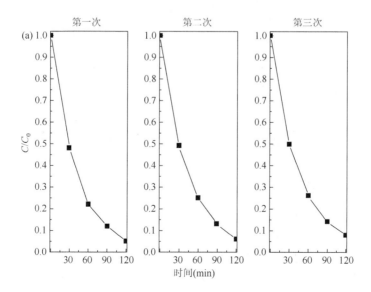

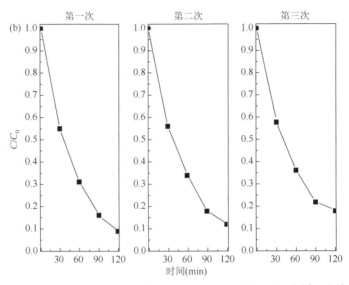

图 6-13 TiO$_2$@Au@CeO$_2$（a）和 TiO$_2$@CeO$_2$/Au（b）可见光循环光降解甲基橙

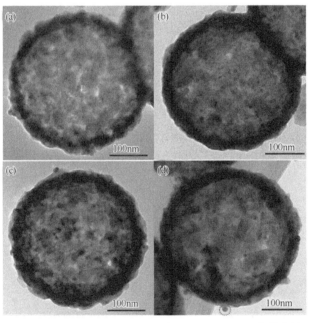

图 6-14 TiO$_2$@Au@CeO$_2$（a，b）和 TiO$_2$@CeO$_2$/Au（c，d）光催化前后的 TEM 图

下面进行一系列的表征来进一步说明贵金属作为助催化剂的可控位置对提高光催化活性的影响。荧光发射光谱主要由激发的电子与空穴的复合引起，对比五个催化剂的荧光发射光谱图可知 TiO$_2$@Au@CeO$_2$ 具有较弱的荧光强度，说明 TiO$_2$@Au@CeO$_2$ 具有较高的电子与空穴的分离效率（图 6-15）。将 TiO$_2$@CeO$_2$、

TiO$_2$@CeO$_2$/Au 及 TiO$_2$@Au@CeO$_2$ 空心球用于模拟太阳光光催化降解均苯三甲酸研究。对比实验前后总有机碳的含量（图 6-16，表 6-3），实验结果显示，TiO$_2$@Au@CeO$_2$ 具有较好的催化性能，这与前面的实验结论相一致。TiO$_2$@CeO$_2$、TiO$_2$@CeO$_2$/Au 及 TiO$_2$@Au@CeO$_2$ 总有机碳分别减少 46%、52% 及 58%。TiO$_2$@Au@CeO$_2$ 表现出比其他催化剂更好的性能可能是因为 TiO$_2$@Au@CeO$_2$ 空心球本身的结构提供了合适的电子通道，进而提高了光生电子与空穴的分离效果。

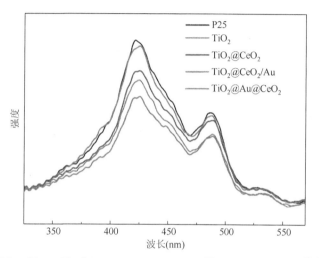

图 6-15　P25、TiO$_2$、TiO$_2$@CeO$_2$、TiO$_2$@CeO$_2$/Au 及 TiO$_2$@Au@CeO$_2$ 的荧光发射光谱图

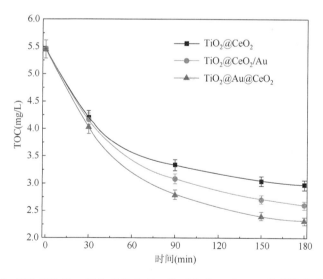

图 6-16　TiO$_2$@CeO$_2$、TiO$_2$@CeO$_2$/Au 及 TiO$_2$@Au@CeO$_2$ 光催化均苯三甲酸前后总有机碳含量变化曲线

实验条件：污染物 50mL，5mg/L；催化剂 30mg；300W 氙灯（>400nm）

表 6-3 光催化前后总有机碳含量变化 [a]

样品	TOC（mg/L）
双壳 $TiO_2@CeO_2$	2.967
双壳 $TiO_2@CeO_2/Au$	2.592
双壳 $TiO_2@Au@CeO_2$	2.306

a. 均苯三甲酸：TOC, 5.452mg/L；光照时间，180min。

材料的孔结构对于材料的很多性质有很大甚至是决定性的作用，因此利用比表面及孔隙度分析仪对 $TiO_2@CeO_2$、$TiO_2@CeO_2/Au$ 及 $TiO_2@Au@CeO_2$ 空心球的结构进行比表面积测试。结果表明，$TiO_2@CeO_2$、$TiO_2@CeO_2/Au$ 及 $TiO_2@Au@CeO_2$ 空心球的 N_2 吸附-脱附等温曲线（图 6-17）可以认为是Ⅳ型吸附曲线类型，该类型是介孔固体材料的特征。其中 $TiO_2@Au@CeO_2$ 的比表面积和平均孔径分别为 $32m^2/g$ 和 20.0nm（表 6-4），证明了 $TiO_2@Au@CeO_2$ 是一个介孔纳米材料，这有利于对 Cr（Ⅵ）的吸附。同样用纳米材料光催化还原 Cr（Ⅵ）（初始浓度为 4.8μmol/L）的活性大小来评估 $TiO_2@CeO_2$、$TiO_2@CeO_2/Au$ 和 $TiO_2@Au@CeO_2$ 空心球的表观量子效率（AQE），进而说明不同贵金属负载位置对光还原活性的影响（图 6-18）。在可见光照射 5h 后，$TiO_2@Au@CeO_2$ 对 Cr（Ⅵ）的光还原效率为 79%，比 $TiO_2@CeO_2$ 和 $TiO_2@CeO_2/Au$ 增加了 19%和 7%。其中 $TiO_2@CeO_2$、$TiO_2@CeO_2/Au$ 和 $TiO_2@Au@CeO_2$ 的 Cr（Ⅵ）光还原速率分别为 0.576μmol/h、0.691μmol/h 和 0.758μmol/h（图 6-19）。

$$Cr_2O_7^{2-} + 14H^+ + 6e^- \longrightarrow 2Cr^{3+} + 7H_2O \qquad (6.3)$$

$$AQE = \frac{3 \times Cr(VI)还原总量}{入射光子总量} \times 100\% \qquad (6.4)$$

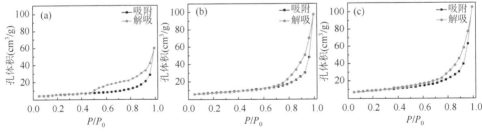

图 6-17 $TiO_2@CeO_2$（a）、$TiO_2@CeO_2/Au$（b）、$TiO_2@Au@CeO_2$（c）N_2 吸附-脱附等温曲线图

表 6-4 $TiO_2@CeO_2$、$TiO_2@CeO_2/Au$ 及 $TiO_2@Au@CeO_2$ 的比表面积与孔径

样品	S_{BET}（m^2/g）	D（nm）
$TiO_2@CeO_2$	18	20.5

续表

样品	S_{BET} (m²/g)	D (nm)
TiO$_2$@CeO$_2$/Au	26	22.8
TiO$_2$@Au@CeO$_2$	32	20.0

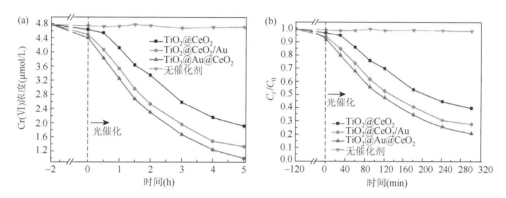

图 6-18 可见光照射下 Cr（Ⅵ）浓度随时间的变化曲线图（a）、Cr（Ⅵ）随时间变化的还原效率曲线图（b）

实验条件：Cr（Ⅵ）50mL，5mg/L；催化剂 30mg；300W 氙灯（＞400nm）

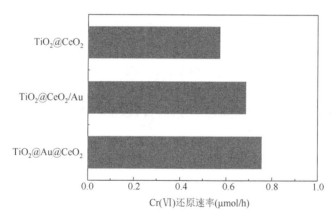

图 6-19 TiO$_2$@CeO$_2$、TiO$_2$@CeO$_2$/Au 及 TiO$_2$@Au@CeO$_2$ 对 Cr（Ⅵ）可见光还原速率

综上，一系列的实验及表征结果表明作为 Au 纳米颗粒电子捕获点和表面等离子体振-光敏剂，Au 纳米颗粒负载在 TiO$_2$@Au@CeO$_2$ 及 TiO$_2$@CeO$_2$/Au 催化剂上有效减少了电子与空穴的复合。此外，Au 纳米颗粒的共存可以增加 TiO$_2$@Au@CeO$_2$ 和 TiO$_2$@CeO$_2$/Au 空心球的可见光吸收，从而解决异质光催化的主要障碍。因此设计 TiO$_2$@Au@CeO$_2$ 光照下电子的转移示意图来表明催化剂活性提高的原因（图 6-20）。

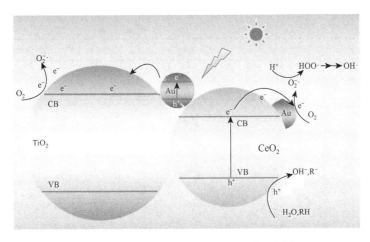

图 6-20　TiO_2@Au@CeO_2 电子转移示意图

6.4　小结与展望

本章设计结构新颖、有可见光响应、高光催化活性纳米复合材料，即壳壳复合空心球及 Au 纳米颗粒负载。TiO_2 空心球与 CeO_2 壳和 Au 纳米粒子耦合对光催化性能具有协同效应。通过空心球结构、助催化剂（如 Au 纳米粒子）位置可控复合、具有不同带隙光催化剂壳-壳组合等方式改善非均相光催化活性，TiO_2@Au@CeO_2 对甲基橙降解率达 95%，较 TiO_2、CeO_2、TiO_2@CeO_2、TiO_2@CeO_2/Au 等催化剂活性有很大提高，为纳米催化剂结构复合、功能协同提供新思路。在光催化降解污水的研究中，开发高效稳定可见光响应的新型光催化剂，揭示特殊光催化剂材料结构与催化活性之间的内在联系，是现阶段以及未来很长一段时间内研究的焦点问题。

参 考 文 献

[1]　Di J, Xia J, Ge Y, et al. Novel visible-light-driven CQDs/Bi_2WO_6 hybrid materials with enhanced photocatalytic activity toward organic pollutants degradation and mechanism insight [J]. Appl. Catal. B, 2015, 168: 51-61.

[2]　Yang X, Qin J, Jiang Y, et al. Fabrication of P25/Ag_3PO_4/graphene oxide heterostructures for enhanced solar photocatalytic degradation of organic pollutants and bacteria [J]. Appl. Catal. B, 2015, 166: 231-240.

[3]　Li K, Zeng Z, Yan L, et al. Fabrication of C/X-TiO_2@C_3N_4 NTs (X = N, F, Cl) composites by using phenolic organic pollutants as raw materials and their visible-light photocatalytic performance in different photocatalytic systems [J]. Appl. Catal. B, 2016, 187: 269-280.

[4]　Chen J J, Wang W K, Li W W, et al. Roles of crystal surface in Pt-loaded titania for photocatalytic conversion of organic pollutants: A first-principle theoretical calculation [J]. ACS Appl. Mater. Inter., 2015, 7(23): 12671-12678.

[5]　Wang C C, Li J R, Lv X L, et al. Photocatalytic organic pollutants degradation in metal-organic frameworks [J]. Energ. Environ. Sci., 2014, 7(9): 2831-2867.

[6] Qiu B, Xing M, Zhang J. Mesoporous TiO$_2$ nanocrystals grown in situ on graphene aerogels for high photocatalysis and lithium-ion batteries [J]. J. Am. Chem. Soc., 2014, 136(16): 5852-5855.

[7] Luo X, Deng F, Min L, et al. Facile one-step synthesis of inorganic-framework molecularly imprinted TiO$_2$/WO$_3$ nanocomposite and its molecular recognitive photocatalytic degradation of target conta minant [J]. Environ. Sci. Technol., 2013, 47(13): 7404-7412.

[8] Muñoz-Batista M J, Gómez-Cerezo M N, Kubacka A, et al. Role of interface contact in CeO$_2$-TiO$_2$ photocatalytic composite materials [J]. ACS Catal., 2013, 4(1): 63-72.

[9] Sun H, Liu S, Liu S, et al. A comparative study of reduced graphene oxide modified TiO$_2$, ZnO and Ta$_2$O$_5$ in visible light photocatalytic/photochemical oxidation of methylene blue [J]. Appl. Catal. B, 2014, 146: 162-168.

[10] Hu Y, Gao X, Yu L, et al. Carbon-coated CdS petalous nanostructures with enhanced photostability and photocatalytic activity[J]. Angew. Chem. Int. Ed., 2013, 125(21): 5746-5749.

[11] Obregón S, Caballero A, Colón G. Hydrothermal synthesis of BiVO$_4$: Structural and morphological influence on the photocatalytic activity [J]. Appl. Catal. B, 2012, 117: 59-66.

[12] Yu C, Yang K, Xie Y, et al. Novel hollow Pt-ZnO nanocomposite microspheres with hierarchical structure and enhanced photocatalytic activity and stability [J]. Nanoscale, 2013, 5(5): 2142-2151.

[13] Li D, Qin Q, Duan X, et al. General one-pot template-free hydrothermal method to metal oxide hollow spheres and their photocatalytic activities and lithium storage properties [J]. ACS Appl. Mater. Inter., 2013, 5(18): 9095-9100.

[14] Hu J, Chen M, Fang X, et al. Fabrication and application of inorganic hollow spheres [J]. Chem. Soc. Rev., 2011, 40(11): 5472-5491.

[15] Cai J, Wu X, Li S, et al. Synergistic effect of double-shelled and sandwiched TiO$_2$@Au@C hollow spheres with enhanced visible-light-driven photocatalytic activity [J]. ACS Appl. Mater. Inter., 2015, 7(6): 3764-3772.

[16] Liu X, Zhou K, Wang L, et al. Oxygen vacancy clusters promoting reducibility and activity of ceria nanorods [J]. J. Am. Chem. Soc., 2009, 131(9): 3140-3141.

[17] Esch F, Fabris S, Zhou L, et al. Electron localization deter mines defect formation on ceria substrates [J]. Science, 2005, 309(5735): 752-755.

[18] Guo X H, Mao C C, Zhang J, et al. Cobalt-doping-induced synthesis of ceria nanodisks and their significantly enhanced catalytic activity [J]. Small, 2012, 8(10): 1515-1520.

[19] Qi J, Chen J, Li G, et al. Facile synthesis of core-shell Au@CeO$_2$ nanocomposites with remarkably enhanced catalytic activity for CO oxidation [J]. Energ. Environ. Sci., 2012, 5(10): 8937-8941.

[20] Xiang Q, Yu J, Jaroniec M. Synergetic effect of MoS$_2$ and graphene as cocatalysts for enhanced photocatalytic H$_2$ production activity of TiO$_2$ nanoparticles [J]. J. Am. Chem. Soc., 2012, 134(15): 6575-6578.

[21] Wu H B, Hng H H, Lou X W. Direct synthesis of anatase TiO$_2$ nanowires with enhanced photocatalytic activity [J]. Adv. Mater., 2012, 24(19): 2567-2571.

[22] Zuo F, Bozhilov K, Dillon R J, et al. Active facets on titanium(III)-doped TiO$_2$: An effective strategy to improve the visible-light photocatalytic activity [J]. Angew. Chem. Int. Ed., 2012, 124(25): 6327-6330.

[23] Correa D N, de Souza e Silva J M, Santos E B, et al. TiO$_2$-and CeO$_2$-based biphasic core-shell nanoparticles with tunable core sizes and shell thicknesses [J]. J. Phys. Chem. C, 2011, 115(21): 10380-10387.

[24] Eskandarloo H, Badiei A, Behnajady M A. TiO$_2$/CeO$_2$ hybrid photocatalyst with enhanced photocatalytic activity: Optimization of synthesis variables [J]. Ind. Eng. Chem. Res., 2014, 53(19): 7847-7855.

[25] Alessandri I, Zucca M, Ferroni M, et al. Tailoring the pore size and architecture of CeO$_2$/TiO$_2$ core/shell inverse opals by atomic layer deposition [J]. Small, 2009, 5(3): 336-340.

[26] Jiao J, Wei Y, Zhao Z, et al. Photocatalysts of 3D ordered macroporous TiO_2-supported CeO_2 nanolayers: Design, preparation, and their catalytic performances for the reduction of CO_2 with H_2O under simulated solar irradiation [J]. Ind. Eng. Chem. Res., 2014, 53(44): 17345-17354.

[27] Cao T, Li Y, Wang C, et al. Three-dimensional hierarchical CeO_2 nanowalls/TiO_2 nanofibers heterostructure and its high photocatalytic performance [J]. J. Sol-Gel Sci. Technol., 2010, 55(1): 105-110.

[28] Jiang B, Zhang S, Guo X, et al. Preparation and photocatalytic activity of CeO_2/TiO_2 interface composite film [J]. Appl. Surf. Sci., 2009, 255(11): 5975-5978.

[29] Liu B, Zhao X, Zhang N, et al. Photocatalytic mechanism of TiO_2-CeO_2 films prepared by magnetron sputtering under UV and visible light [J]. Surf. Sci., 2005, 595(1-3): 203-211.

[30] Li P, Xin Y, Li Q, et al. Ce-Ti amorphous oxides for selective catalytic reduction of NO with NH_3: Confirmation of Ce-O-Ti active sites [J]. Environ. Sci. Technol., 2012, 46(17): 9600-9605.

[31] Murugan B, Ramaswamy A V. Chemical states and redox properties of Mn/CeO_2-TiO_2 nanocomposites prepared by solution combustion route [J]. J. Phys. Chem. C, 2008, 112(51): 20429-20442.

[32] Si R, Tao J, Evans J, et al. Effect of ceria on gold-titania catalysts for the water-gas shift reaction: Fundamental studies for Au/CeO_x/TiO_2(110) and Au/CeO_x/TiO_2 powders [J]. J. Phys. Chem. C, 2012, 116(44): 23547-23555.

[33] Fang J, Bao H, He B, et al. Interfacial and surface structures of CeO_2-TiO_2 mixed oxides [J]. J. Phys. Chem. C, 2007, 111(51): 19078-19085.

[34] Du J, Qi J, Wang D, et al. Facile synthesis of Au@TiO_2 core-shell hollow spheres for dye-sensitized solar cells with remarkably improved efficiency [J]. Energ. Environ. Sci., 2012, 5(5): 6914-6918.

[35] Khan M M, Ansari S A, Ansari M O, et al. Biogenic fabrication of Au@CeO_2 nanocomposite with enhanced visible light activity [J]. J. Phys. Chem. C, 2014, 118(18): 9477-9484.

[36] Chen J, Wang D, Qi J, et al. Monodisperse hollow spheres with sandwich heterostructured shells as high-performance catalysts via an extended SiO_2 template method [J]. Small, 2015, 11(4): 420-425.

[37] Cai J, Wu X, Li S, et al. Synthesis of TiO_2@WO_3/Au nanocomposite hollow spheres with controllable size and high visible-light-driven photocatalytic activity [J]. ACS Sustain. Chem. Eng., 2016, 4(3): 1581-1590.

[38] Li S, Cai J, Wu X, et al. Fabrication of positively and negatively charged, double-shelled, nanostructured hollow spheres for photodegradation of cationic and anionic aromatic pollutants under sunlight irradiation [J]. Appl. Catal. B, 2014, 160: 279-285.

[39] Li S, Chen J, Zheng F, et al. Synthesis of the double-shell anatase-rutile TiO_2 hollow spheres with enhanced photocatalytic activity [J]. Nanoscale, 2013, 5(24): 12150-12155.

[40] Daniel M C, Astruc D. Gold nanoparticles: Assembly, supramolecular chemistry, quantum-size-related properties, and applications toward biology, catalysis, and nanotechnology [J]. Chem. Rev., 2004, 104(1): 293-346.

[41] American Public Health Association, American Water Works Association, Water Pollution Control Federation, et al. Standard Methods for the Exa Mination of Water and Wastewater [M]. American Public Health Association, 1915.

[42] Yu J, Low J, Xiao W, et al. Enhanced photocatalytic CO_2-reduction activity of anatase TiO_2 by coexposed {001} and {101} facets [J]. J. Am. Chem. Soc., 2014, 136(25): 8839-8842.

[43] Xie Q, Zhao Y, Guo H, et al. Facile preparation of well-dispersed CeO_2-ZnO composite hollow microspheres with enhanced catalytic activity for CO oxidation [J]. ACS Appl. Mater. Inter., 2013, 6(1): 421-428.

[44] Zhuang J, Tian Q, Zhou H, et al. Hierarchical porous TiO_2@C hollow microspheres: One-pot synthesis and enhanced visible-light photocatalysis [J]. J. Mater. Chem., 2012, 22(14): 7036-7042.

[45] Shang S, Jiao X, Chen D. Template-free fabrication of TiO_2 hollow spheres and their photocatalytic properties [J].

ACS Appl. Mater. Inter., 2012, 4(2): 860-865.

[46] Lv T, Pan L, Liu X, et al. Visible-light photocatalytic degradation of methyl orange by CdS-TiO$_2$-Au composites synthesized via microwave-assisted reaction [J]. Electrochim. Acta., 2012, 83: 216-220.

[47] He Z, Que W, Chen J, et al. Photocatalytic degradation of methyl orange over nitrogen-fluorine codoped TiO$_2$ nanobelts prepared by solvothermal synthesis [J]. ACS Appl. Mater. Inter., 2012, 4(12): 6816-6826.

第7章 双壳夹心 TiO$_2$@Pt@CeO$_2$ 及 TiO$_2$@NMs@ZnO 空心球光还原 Cr（Ⅵ）及光氧化苯甲醇性能研究

7.1 引　言

由于太阳能具有环保、安全和可持续性，光催化技术被认为是重金属污染物处理和醇氧化成相应醛类的绿色、强大及可靠的途径[1-3]。由于 Cr（Ⅵ）被美国环境保护局和其他许多国家指定为优先污染物，因此一些研究者已经开发了一些用于 Cr（Ⅵ）去除的方法，包括离子交换、化学沉淀、膜分离等[4-6]。从环保反应条件及节能角度考虑，光催化还原 Cr（Ⅵ）被认为是最有希望的方法[7, 8]。

水对于光催化反应是最绿色的溶剂。由于羰基化合物广泛应用于食品加工、药物制备及化学工业，因此在溶剂水中将醇选择性地氧化为相应的醛是一种重要的有机转化绿色方法[9, 10]。与单壳纳米复合材料相比，双壳纳米复合材料由于其表面和光催化性能的改善，作为光催化剂在选择性有机合成方面引起了很大的关注[11-13]。通过一些研究可知，光催化剂的结构和形态对光催化活性具有显著的影响[14-16]。作为金属氧化物基光催化剂的有效结构，空心球结构由于具有独特的大表面积、低密度、高效吸收性等优点被广泛应用于光催化反应[17, 18]。根据本课题组前期基础研究可知 Au 纳米颗粒的负载提高了光催化活性[13]。基于以上研究设想其他贵金属的负载对催化活性也会产生同样的影响。对此提出负载贵金属 Pt 纳米颗粒对催化活性的探索。负载在半导体上的 Pt 纳米颗粒具有强吸收氧及电子吸附能力，这有利于提高催化剂的光催化活性[19, 20]。此外，进行不同贵金属负载对催化活性的影响探索，对比其光催化活性[21-23]。因此，有必要开发一种贵金属纳米颗粒负载的纳米复合材料作为光驱光催化剂。

在各种无机氧化物催化剂中，CeO$_2$ 由于其高热稳定性、储氧能力以及 Ce（Ⅲ）和 Ce（Ⅳ）氧化态之间易转化的优点而引起了广泛的关注。CeO$_2$ 可以通过释放/存储氧来调节氧气含量，这在许多氧化反应中起着重要的作用[24, 25]。二氧化钛（TiO$_2$）作为最重要的金属氧化物和半导体之一，尤其是锐钛矿型 TiO$_2$，广泛用于光催化、产氢及甲醛氧化[26-28]。通过 CeO$_2$ 掺杂后，TiO$_2$ 的光吸收范围及光催化性能得到提高。一些研究也报道了各种形态的 TiO$_2$-CeO$_2$ 纳米复合材料，包括纳米阵列型[29, 30]、核壳型[31, 32]、纳米薄膜型[33, 34]、纳米线型[35]和纳米晶体型[36, 37]。在 Pt/TiO$_2$（或 Pt/CeO$_2$）样品中，TiO$_2$（或 CeO$_2$）的带隙激发与负载的 Pt 纳米颗粒吸附电子性质的耦合可以有效提高光催化剂性能[38-41]。此外，双壳空心球结构可以促进电子的转移，继而提高光生电子与空穴的分离效率,最终提高光催化过程的效率[11-13, 42]。因此,本章提出制备双壳夹心 $TiO_2@Pt@CeO_2$ 纳米复合材料,以进一步发现 Pt 纳米颗粒夹心结构的重要性。双壳夹心 $TiO_2@Pt@CeO_2$ 纳米复合材料具有更高的界面电荷转移效率,可能归因于夹心层的 Pt 纳米颗粒可以存储和传递光生电子,继而可以有效地减少光生电子和空穴的复合。为了更加准确地探索不同贵金属负载对光催化活性的影响,选用与 TiO_2 性能相类似的 ZnO 作为复合材料。一些研究也报道了各种形态的 TiO_2-ZnO 纳米复合材料,包括单壳纳米球结构[43]、核壳纳米线结构[44]、核壳纳米棒结构[45-47]、纳米复合晶体结构[48,49]、纳米管阵列结构[50]以及纳米薄膜结构[51-54]。同样一些研究指出,在 NMs/TiO_2(或 NMs/ZnO)样品中,TiO_2(或 ZnO)的带隙激发与负载的 NMs 纳米颗粒吸附电子性质的耦合可以有效提高光催化剂性能[55-58]。因此,本章也提出制备双壳夹心 $TiO_2@NMs@ZnO$ 纳米复合材料,以进一步发现不同贵金属纳米颗粒夹心结构的重要性。

在前期研究的基础上制备得到双壳夹心的 $TiO_2@Pt@CeO_2$ 纳米复合材料及不同贵金属负载的双壳夹心 $TiO_2@NMs@ZnO$ 纳米复合材料。将制备的双功能光催化剂用于 Cr(VI)的光还原及苯甲醇的氧化研究。负载在 $TiO_2@Pt@CeO_2$ 的 Pt 纳米颗粒的共存提高了氧的吸附,进而克服异质催化的缺点。而在不同贵金属负载的双壳夹心 $TiO_2@NMs@ZnO$ 纳米复合材料中 $TiO_2@Ag@ZnO$ 表现出更优异的催化性能,表明 Ag 纳米颗粒夹心于 $TiO_2@ZnO$ 更能提高光生电子与空穴的分离。最后由于 Ag 的共存,$TiO_2@Ag@ZnO$ 能够消耗更多的氧,产生更多活性的自由基,来解决异质催化剂的缺点。因此,这项实验结果证明了通过将不同贵金属有序组装夹心于纳米复合材料中可以提高光催化活性,并展现出通过调控可以使催化剂具有双功能的催化性能。这项工作加强了贵金属纳米颗粒的可控位置作为提高光催化活性的助催化剂理论基础的理解。但对比催化结果可知,不同半导体复合对夹心的贵金属不是特定的,与材料之间产生的协同效应有关,这方面的机理研究还有很多工作要做,并且对于双功能的催化剂的结构还需进一步优化,从而使催化剂具有更高更快的催化性能,这也是后期研究的方向。

7.2 材料与方法

7.2.1 主要仪器与试剂

主要试剂:钛酸四丁酯($C_{16}H_{36}O_4Ti$,分析纯),硝酸铈($Ce(NO_3)_3 \cdot 6H_2O$,分析纯),乙酸锌($Zn(CH_3COO)_2 \cdot 2H_2O$,分析纯),氯化钯($PdCl_2$,分析纯),氯化银(AgCl,分析纯),氯金酸($HAuCl_4 \cdot 4H_2O$,分析纯),氯铂酸($H_2PtCl_6 \cdot 6H_2O$,分析纯),葡萄糖($C_6H_{12}O_6 \cdot H_2O$,分析纯),尿素($H_2NCONH_2$,分析纯),苯乙

烯（C_8H_8，分析纯），过硫酸钠（$Na_2S_2O_8$，分析纯），丙烯酸甲酯（$C_4H_6O_2$，分析纯），重铬酸钾（$K_2Cr_2O_7$，分析纯），1,5-二苯碳酰二肼（$C_{13}H_{14}N_4O$，分析纯）等。其余所用的化学试剂也均为分析纯及以上级别。所需溶液用超纯水（18.2MΩ）配制。反应溶液 pH 值用 HCl 溶液和 NaOH 溶液进行调节。

主要仪器：扫描电子显微镜（SEM，日本 Hitachi 公司，S-4800），透射电子显微镜（TEM，美国 FEI 公司，Tecnai G^2 F20 U-TWIN），X 射线衍射仪（XRD，德国 Bruker 公司，D8 advance），热重分析仪（德国耐施公司，TG209F1），紫外可见分光光度计（日本岛津公司，UV-2550），拉曼光谱仪（Raman，英国雷尼绍公司，RM2000），荧光分光光度计（PL，美国瓦里安公司，Cary Eclipse），电化学工作站（上海辰华仪器有限公司，CHI650D），傅里叶变换红外光谱仪（FTIR，美国热电尼高力公司，FT-IR iS10），X 射线光电子能谱仪（XPS，美国赛默飞世尔科技有限公司，Thermo Fisher X Ⅱ），电子顺磁共振波谱仪（EPR，德国布鲁克公司，Elexsys 580），比表面及孔隙度分析仪（BET，美国 Micromeritics 公司，ASAP 2020 分析仪），磁力搅拌器，鼓风干燥箱，电子分析天平等。

7.2.2 催化剂制备

1. 聚苯乙烯（PS）球、TiO_2 空心球、CeO_2 纳米颗粒、$TiO_2@CeO_2$ 纳米复合材料、Au 纳米颗粒的制备

以上制备方法参见前面章节。

2. Pt 纳米颗粒的制备

通过硼氢化钠还原法制备单分散的 Pt 纳米颗粒[59]。在有刻度的反应瓶中加入 2mL 氯铂酸溶液（10mmol/L）和 4mL 柠檬酸三钠溶液（10mmol/L），在磁力搅拌下搅拌 10min；用去离子水将混合液定容至 20mL 继续搅拌 10min；最后在常温下逐滴加入 1.35mL 硼氢化钠溶液（0.06mol/L），搅拌 30min，制得 5nm 左右的 Pt 纳米颗粒。

3. $TiO_2@Pt@CeO_2$ 纳米复合材料的制备

取 15mL PS@TiO_2 + 乙醇混合液，加入 5mL 制备好的 Pt 溶液加入上述溶液中，搅拌分散 30min；依次称取葡萄糖（1g）、尿素（0.22g）和硝酸铈（0.1g）在磁力搅拌下溶于 10mL 去离子水中，得到的混合液利用进样以 1mL/min 的速率逐滴加入上述溶液；最后将混合物转移到高压反应釜中，在 160℃条件下保持 20h，用乙醇洗涤产物 3 次，真空干燥。通过煅烧获得双壳 $TiO_2@Pt@CeO_2$ 空心球（煅烧参数：5℃/min，600℃ 6h）。

4. Ag 纳米颗粒的制备

通过硼氢化钠还原法合成单分散的 Ag 纳米颗粒[56]。在反应瓶中加入 12mL 去离子水，取一定浓度氯化银溶液加入磁力搅拌 10min；然后逐滴加入一定量的柠檬酸三钠溶液，继续搅拌 10min；最后加入一定量的硼氢化钠搅拌 30min，制得 Ag 纳米颗粒。

5. Pd 纳米颗粒的制备

通过柠檬酸三钠还原法合成得到单分散的钯纳米颗粒[58]。取一定质量的氯化钯溶于盐酸中定容制备得到氯钯酸。取一定浓度的氯铂酸溶液加入到 20mL 柠檬酸三钠中，搅拌 10min。然后定容到 50min，继续搅拌 12h，得到的产物备用。

6. TiO_2@ZnO 与 TiO_2@NMs@ZnO 纳米复合材料的制备

将一定量的 PS@TiO_2 纳米复合材料溶解在乙醇溶液中，超声分散 10min。将乙酸锌溶于乙醇溶液中，并加入上述溶液中。将混合物溶液搅拌 15min，将混合物溶液命名为溶液 A。最后取 1%氢氧化钠溶液逐滴加入到溶液 A 中并搅拌 12h。所得的产物用乙醇洗涤 3 次，60℃真空干燥 6h。通过煅烧制得双壳 TiO_2@ZnO 空心球（煅烧参数：5℃/min，600℃ 6h）。

为了比较，制备含有不同贵金属（NMs）（Au NPs，Pt NPs，Ag NPs，Pd NPs）的 TiO_2@NMs@ZnO 空心球溶液。与 TiO_2@ZnO 空心球的制备过程类似。除了将贵金属（NMs）先吸附到 PS@TiO_2 上后再进行 ZnO 包覆，最后制备得到夹心型 TiO_2@NMs@ZnO。

7.2.3　Cr（Ⅵ）光还原活性测试

100mg/L Cr（Ⅵ）储备溶液用 $K_2Cr_2O_7$ 配制得到，进一步稀释至 5mg/L 用于光还原实验。其中 P25、TiO_2、CeO_2、Pt@TiO_2、Pt@CeO_2、TiO_2@CeO_2 及 TiO_2@Pt@CeO_2 光催化还原 Cr（Ⅵ）的反应在 100mL 石英反应器中进行，光源是 300W 氙灯。TiO_2@CeO_2 等光催化剂（30mg）分散于 Cr（Ⅵ）溶液中（4.80μmol/L，不调节 pH）。在石英反应器中暗反应 2h 以达到其吸附解吸平衡，然后进行光还原性能测试。通过比色法测定水溶液中 Cr（Ⅵ）的浓度，加入 1,5-二苯碳酰二肼显色后，用紫外可见分光光度计在吸收波长 540nm 处测定吸光度[60]。

P25、TiO_2、TiO_2@ZnO、TiO_2@ZnO@Ag、TiO_2@Au@ZnO、TiO_2@Pt@ZnO、TiO_2@Ag@ZnO 及 TiO_2@Pd@ZnO（30mg）光催化还原 Cr（Ⅵ）的反应在 100mL 石英反应器中进行，光源是 300W 氙灯（用滤光片滤过小于 400nm 的波段）。TiO_2@ZnO 等光催化剂（30mg）分散于 Cr（Ⅵ）溶液中（4.80μmol/L，pH = 4.0）。

在石英反应器中暗反应 2h 以达到其吸附解吸平衡，然后进行光还原性能测试。通过比色法测定水溶液中 Cr（Ⅵ）的浓度，加入 1,5-二苯碳酰二肼显色后，用紫外可见分光光度计在吸收波长 540nm 处测定吸光度。

7.2.4 苯甲醇的光催化氧化

光催化剂（P25、TiO_2、CeO_2、Pt@TiO_2、Pt@CeO_2、TiO_2@CeO_2 及 TiO_2@Pt@CeO_2，8.0mg）置于苯甲醇溶液（10mL，20.90mg/L）中进行暗反应使其达到吸附平衡。苯甲醇光氧化反应在可见光照射下进行，光源是 300W 氙灯（用滤光片滤去小于 420nm 的波段）。每隔一定时间取一次样，高速离心（11000r/min，30min）得到上清液，通过高效液相色谱分析不同反应时间的苯甲醇和苯甲醛的浓度。其中，高效液相色谱装置（Agilent 1260）装有二极管阵列 UV/vis 检测器（$\lambda = 254$nm）和 Phenomenex 色谱柱（SB-C18 150mm×4.6mm，5μm），流动相流速是 1.0mL/min。流动相由 H_2O（A）和 CH_3CN（B）组成。这里假设 C_0 是苯甲醇的初始浓度，而 C_{BA} 和 C_{BAD} 分别表示反应 5h 后苯甲醇（BA）和苯甲醛（BAD）的浓度。BA 的转化率、BAD 的产率及反应选择性用如下公式计算：

$$转化率(\%) = \left(\frac{C_0 - C_{BA}}{C_0}\right) \times 100\% \tag{7.1}$$

$$产率(\%) = \left(\frac{C_{BAD}}{C_0}\right) \times 100\% \tag{7.2}$$

$$选择性(\%) = \left(\frac{C_{BAD}}{C_0 - C_{BA}}\right) \times 100\% \tag{7.3}$$

光催化剂（TiO_2@ZnO、TiO_2@Au@ZnO、TiO_2@Pt@ZnO、TiO_2@Ag@ZnO 及 TiO_2@Pd@ZnO，8.0mg）置于苯甲醇溶液中（10mL，20.90mg/L）进行暗反应使其达到吸附平衡。苯甲醇光氧化反应在可见光照射下进行，光源是 300W 氙灯。其他操作与前面一致。

由于具有反应活性，苯甲醇在光氧化下不仅形成苯甲醛还形成了苯甲酸，所以计算公式有所改变，在这里，C_0 代表苯甲醇的初始浓度，而 C_{BA}、C_{BAD} 和 C_{BAC} 分别代表反应 5h 后苯甲醇（BA）、苯甲醛（BAD）和苯甲酸（BAC）的浓度。BA 的转化率和形成 BAD 和 BAC 的选择性可以使用以下公式计算[61]：

$$转化率(\%) = \left(\frac{C_0 - C_{BA}}{C_0}\right) \times 100\% \tag{7.4}$$

$$苯甲醛选择性(\%) = \left(\frac{C_{BAD}}{C_{BAD} + C_{BAC}}\right) \times 100\% \tag{7.5}$$

$$\text{苯甲酸选择性 (\%)} = \left(\frac{C_{BAC}}{C_{BAD} + C_{BAC}}\right) \times 100\% \tag{7.6}$$

$$C_0 = C_{BA} + C_{BAD} + C_{BAC}$$

所以

$$C_{BAD} + C_{BAC} = C_0 - C_{BA} \tag{7.7}$$

$$\text{苯甲醛选择性 (\%)} = \left(\frac{C_{BAD}}{C_{BAD} + C_{BAC}}\right) \times 100\% = \left(\frac{C_{BAD}}{C_0 - C_{BA}}\right) \times 100\% \tag{7.8}$$

$$\text{苯甲酸选择性 (\%)} = \left(\frac{C_{BAC}}{C_{BAD} + C_{BAC}}\right) \times 100\% = \left(\frac{C_{BAC}}{C_0 - C_{BA}}\right) \times 100\% \tag{7.9}$$

7.3 双壳夹心 TiO_2@Pt@CeO_2 空心球的结构及其催化活性

7.3.1 双壳夹心 TiO_2@Pt@CeO_2 空心球表征

通过模板+溶胶-凝胶+煅烧的方法制备得到双壳 TiO_2@CeO_2 及双壳夹心 TiO_2@Pt@CeO_2 空心球，制备流程图如图 7-1 所示。将 TiO_2、Pt NPs 及 CeO_2 依次包覆到 PS 球上，通过煅烧获得双壳夹心 TiO_2@Pt@CeO_2 空心球。对比热重分析（TG）结果可知（图 7-2），600℃的煅烧温度可以完全去除 PS@TiO_2@Pt@CeO_2 中的聚苯乙烯球。在前期研究基础上，研究不同煅烧时间对 TiO_2@CeO_2 纳米复合材料结构和形貌的影响[13]。因此，选择 6h 为合适的煅烧时间，以确保下一步的研究。TiO_2@Pt@CeO_2 的扫描电子显微镜（SEM）图显示制备的纳米空心球具有均匀的表面，高分辨的 SEM 图可以清楚地显示制备的球体为空心结构，综上说明制备的 TiO_2@Pt@CeO_2 纳米材料具有均匀的球形结构和均一的大小（图 7-3）。

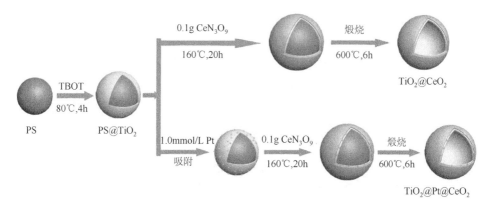

图 7-1 双壳 TiO_2@CeO_2 及双壳夹心 TiO_2@Pt@CeO_2 的合成路线

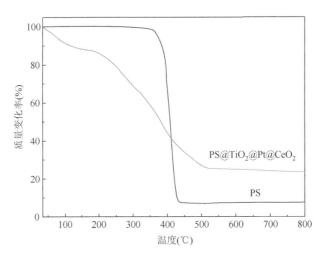

图 7-2 PS 及 PS@TiO$_2$@Pt@CeO$_2$ 的热重分析图

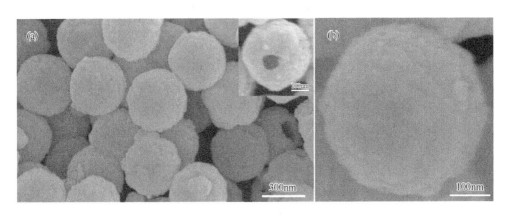

图 7-3 双壳 TiO$_2$@Pt@CeO$_2$ 空心球的 SEM 图

TiO$_2$ 表面有丰富的羟基功能基团，吸附 Ce^{6+} 后经过反应在 PS@TiO$_2$@Pt 微球表面形成 CeO$_2$，最后通过煅烧形成 TiO$_2$@Pt@CeO$_2$ 双壳空心球结构。为了直观观察材料的形貌特征，利用 TEM 图证明确实获得双壳夹心空心球纳米材料（图 7-4）。从 TEM 图中可以得出 TiO$_2$@Pt@CeO$_2$ 确实由 TiO$_2$ 壳、Pt 纳米颗粒及 CeO$_2$ 壳组成，TiO$_2$@Pt@CeO$_2$ 纳米复合材料中的多晶性质也由选区电子衍射图得到证实［图 7-4（b）］。TiO$_2$@Pt@CeO$_2$ 分布的层数以及每一层的厚度可以从 HRTEM 图直观观察到［图 7-4（c）］。由 HRTEM 图可知 TiO$_2$@Pt@CeO$_2$ 纳米复合材料的晶界面组成，图中显示出三种类型的条纹晶格，其中 0.19nm、0.31nm 及 0.351nm 的晶格间距分别与 CeO$_2$（220）和（111）晶面及 TiO$_2$（101）晶面间距相吻合［图 7-4（d）］，Pt 纳米颗粒夹心在 TiO$_2$ 和 CeO$_2$ 双层壳之间，证实其是由 TiO$_2$、Pt 和 CeO$_2$ 组成。HRTEM 图显示 Pt 纳米颗粒呈现出面心立方（FCC）晶格，其晶格间距 0.23nm 与 Pt（111）晶面相对应，尺寸分布图显示 Pt 纳米颗粒尺寸大小约为 5nm（图 7-5）。为了进一步证明纳米材料的分层结构，利用 HAADF-STEM 线扫分布图及面扫分布图表征 TiO_2@Pt@CeO_2 纳米材料的结构，在线扫图像中 Ti 和 Ce 是分层结构，表明 TiO_2@Pt@CeO_2 是双层结构 [图 7-6（a）]。在面扫分布图中红色、蓝色和黄色的区域表示 TiO_2@Pt@CeO_2 空心球中 Ti、Pt 和 Ce 富集区域，说明 TiO_2@Pt@CeO_2 空心球是由 TiO_2 壳、Pt 纳米颗粒和 CeO_2 壳构成 [图 7-6（b）]。由 EDX 图可知，双壳 TiO_2@Pt@CeO_2 空心球纳米复合材料由 TiO_2 壳、Pt 纳米颗粒和 CeO_2 壳组成，Ti、Pt 和 Ce 的原子分数分别为 28.10%、0.40%、和 20.42%（图 7-7）。

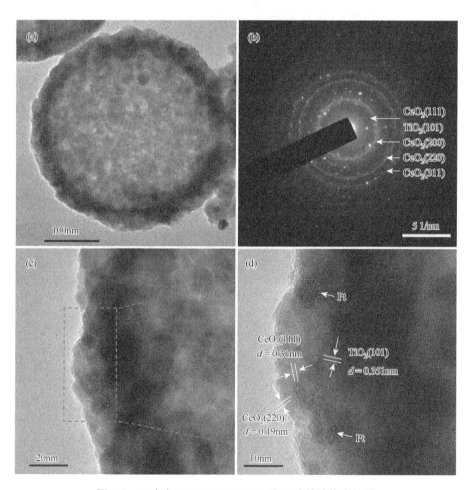

图 7-4　双壳夹心 TiO_2@Pt@CeO_2 空心球的结构表征图
（a）TEM；（b）SAED；（c，d）HRTEM

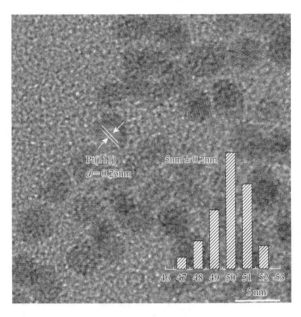

图 7-5　TiO$_2$@Pt@CeO$_2$ 中 Pt 纳米颗粒的 HRTEM 图及尺寸分布图

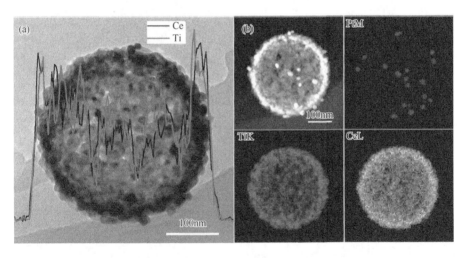

图 7-6　(a) 双壳 TiO$_2$@Pt@CeO$_2$ 的 TEM 图像和 HAADF-STEM 线扫分布图；
(b) HAADF-STEM 面扫分布图

为了探索 TiO$_2$、CeO$_2$、TiO$_2$@CeO$_2$ 及 TiO$_2$@Pt@CeO$_2$ 的晶格形态，进行 XRD 表征（图 7-8）。对比谱图结果，发现 TiO$_2$ 锐钛矿特征峰 25.22°与锐钛矿 TiO$_2$ 晶面 (101) 的标准谱图相吻合（JCPDS NO. 21-1272）[62]，说明 TiO$_2$ 以锐钛矿相存在。而其他特征峰的位置分别与立方相 CeO$_2$ 晶面 (111)、(200)、(220)、(311)、(222)、

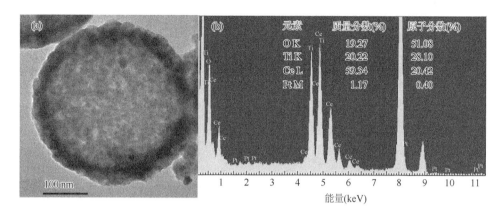

图 7-7 TiO$_2$@Pt@CeO$_2$ 的 TEM 图（a）及 EDX 图（b）

（400）的标准谱图相吻合（JCPDS NO. 34-0394）[63]，说明 CeO$_2$ 以立方相存在。有趣的是，通过层层组装，TiO$_2$@CeO$_2$ 及 TiO$_2$@Pt@CeO$_2$ 的 XRD 谱图仍具有锐钛矿相 TiO$_2$ 和立方相 CeO$_2$ 的特征，说明其同样具有较好的结晶度。然而，TiO$_2$@CeO$_2$ 及 TiO$_2$@Pt@CeO$_2$ 复合材料的 XRD 谱图中在低角度区域有三个新的峰，这可能与 CeTiO$_x$ 峰的形成有关。通过 TiO$_2$@Pt@CeO$_2$ 的拉曼光谱进一步证实了锐钛矿相 TiO$_2$ 和立方相 CeO$_2$ 的存在（图 7-9）。在 XRD 谱图中没有观察到 Pt NPs 的特征衍射峰，可能是因为它的含量较低，另外也意味着 Pt 纳米颗粒在夹心层 TiO$_2$@Pt@CeO$_2$ 中具有较好的分散性。

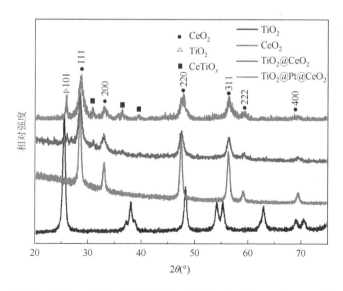

图 7-8 TiO$_2$、CeO$_2$、TiO$_2$@CeO$_2$ 和 TiO$_2$@Pt@CeO$_2$ 的 XRD 图

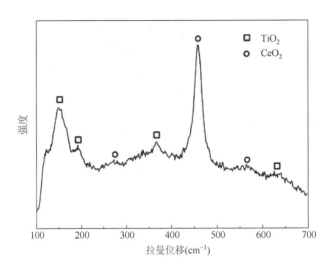

图 7-9 TiO$_2$@Pt@CeO$_2$ 的拉曼光谱图

通过 X 射线光电子能谱（XPS）对纳米材料表面元素成分和化学价态进行表征。图 7-10 显示 TiO$_2$@Pt@CeO$_2$ 纳米材料表面元素成分包含 Ti 2p、O 1s、Pt 4f 及 Ce 3d。其中 Ti 2p 谱图中显示出两个贡献峰，Ti 2p$_{3/2}$ 和 2p$_{1/2}$（自旋-轨道分裂产生）分别位于 458.5eV 和 464.2eV，归属于与氧八面体配位的 Ti^{4+}，这表明 Ti 元素的确以+4 价的形态存在[27]。O 1s 谱清楚地表明 Ti 和 O L 的结合能峰值位置没有改变。72.2eV 和 75.5eV 位置的主峰分别归属于 4f$_{7/2}$ 和 4f$_{5/2}$ Pt 金属态，自旋能与文献报道的 Pt 4f$_{7/2}$ 和 Pt 4f$_{5/2}$ 数据吻合[64]。Ce 3d 结合能峰 881.9eV 和 900.4eV 分别对应 Ce 3d$_{3/2}$ 和 3d$_{5/2}$，表明 Ce 元素的确以+4 价的形式存在[65]。

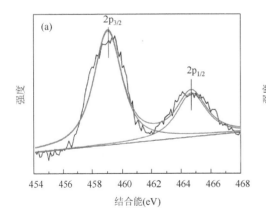
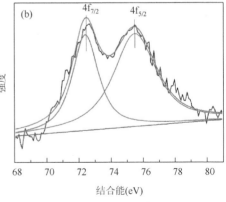

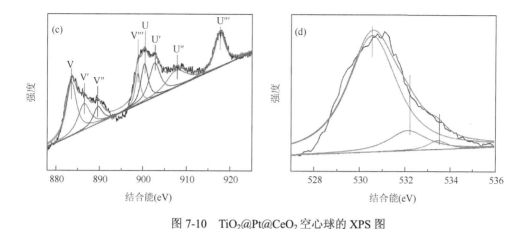

图 7-10 TiO$_2$@Pt@CeO$_2$ 空心球的 XPS 图

(a) Ti 2p；(b) Pt 4f；(c) Ce 3d，各字母分别代表各自自旋-分裂轨道对应的结合能；(d) O 1s

图 7-11 为单壳 TiO$_2$、双壳 TiO$_2$@CeO$_2$ 与双壳夹心 TiO$_2$@Pt@CeO$_2$ 空心球的紫外可见吸收光谱图。由此可以推断出单壳 TiO$_2$ 空心球的禁带宽度（3.2eV）与文献报道的结果相似[28]。单壳 TiO$_2$、双壳 TiO$_2$@CeO$_2$ 及双壳夹心 TiO$_2$@Pt@CeO$_2$ 的紫外可见漫反射光谱图也与紫外可见吸收光谱图相对应（图 7-12）。其中双壳 TiO$_2$@CeO$_2$ 及 TiO$_2$@Pt@CeO$_2$ 最大吸收波长为 460nm，由 Kubelka Munk 函数推算双壳 TiO$_2$@CeO$_2$ 的能带隙宽为 2.5eV。而 TiO$_2$@CeO$_2$ 与 TiO$_2$@Pt@CeO$_2$ 吸收光谱表现出红移现象，可能是由电子-光子耦合引发的界面极化效应引起的。

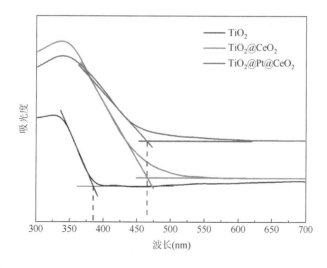

图 7-11 TiO$_2$、TiO$_2$@CeO$_2$ 及 TiO$_2$@Pt@CeO$_2$ 的 UV-Vis 吸收光谱图

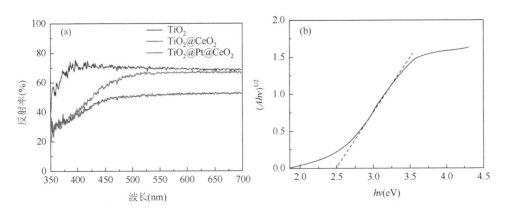

图 7-12 （a）TiO_2、$TiO_2@CeO_2$ 及 $TiO_2@Pt@CeO_2$ 的 UV-Vis 漫反射光谱图；
（b）$TiO_2@CeO_2$ 的能带隙谱图

7.3.2 双壳夹心 $TiO_2@Pt@CeO_2$ 空心球双功能催化性能研究

P25、TiO_2、CeO_2、$Pt@TiO_2$、$Pt@CeO_2$、$TiO_2@CeO_2$ 和 $TiO_2@Pt@CeO_2$ 空心球等 7 种光催化剂用于模拟太阳光下光还原 Cr(Ⅵ)实验[图 7-13、式（7.10）]，来研究光催化剂结构对光催化活性的影响。用纳米材料光催化还原 Cr(Ⅵ)（初始浓度为 4.8μmol/L）的活性大小来评估不同催化剂的表观量子效率［AQE，式（7.11）][66]，进而说明不同催化剂结构对光还原活性的影响（图 7-14、图 7-15）。

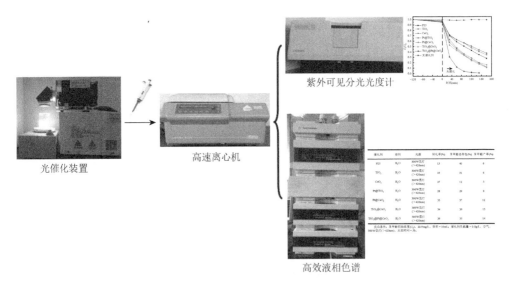

图 7-13 光催化应用实验装置图

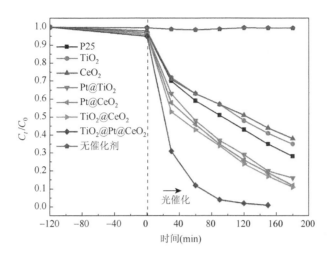

图 7-14 模拟太阳光下 Cr（Ⅵ）随时间变化的还原效率曲线图

实验条件：Cr（Ⅵ）50mL，5mg/L；催化剂 30mg；300W 氙灯

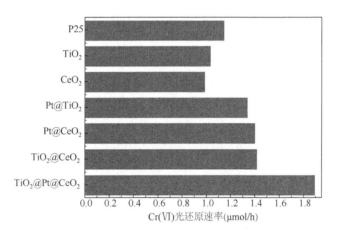

图 7-15 在模拟太阳光照射下 P25、TiO_2、CeO_2、$Pt@TiO_2$、$Pt@CeO_2$、$TiO_2@CeO_2$ 及 $TiO_2@Pt@CeO_2$ 对 Cr（Ⅵ）光还原速率

通过实验数据可知，尽管 $TiO_2@CeO_2$ 空心球已经表现出很好的光还原活性，但还是不够。为了进一步提高光还原活性，Pt 纳米颗粒被夹心于 $TiO_2@CeO_2$，通过模板＋溶胶-凝胶＋煅烧方法制备得到 $TiO_2@Pt@CeO_2$ 空心球。对比光催化实验数据可知，$TiO_2@Pt@CeO_2$ 确实表现出比 $TiO_2@CeO_2$ 和 TiO_2 更优异的光还原性能。在光照 150min 后，$TiO_2@Pt@CeO_2$ 对 Cr（Ⅵ）的光还原效率达到 99%，比 $TiO_2@CeO_2$ 和 TiO_2 增加了 16% 和 40%。其中 P25、TiO_2、CeO_2、$Pt@TiO_2$、$Pt@CeO_2$、$TiO_2@CeO_2$ 以及 $TiO_2@Pt@CeO_2$ 的 Cr（Ⅵ）光还原速

率分别为 1.152μmol/h、1.040μmol/h、0.992μmol/h、1.344μmol/h、1.408μmol/h、1.424μmol/h 和 1.901μmol/h。

$$Cr_2O_7^{2-} + 14H^+ + 6e^- \longrightarrow 2Cr^{3+} + 7H_2O \quad (7.10)$$

$$AQE = \frac{3 \times Cr(VI)还原总量}{入射光子总量} \times 100\% \quad (7.11)$$

模拟太阳光照射下，$TiO_2@Pt@CeO_2$ 的 Cr（VI）光还原效率为 99%，与 $TiO_2@CeO_2$ 相比，增加了 16%。有趣的是，尽管 $TiO_2@CeO_2$ 比 TiO_2 和 CeO_2 具有更高的催化活性，且和 $TiO_2@Pt@CeO_2$ 具有相类似的吸光范围，但 $TiO_2@CeO_2$ 的催化活性还是低于 $TiO_2@Pt@CeO_2$。这也许可以合理地理解为，在纳米材料界面电荷转移过程中，$TiO_2@Pt@CeO_2$ 比 $TiO_2@CeO_2$ 具有更高的效率，因为夹心层的 Pt 纳米颗粒可以存储和释放光生电子（夹心层的 Pt 纳米颗粒可以有效地减少光生电子与空穴的复合）[67]。对于双壳的 $TiO_2@CeO_2$ 空心球，在 TiO_2 壳和 CeO_2 壳之间存储光生电子的能力低于双壳夹心的 $TiO_2@Pt@CeO_2$。因此，$TiO_2@Pt@CeO_2$ 具有更好的光催化性能并不奇怪。Cr（VI）光还原活性顺序为 $TiO_2@Pt@CeO_2$＞$TiO_2@CeO_2$＞TiO_2＞CeO_2。表 7-1 列出了不同 TiO_2 基光催化剂 Cr（VI）光还原活性的比较。此外，一些文献研究表明，pH 会影响 Cr（VI）光还原作用[4, 68]。由于存在大量的 H^+，酸性介质有利于光催化还原 Cr（VI）。因此，在较低的 pH 下，Cr（VI）的还原效率会更高。在这项工作中，制备的纳米材料在不调节 pH 的情况下对 Cr（VI）依然具有更高的还原效率。这可能归因于 CeO_2 壳和 Pt 纳米粒子作为 TiO_2 空心球的助催化剂产生的协同效应可以提高太阳光驱动的光催化活性。独特的多层空心球结构及夹心型结构促进了电子与空穴的分离。荧光光谱主要由激发的电子与空穴的复合引起，从荧光光谱图可以得知 $TiO_2@Pt@CeO_2$ 具有较弱的荧光强度（图 7-16），说明 $TiO_2@Pt@CeO_2$ 具有较高的电子与空穴的分离效率。这项工作将为污染物净化催化剂的设计提供新的见解。对制备的纳米复合材料的稳定性进行测试，对比光催化前后的 TEM 图可知，纳米材料的空心球结构没有很大变化，结果表明 $TiO_2@Pt@CeO_2$ 作为光催化剂具有较好的稳定性（图 7-17）。

表 7-1　不同 TiO_2 基光催化剂 Cr（VI）光还原活性的比较

样品	转化率（%）	光源	pH	参考文献
双壳 TiO_2（450nm）@WO_3/Au	74	300W 氙灯（＞420nm）	4.03	[9]
双壳 TiO_2@Au@CeO_2	79	300W 氙灯（＞420nm）	4.03	[10]
单壳 TiO_2（450nm）	96	300W 氙灯	2.82	[67]
单壳 TiO_2	59	300W 氙灯	未调	本书

续表

样品	转化率（%）	光源	pH	参考文献
双壳 $TiO_2@CeO_2$	83	300W 氙灯	未调	本书
双壳 $TiO_2@Pt@CeO_2$	99	300W 氙灯	未调	本书

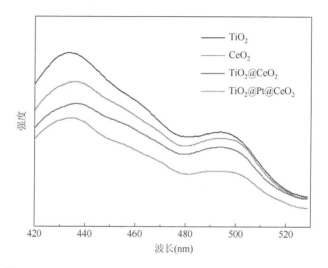

图 7-16　TiO_2、CeO_2、$TiO_2@CeO_2$ 及 $TiO_2@Pt@CeO_2$ 的荧光光谱图

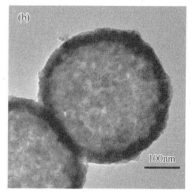

图 7-17　光催化前（a）、后（b）$TiO_2@Pt@CeO_2$ 的 TEM 图

为了进一步调查 $TiO_2@Pt@CeO_2$ 的双功能活性，将 P25、TiO_2、CeO_2、$Pt@TiO_2$、$Pt@CeO_2$、$TiO_2@CeO_2$ 及 $TiO_2@Pt@CeO_2$ 用于苯甲醇的可见光光催化氧化实验，实验数据处理见表 7-2。对比光催化前后苯甲醇的浓度可知，$TiO_2@Pt@CeO_2$ 同样表现出较好的光催化能力。TiO_2、CeO_2、$Pt@TiO_2$、$Pt@CeO_2$、$TiO_2@CeO_2$ 及 $TiO_2@Pt@CeO_2$ 对苯甲醇的光转化率分别为 19%、27%、28%、33%、34%和 39%。

其中TiO_2@Pt@CeO_2空心球苯甲醇的光转化率优于其他催化剂,表明TiO_2@Pt@CeO_2空心球能够提供合适的电子通道,并加速活性自由基的生成(图7-18)。为了直接证明纳米材料活性自由基的产生,使用具有自旋捕获和自旋探针的电子顺磁共振波谱仪进行测定,鉴定TiO_2@CeO_2和TiO_2@Pt@CeO_2光激发后产生的活性自由基。由于不同光照时间测得的光谱信号不一样,通过参考文献确定光照时间[55],设置光照5min后对光谱信号进行捕获。其中虽然10min的波谱信号强于5min的波谱信号,但一般来说10min的光照对于空穴可能饱和比较快,所以一般选用5min的光照时间来做对比。对比波谱图可知,TiO_2@Pt@CeO_2的ESR波谱比TiO_2@CeO_2具有更强的DMPO/·OH加合信号,表明光照下TiO_2@Pt@CeO_2能够更高效产生羟基自由基(图7-19)。此外,为了确认超氧自由基的产生,利用DMSO来吸收羟基自由基,进而检测超氧自由基的信号。图7-19表明,TiO_2@Pt@CeO_2的DMPO/·OOH信号强度明显优于TiO_2@CeO_2的信号。这些结果表明,Pt夹心于TiO_2@CeO_2中能够显著提高活性自由基的生成。在不同的光照条件下,对比不同TiO_2基光催化剂在水中光催化氧化苯甲醇的活性(表7-3)。对比可知,已经有很多研究指出太阳光选择性光催化氧化苯甲醇的优点,基于这个方向本章着力于在可见光下选择性催化氧化苯甲醇的研究,探讨双功能的催化剂对于催化剂结构的影响。

表7-2 不同催化剂光氧化苯甲醇对比

催化剂	溶剂	光源	转化率(%)	苯甲醛选择性(%)	苯甲醛产率(%)
P25	H_2O	300W 氙灯(>420nm)	13	40	6
TiO_2	H_2O	300W 氙灯(>420nm)	19	31	6
CeO_2	H_2O	300W 氙灯(>420nm)	27	12	3
Pt@TiO_2	H_2O	300W 氙灯(>420nm)	28	29	8
Pt@CeO_2	H_2O	300W 氙灯(>420nm)	33	37	12
TiO_2@CeO_2	H_2O	300W 氙灯(>420nm)	34	39	13
TiO_2@Pt@CeO_2	H_2O	300W 氙灯(>420nm)	39	35	14

反应条件:苯甲醇初始浓度(C_0)为20.9mg/L,体积为10mL;催化剂负载量为0.8g/L。空气,300W氙灯(>420nm),反应时间为5h。

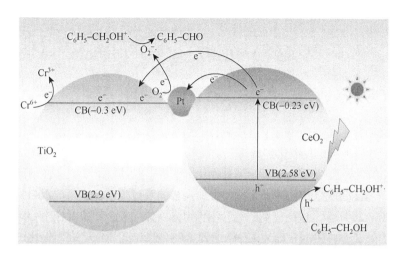

图 7-18　TiO$_2$@Pt@CeO$_2$ 电子转移示意图

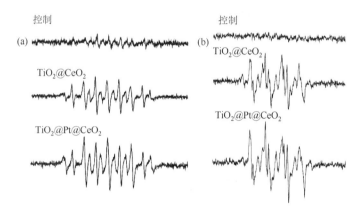

图 7-19　(a) 光照下利用 EPR 波谱 DMPO 探针捕获羟基自由基；(b) 光照下加入 DMSO 清除羟基自由基后，利用 EPR 波谱 DMPO 探针捕获超氧自由基

表 7-3　不同 TiO$_2$ 基光催化剂对苯甲醇光催化氧化活性

催化剂	溶剂	光源	转化率（%）	苯甲醛选择性（%）	参考文献
TiO$_2$/Cu（Ⅱ）	H$_2$O	太阳光	84	63	[3]
TiO$_2$	H$_2$O	125W 汞灯（UV-Vis）	50	28	[69]
TiO$_2$	H$_2$O	300W 氙灯（>420nm）	19	31	本书
TiO$_2$@CeO$_2$	H$_2$O	300W 氙灯（>420nm）	34	39	本书
TiO$_2$@Pt@CeO$_2$	H$_2$O	300W 氙灯（>420nm）	39	35	本书

7.4 双壳夹心 TiO₂@NMs@ZnO 空心球的结构及其催化活性

7.4.1 双壳夹心 TiO₂@NMs@ZnO 空心球结构

为了证明将不同贵金属有序组装夹心于纳米复合材料中可以提高光催化活性,并进一步证明通过调控可使催化剂具有双功能的催化性能,进行双壳 TiO₂@ZnO 及双壳夹心 TiO₂@NMs@ZnO 空心球等一系列催化剂的制备及其性能研究。在前期研究基础上制备双壳 TiO₂@ZnO 空心球及不同贵金属夹心的双壳 TiO₂@NMs@ZnO 空心球,制备流程如图 7-20 所示。根据前期的研究工作可知,如果贵金属负载在空心球的内层或者空心球的外层(如 NMs@TiO₂@ZnO 或者 TiO₂@ZnO@NMs),在光催化过程中贵金属可能会脱落,导致催化活性下降[13]。因此,选定双壳夹心 TiO₂@NMs@ZnO 空心球结构作为后续的研究对象。对比扫描电子显微镜(SEM)图可知,制备的 TiO₂@ZnO 及 TiO₂@NMs@ZnO 纳米复合材料均具有均匀的表面形态,由 ZnO 纳米颗粒组装形成外层结构(图 7-21,图 7-22)。负载贵金属后,TiO₂@NMs@ZnO 表面结构没有很大变化。从 SEM 图中可以得知制备的纳米复合材料确实是由空心的球形结构组成。

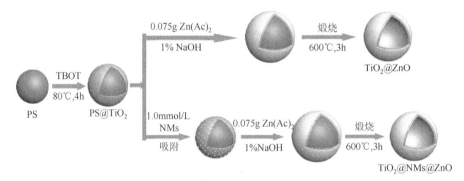

图 7-20 双壳 TiO₂@ZnO 及双壳夹心 TiO₂@NMs@ZnO 空心球的制备流程图

图 7-21 双壳 TiO₂@ZnO 空心球的 SEM 图

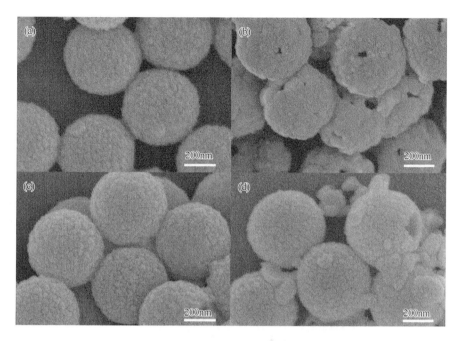

图 7-22　不同贵金属负载的 TiO$_2$@NMs@ZnO 的 SEM 图
(a) TiO$_2$@Au@ZnO；(b) TiO$_2$@Pt@ZnO；(c) TiO$_2$@Ag@ZnO；(d) TiO$_2$@Pd@ZnO

　　TiO$_2$ 表面丰富的羟基与 Zn^{2+} 吸附，经过反应直接在 PS@TiO$_2$@NMs 微球表面形成 ZnO，通过煅烧形成双壳夹心结构。由 TEM 图可以直观观察到 TiO$_2$@NMs@ZnO 空心球的形貌特征，TEM 图可以揭示 TiO$_2$@NMs@ZnO 多壳层的存在，并显示出类夹心的空心球结构。TiO$_2$@NMs@ZnO 之间的晶界面由 HRTEM 图来确认，从图中可以得出 TiO$_2$@NMs@ZnO 确实由 TiO$_2$ 壳、贵金属及 ZnO 壳组成。其中贵金属（NMs）（Au、Pt、Ag、Pd）夹在 TiO$_2$ 和 ZnO 的双层壳之间（图 7-23）。然而，由于一些贵金属并没有被 ZnO 层完全覆盖，所以选择术语"类夹心"来描述合成材料的夹心结构。从图 7-23 可知，贵金属（Au、Pt、Ag、Pd）确实存在于双壳之间，EDX 图结果也证明贵金属的存在（图 7-24）。此外通过 ICP-MS 也测定出

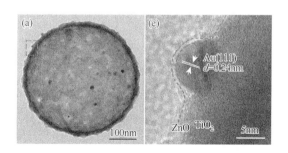

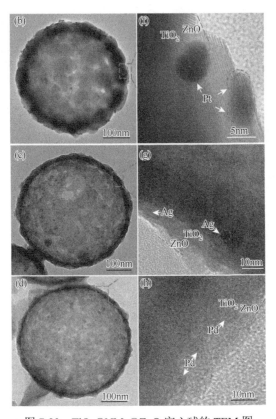

图 7-23 TiO$_2$@NMs@ZnO 空心球的 TEM 图

(a, e) TiO$_2$@Au@ZnO；(b, f) TiO$_2$@Pt@ZnO；(c, g) TiO$_2$@Ag@ZnO；(d, h) TiO$_2$@Pd@ZnO

纳米复合材料不同贵金属的负载量（表 7-4）。TiO$_2$@NMs@ZnO 纳米复合材料的多晶性质也由选区电子衍射图（图 7-25）证实。最后，对 TiO$_2$@NMs@ZnO 上负

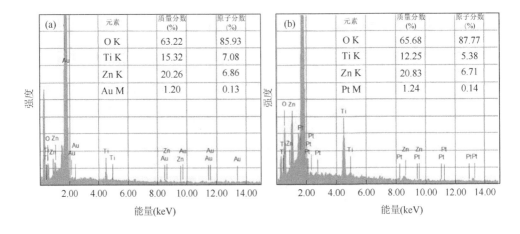

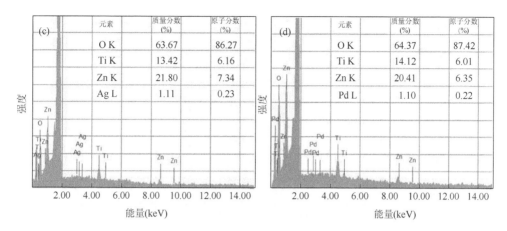

图 7-24 TiO$_2$@NMs@ZnO 空心球的 EDX 图

(a) TiO$_2$@Au@ZnO; (b) TiO$_2$@Pt@ZnO; (c) TiO$_2$@Ag@ZnO; (d) TiO$_2$@Pd@ZnO

表 7-4 通过 ICP-MS 测定不同贵金属的负载量

样品	贵金属负载量（%）
TiO$_2$@Au@ZnO	1.18
TiO$_2$@Pt@ZnO	1.21
TiO$_2$@Ag@ZnO	1.12
TiO$_2$@Pd@ZnO	1.08

载的贵金属也进行了表征，不同贵金属的 TEM 图及尺寸分布图揭示负载的贵金属大小大约在 5nm（图 7-26），这为夹心的结构探索提供了可能性。

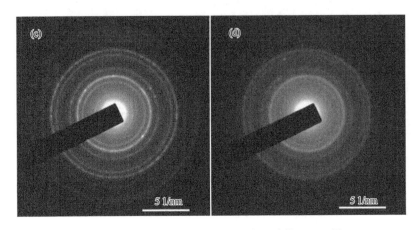

图 7-25 TiO$_2$@NMs@ZnO 空心球的 SAED 图

(a) TiO$_2$@Au@ZnO；(b) TiO$_2$@Pt@ZnO；(c) TiO$_2$@Ag@ZnO；(d) TiO$_2$@Pd@ZnO

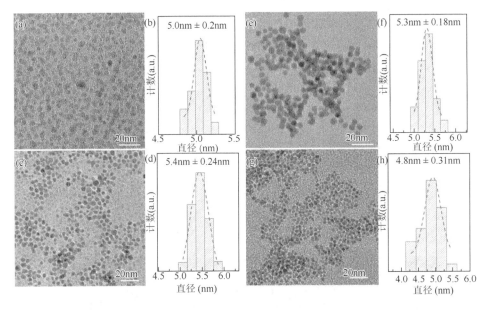

图 7-26 不同贵金属的 TEM 图及尺寸分布图

(a, b) Au NPs；(c, d) Pt NPs；(e, f) Ag NPs；(g, h) Pd NPs

为了探索 TiO$_2$@ZnO、TiO$_2$@Au@ZnO、TiO$_2$@Pt@ZnO、TiO$_2$@Ag@ZnO 和 TiO$_2$@Pd@ZnO 的晶格形态，进行 XRD 表征（图 7-27）。对比 XRD 谱图结果，衍射角在 20°~80°范围内，谱图存在明显的 TiO$_2$ 锐钛矿特征峰，其中晶面（101）、（004）、（200）和（211）与标准谱图锐钛矿 TiO$_2$ 晶面（JCPDS NO. 21-1272）相吻合[62]，证明了 TiO$_2$ 以锐钛矿相存在。而特征峰位置 31.7°、34.3°、36.2°、47.5°、

56.6°、62.9°、68.1°和 69.1°分别与纤锌矿六方相 ZnO 晶面（100）、（002）、（101）、（102）、（110）、（103）、（112）和（201）的标准谱图（JCPDS NO. 89-1397）相吻合[70]，证实了 ZnO 以纤锌矿六方相存在。通过层层组装（ZnO 包覆），尽管锐钛矿 TiO$_2$ 晶相峰变弱了，但 TiO$_2$@NMs@ZnO 的 XRD 谱图仍然表现出锐钛矿相 TiO$_2$ 和纤锌矿六方相 ZnO 的特征峰。但是 TiO$_2$@NMs@ZnO 的 XRD 谱图中也显示出三个新的特征峰，通过对比 XRD 结果，推测可能与 Zn$_2$TiO$_4$ 特征峰的形成有关。从 XRD 谱图中发现贵金属的特征衍射峰比较弱，可能是因为它的含量较低，另外也意味着贵金属纳米颗粒在夹心层 TiO$_2$@NMs@ZnO 中具有较好的分散性。

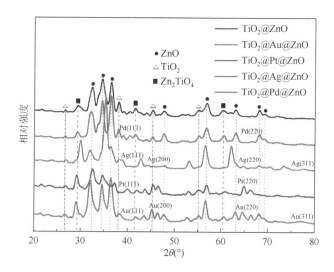

图 7-27　TiO$_2$@ZnO、TiO$_2$@Au@ZnO、TiO$_2$@Pt@ZnO、TiO$_2$@Ag@ZnO 及 TiO$_2$@Pd@ZnO 的 XRD 图

为了对样品表面元素成分及化学价态进行鉴定，进行 XPS 表征。图 7-28 显示 TiO$_2$@ZnO 的 XPS 全光谱图，其中 Ti 2p 谱图中显示出两个贡献峰 Ti 2p$_{3/2}$ 和 2p$_{1/2}$（自旋-轨道分裂产生）分别位于 458.5eV 和 464.2eV，归属于与氧八面体配位的 Ti^{4+}，表明 Ti 元素的确以+4 价的形式存在[27]。Zn 2p 结合能峰（如 1021.9eV 和 1045.2eV）分别与 Zn^{2+}（ZnO）化学态 Zn 2p$_{3/2}$ 和 2p$_{1/2}$ 相对应[70]。图 7-29 显示 TiO$_2$@Au@ZnO、TiO$_2$@Pt@ZnO、TiO$_2$@Ag@ZnO 及 TiO$_2$@Pd@ZnO 拟合的 XPS 全光谱图，其中贵金属的 XPS 峰确认贵金属物质的存在，相对清晰的 XPS 峰值可能表明部分贵金属并没有完全包覆在 ZnO 壳层下，这与 TEM 结果相对应。其中，TiO$_2$@Au@ZnO 光谱图中 Au 纳米颗粒 83.2eV 和 88.4eV 的峰位置分别归属于 Au 4f$_{7/2}$ 和 Au 4f$_{5/2}$，与文献报道相一致[70]。TiO$_2$@Pt@ZnO 光谱图中 Pt 纳米颗粒 74.2eV 和 77.8eV 位置的主峰分别归属于 4f$_{7/2}$ 和 4f$_{5/2}$ Pt 金属态，自旋能与文献报道的 Pt 4f$_{7/2}$ 和 Pt 4f$_{5/2}$ 的数

据相吻合[64]。TiO$_2$@Ag@ZnO 全光谱中，Ag 3d 的 XPS 峰位置 367.3eV 和 373.2eV 分别于 Ag 3d$_{5/2}$ 和 Ag 3d$_{3/2}$ 相对应[56]。而 TiO$_2$@Pd@ZnO 光谱图中 Pd 纳米颗粒 Pd 3d$_{3/2}$ 和 Pd 3d$_{5/2}$ 的 XPS 峰出现在 341.3eV 和 336.1eV，表明 Pd 负载在 TiO$_2$@Pd@ZnO 上[58]。图 7-29 中贵金属的 XPS 谱图不平滑，可能是因为 NMs-XPS 光谱来自贵金属不同种类表面物质的贡献，具有混合价态的 NMs 物种的特征，这是由于通过煅烧少量的贵金属纳米粒子表面可能被氧化。

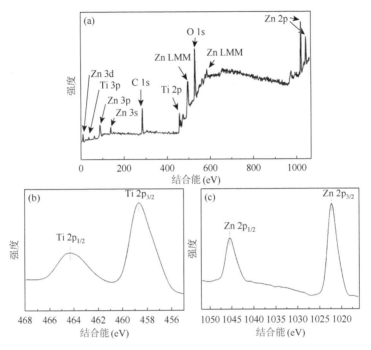

图 7-28　TiO$_2$@ZnO 空心球的 XPS 图

(a) 全光谱图；(b) Ti 2p；(c) Zn 2p

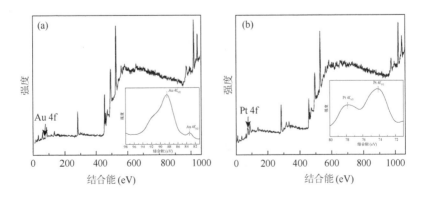

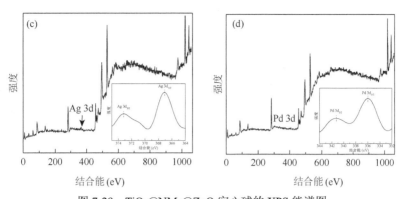

图 7-29 TiO$_2$@NMs@ZnO 空心球的 XPS 能谱图

(a) TiO$_2$@Au@ZnO；(b) TiO$_2$@Pt@ZnO；(c) TiO$_2$@Ag@ZnO；(d) TiO$_2$@Pd@ZnO

图 7-30 显示 TiO$_2$@ZnO、TiO$_2$@Au@ZnO、TiO$_2$@Pt@ZnO、TiO$_2$@Ag@ZnO 和 TiO$_2$@Pd@ZnO 空心球的紫外可见吸收光谱图。从图中可以推断出 TiO$_2$@ZnO 空心球的最大吸收波长是 400nm，TiO$_2$@NMs@ZnO 空心球的吸收范围与 TiO$_2$@ZnO 相近。其中由 TiO$_2$@Au@ZnO 与 TiO$_2$@Ag@ZnO 空心球的紫外可见吸收光谱图可以得知，夹心 Au NPs 和 Ag NPs 产生的表面等离子共振（SPR）吸收提高对可见光的吸收范围，这为光催化性能的提高提供了理论依据。

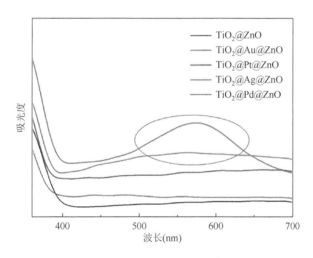

图 7-30　TiO$_2$@ZnO、TiO$_2$@Au@ZnO、TiO$_2$@Pt@ZnO、TiO$_2$@Ag@ZnO 及 TiO$_2$@Pd@ZnO 的紫外可见吸收光谱图

7.4.2　双壳夹心 TiO$_2$@NMs@ZnO 空心球光氧化性能及其机理研究

为了调查催化剂的光催化活性，将 TiO$_2$@ZnO、TiO$_2$@Au@ZnO、TiO$_2$@Pt@ZnO、

TiO$_2$@Ag@ZnO 及 TiO$_2$@Pd@ZnO 用于苯甲醇的模拟太阳光光催化氧化实验,实验数据处理如表 7-5 所示。光反应 1h,TiO$_2$@ZnO、TiO$_2$@Au@ZnO、TiO$_2$@Pt@ZnO、TiO$_2$@Ag@ZnO 及 TiO$_2$@Pd@ZnO 苯甲醇的光转化率分别为 30.2%、82.5%、45%、86.2%和 49%。对比实验数据可知,TiO$_2$@Ag@ZnO 和 TiO$_2$@Au@ZnO 空心球苯甲醇的光转化率明显优于其他催化剂,本书认为这是因为 Ag(Au)纳米颗粒的等离子共振效应提高了 TiO$_2$@Ag@ZnO(TiO$_2$@Au@ZnO)的光吸收性能,进而提高了催化活性。从 TiO$_2$@Ag@ZnO 和 TiO$_2$@Au@ZnO 的紫外可见吸收光谱图可知,TiO$_2$@Ag@ZnO 和 TiO$_2$@Au@ZnO 确实具有较好的光吸收范围,从而导致产生更多的光生电荷,进而加速活性自由基的生成。

表 7-5 不同催化剂光氧化苯甲醇对比

催化剂	溶剂	光源	转化率(%)	苯甲醛选择性(%)	苯甲酸选择性(%)
TiO$_2$@ZnO	H$_2$O	300W 氙灯	30.2	81.3	18.7
TiO$_2$@Au@ZnO	H$_2$O	300W 氙灯	82.5	43.9	56.1
TiO$_2$@Pt@ZnO	H$_2$O	300W 氙灯	45	53.5	46.5
TiO$_2$@Ag@ZnO	H$_2$O	300W 氙灯	86.2	51.1	33
TiO$_2$@Pd@ZnO	H$_2$O	300W 氙灯	49	84.9	15.1

反应条件:苯甲醇初始浓度(C_0)为 20.9mg/L,体积为 10mL,催化剂负载量为 0.8g/L。空气,300W 氙灯,光反应时间为 1h。选择性之和未达到 100%是因为部分已经转化为 CO$_2$。

光照 2h,TiO$_2$@Ag@ZnO 对苯甲醇的光转化率基本达到完全,对比 TiO$_2$@Au@ZnO 及其他催化剂数据可知,TiO$_2$@Ag@ZnO 表现出极强的光氧化能力(表 7-6)。苯甲醇光氧化活性顺序:TiO$_2$@Ag@ZnO>TiO$_2$@Au@ZnO>TiO$_2$@Pt@ZnO> TiO$_2$@Pd@ZnO>TiO$_2$@ZnO。从 TiO$_2$@Ag@ZnO 的 XRD 图谱可知,TiO$_2$@Ag@ZnO 形成三个新的峰 31°、35°、62°。TiO$_2$@Ag@ZnO 在 TiO$_2$@NMs@ZnO 样品中表现出较好的活性,也许是因为新相的形成。此外,TiO$_2$@Ag@ZnO 具有更优的电荷转移效率,这里可以合理地理解为夹心的 Ag 纳米颗粒能够更有效地储存和释放光生电子。尽管其他贵金属也可以引导电子的转移,但 TiO$_2$@Ag@ZnO 空心球由于表现出更高拉曼光谱活性(图 7-31),因此可以提供更合适的电子通道,进而产生更多的活性自由基[71]。TiO$_2$@Ag@ZnO 空心球有效过氧自由基的生成提高了苯甲醇光氧化活性。

表 7-6 TiO$_2$@NMs@ZnO 光氧化苯甲醇实验结果

(a) TiO$_2$@ZnO

时间（h）	质量分数（%）			转化率（%）	苯甲醛选择性（%）	苯甲酸选择性（%）
	苯甲醇	苯甲醛	苯甲酸			
1	69.8	24.6	5.6	30.2	81.3	18.7
2	34.9	29	36.1	65.1	44.5	55.5
3	22.1	20.2	57.7	77.9	25.9	74.1
4	9.8	7.8	78.7	90.2	8.6	87.3
5	—	—	61.2	>99	—	61.2

(b) TiO$_2$@Au@ZnO

时间（h）	质量分数（%）			转化率（%）	苯甲醛选择性（%）	苯甲酸选择性（%）
	苯甲醇	苯甲醛	苯甲酸			
1	17.5	36.2	46.3	82.5	43.9	56.1
2	—	10.8	76.2	>99	10.8	76.2
3	—	—	40.9	>99	—	40.9

(c) TiO$_2$@Pt@ZnO

时间（h）	质量分数（%）			转化率（%）	苯甲醛选择性（%）	苯甲酸选择性（%）
	苯甲醇	苯甲醛	苯甲酸			
1	55	24.1	20.9	45	53.5	46.5
2	34	34	32	66	51.1	48.9
3	15.4	19.8	64.8	80.9	23.4	76.6
4	—	5.5	93.7	>99	5.5	93.7
5	—	—	60.4	>99	—	60.4

(d) TiO$_2$@Ag@ZnO

时间（h）	质量分数（%）			转化率（%）	苯甲醛选择性（%）	苯甲酸选择性（%）
	苯甲醇	苯甲醛	苯甲酸			
1	13.8	24.1	28.5	86.2	51.1	33
2	—	—	—	>99		

(e) TiO$_2$@Pd@ZnO

时间（h）	质量分数（%）			转化率（%）	苯甲醛选择性（%）	苯甲酸选择性（%）
	苯甲醇	苯甲醛	苯甲酸			
1	51	41.6	7.4	49	84.9	15.1
2	33.4	55	11.6	66.6	82.6	17.4

续表

时间（h）	质量分数（%）			转化率（%）	苯甲醛选择性（%）	苯甲酸选择性（%）
	苯甲醇	苯甲醇	苯甲醇			
3	14.8	41.3	43.9	85.2	48.5	51.4
4	—	17.3	82.7	>99	17.3	82.7
5	—	—	81.5	>99	—	81.5

注：光照时间 5h，包括苯甲醇的转化率、苯甲醛的反应选择性及苯甲酸的反应选择性，选择性未达到100%，主要是因为生成 CO_2。

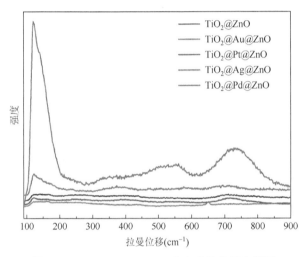

图 7-31　TiO_2@NMs@ZnO 空心球的拉曼光谱图

表 7-7 列出了不同 TiO_2 基光催化剂苯甲醇光氧化活性的对比数据。在不同的光照条件下对比不同 TiO_2 基光催化剂在水中光催化氧化苯甲醇的活性。对比可知，已经有很多研究指出太阳光选择性光催化氧化苯甲醇的优点，基于这个方向本章着力于在可见光下选择性催化氧化苯甲醇的研究，探讨新型催化剂对于催化剂结构的影响。

$$C_6H_5-CH_2OH \xrightarrow{h^+} C_6H_5-CH_2OH^+ \cdot \quad (7.12)$$

$$C_6H_5-CH_2OH^+ \xrightarrow{O_2^- \cdot} C_6H_5-CHO \quad (7.13)$$

表 7-7　不同 TiO_2 基光催化剂苯甲醇光氧化活性的比较

催化剂	溶剂	光源	转化率（%）	苯甲醛选择性（%）	苯甲酸选择性（%）	参考文献
TiO_2/MAGSNC	H_2O	125W 汞灯	5	41	—	[9]
TiO_2	H_2O	125W 汞灯	50	28	—	[72]

续表

催化剂	溶剂	光源	转化率（%）	苯甲醛选择性（%）	苯甲酸选择性（%）	参考文献
TiO_2@ZnO	H_2O	300W 氙灯	30.2	81.3	18.7	本书
TiO_2@Au@ZnO	H_2O	300W 氙灯	82.5	43.9	56.1	本书
TiO_2@Pt@ZnO	H_2O	300W 氙灯	45	53.5	46.5	本书
TiO_2@Ag@ZnO	H_2O	300W 氙灯	86.2	51.1	33	本书
TiO_2@Pd@ZnO	H_2O	300W 氙灯	49	84.9	15.1	本书

由于 Ag 纳米颗粒的夹心，ZnO 产生的光生电子可以很容易地转移到 TiO_2 纳米颗粒上，使得 ZnO 的电子和空穴分离效率更高，继而提高光氧化活性。为了直接证明苯甲醇的光氧化活性，使用具有自旋捕获和自旋探针的电子顺磁共振波谱仪进行测定，鉴定 TiO_2@ZnO、TiO_2@Au@ZnO、TiO_2@Pt@ZnO、TiO_2@Ag@ZnO 和 TiO_2@Pd@ZnO 光激发后产生的活性自由基。对比波谱图可知，TiO_2@Ag@ZnO 的 ESR 谱比 TiO_2@Au@ZnO 及其他催化剂具有更强的 DMPO/·OH 加合信号，表明光照下 TiO_2@Ag@ZnO 能够更高效地产生羟基自由基（图 7-32）。此外，为了确认超氧自由基的产生，利用 DMSO 来吸收羟基自由基，进而检测超氧自由基的信号。图 7-33 表明，TiO_2@Ag@ZnO 的 DMPO/·OOH 信号强度明显优于其他催化剂的信号。这些结果表明，Ag 夹心于 TiO_2@ZnO 中能够显著提高活性自由基的生成，使得光氧化活性提高了。

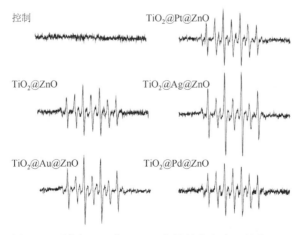

图 7-32 利用 EPR 谱 DMPO 探针捕获光生羟基自由基

反应时间 5min，控制实验没有加入样品

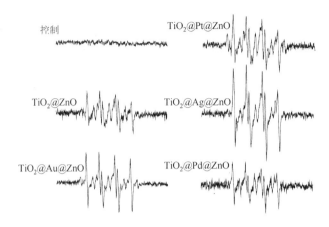

图 7-33　加入 DMSO 清除羟基自由基后，利用 EPR 波谱 DMPO 探针捕获光生超氧自由基
反应时间 5min，控制实验没有加入样品

7.4.3　TiO$_2$@NMs@ZnO 空心球负载贵金属种类对催化性能的影响

为了研究不同贵金属夹心于 TiO$_2$@ZnO 对光催化活性的影响，将 TiO$_2$@ZnO、TiO$_2$@Au@ZnO、TiO$_2$@Pt@ZnO、TiO$_2$@Ag@ZnO 和 TiO$_2$@Pd@ZnO 空心球等光催化剂用于可见光下光还原 Cr(Ⅵ)实验（图 7-34）。用纳米材料光催化还原 Cr（Ⅵ）（初始浓度为 4.8μmol/L）的活性大小来评估不同催化剂的表观量子效率（AQE），进而说明不同贵金属夹心于 TiO$_2$@ZnO 对光还原活性的影响。尽管 TiO$_2$@Au@ZnO 同样表现出优异的吸光性能，但 TiO$_2$@Ag@ZnO 的光还原活性还是高于其他催化剂。这进一步说明由于 Ag 纳

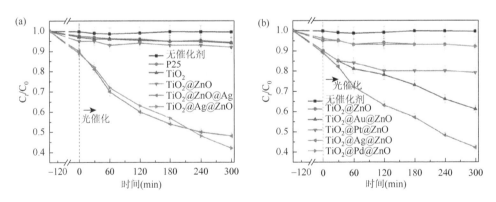

图 7-34　可见光下 Cr（Ⅵ）随时间变化的还原效率曲线图
实验条件：Cr（Ⅵ）50mL，5mg/L；催化剂 30mg；300W 氙灯（>400nm）

米颗粒的夹心，ZnO 产生的光生电子可以很容易地转移到 TiO$_2$ 纳米颗粒上，使得 ZnO 的电子和空穴分离效率更高，继而提高光还原活性。对比光催化实验数据可知，TiO$_2$@Ag@ZnO 确实表现出比 P25、TiO$_2$ 和 TiO$_2$@ZnO@Ag 更优异的光还原性能。这证明了光催化剂表面上负载助催化剂是提高光催化活性的最常用方法之一。为了证明夹心型纳米结构的高效性，作者所在课题组在以前的工作中提出表面上负载的贵金属纳米颗粒的光还原活性的不稳定研究[13]。如果贵金属负载在空心球的内层或者空心球的外层（如 NMs@TiO$_2$@ZnO 或者 TiO$_2$@ZnO@NMs），在光催化过程中贵金属可能会脱落，导致催化活性下降。

为了进一步研究不同贵金属负载的 TiO$_2$@ZnO 空心球对纳米材料表面电子传递速率的影响，采用电化学阻抗和循环伏安法电化学手段表征 TiO$_2$@NMs@ZnO 空心球对纳米材料表面电子传递速率的影响。循环伏安法是评价纳米材料修饰电极性能的一个重要的手段。如图 7-35（a）所示，TiO$_2$@Ag@ZnO 复合电极的氧化还原峰明显增加，表明 TiO$_2$@Ag@ZnO 空心球提供了合适的电子通道，加速了光生电子与空穴的分离。如图 7-35（b）所示，TiO$_2$@Ag@ZnO 复合电极在电化学阻抗谱图上的圆弧半径最小，这表明 TiO$_2$@Ag@ZnO 中的电荷转移电阻最小，因此在 TiO$_2$@Ag@ZnO 球中可以发生更有效的光生电子-空穴对分离及更快的界面电荷转移。荧光光谱主要由激发的电子与空穴的复合引起，对比五个催化剂的荧光光谱图（图 7-36）可以得知，TiO$_2$@Ag@ZnO 具有较弱的荧光强度，说明 TiO$_2$@Ag@ZnO 具有较高的电子与空穴的分离效率。考虑到半导体材料与贵金属的多功能组合，这些结果可能为高性能催化剂的设计提供新思路（图 7-37）。

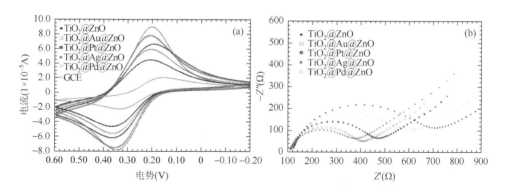

图 7-35　TiO$_2$@ZnO 和 TiO$_2$@NMs@ZnO 的循环伏安图（a）、电化学阻抗图（b）

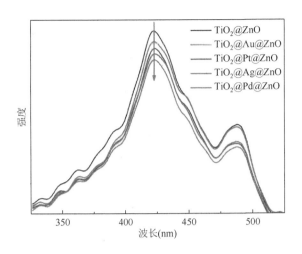

图 7-36 TiO₂@ZnO、TiO₂@Au@ZnO、TiO₂@Pt@ZnO、TiO₂@Ag@ZnO 及 TiO₂@Pd@ZnO 的荧光光谱图

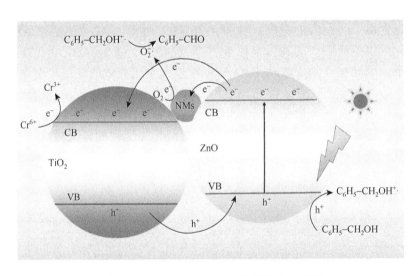

图 7-37 TiO₂@NMs@ZnO 电子转移示意图

7.5 小结与展望

本章在前期研究基础上成功制备出具有高性能双功能催化活性的双壳夹心 TiO_2@Pt@CeO_2 空心球。TiO_2@Pt@CeO_2 尺寸均一且制备方法简单。本章也证明了 TiO_2 空心球与 CeO_2 壳和 Pt 纳米颗粒对光催化性能提高产生的协同效应。异质催化剂可以通过催化剂结构、控制助催化剂的负载位置以及多壳结构来提高光催

化活性。该光催化剂结构独特、新颖,通过 Cr(VI)的光还原及苯甲醇的光氧化证明了这种催化剂具有有效的双功能催化性能。为了进一步证明催化剂的双功能,制备负载不同贵金属的 TiO$_2$@NMs@ZnO 纳米复合材料,同样通过 Cr(VI)的光还原及苯甲醇的光氧化证明了其双功能催化性能。结果表明,不同助催化剂(如 Au、Pt、Ag、Pd 纳米粒子)壳壳复合不同壳型光催化剂可以提高非均相光催化活性。这项工作可以为光催化高性能催化剂的设计提供新的见解。

参 考 文 献

[1] Cheng Q, Wang C, Doudrick K, et al. Hexavalent chromium removal using metal oxide photocatalysts [J]. Appl. Catal. B, 2015, 176: 740-748.

[2] Costa M, Klein C B. Toxicity and carcinogenicity of chromium compounds in humans [J]. Crit. Rev. Toxicol., 2006, 36(2): 155-163.

[3] Spasiano D, Rodriguez L P P, Olleros J C, et al. TiO$_2$/Cu(II) photocatalytic production of benzaldehyde from benzyl alcohol in solar pilot plant reactor [J]. Appl. Catal. B, 2013, 136: 56-63.

[4] Zhang Y C, Yao L, Zhang G, et al. One-step hydrothermal synthesis of high-performance visible-light-driven SnS$_2$/SnO$_2$ nanoheterojunction photocatalyst for the reduction of aqueous Cr(VI) [J]. Appl. Catal. B, 2014, 144: 730-738.

[5] Testa J J, Grela M A, Litter M I. Heterogeneous photocatalytic reduction of chromium(VI) over TiO$_2$ particles in the presence of oxalate: Involvement of Cr(VI) species [J]. Environ. Sci. Technol., 2004, 38(5): 1589-1594.

[6] Fathima N N, Aravindhan R, Rao J R, et al. Solid waste removes toxic liquid waste: Adsorption of chromium(VI) by iron complexed protein waste [J]. Environ. Sci. Technol., 2005, 39(8): 2804-2810.

[7] Li H, Wu T, Cai B, et al. Efficiently photocatalytic reduction of carcinogenic conta minant Cr(VI) upon robust AgCl: Ag hollow nanocrystals [J]. Appl. Catal. B, 2015, 164: 344-351.

[8] Rauf A, Sher Shah M S A, Choi G H, et al. Facile synthesis of hierarchically structured Bi$_2$S$_3$/Bi$_2$WO$_6$ photocatalysts for highly efficient reduction of Cr(VI) [J]. ACS Sustain. Chem. Eng., 2015, 3(11): 2847-2855.

[9] Colmenares J C, Ouyang W, Ojeda M, et al. Mild ultrasound-assisted synthesis of TiO$_2$ supported on magnetic nanocomposites for selective photo-oxidation of benzyl alcohol [J]. Appl. Catal. B, 2016, 183: 107-112.

[10] Spasiano D, Marotta R, Di Somma I, et al. Fe(III)-photocatalytic partial oxidation of benzyl alcohol to benzaldehyde under UV-solar simulated radiation [J]. Photoch. Photobio. Sci., 2013, 12(11): 1991-2000.

[11] Li S, Cai J, Wu X, et al. Fabrication of positively and negatively charged, double-shelled, nanostructured hollow spheres for photodegradation of cationic and anionic aromatic pollutants under sunlight irradiation [J]. Appl. Catal. B, 2014, 160: 279-285.

[12] Cai J, Wu X, Li S, et al. Synergistic effect of double-shelled and sandwiched TiO$_2$@Au@C hollow spheres with enhanced visible-light-driven photocatalytic activity [J]. ACS Appl. Mater. Inter., 2015, 7(6): 3764-3772.

[13] Cai J, Wu X, Li S, et al. Controllable location of Au nanoparticles as cocatalyst onto TiO$_2$@CeO$_2$ nanocomposite hollow spheres for enhancing photocatalytic activity [J]. Appl. Catal. B, 2017, 201: 12-21.

[14] Hu Y, Gao X, Yu L, et al. Carbon-coated CdS petalous nanostructures with enhanced photostability and photocatalytic activity [J]. Angew. Chem. Int. Ed., 2013, 125(21): 5746-5749.

[15] Yu C, Yang K, Xie Y, et al. Novel hollow Pt-ZnO nanocomposite microspheres with hierarchical structure and

enhanced photocatalytic activity and stability [J]. Nanoscale, 2013, 5(5): 2142-2151.

[16] Obregón S, Caballero A, Colón G. Hydrothermal synthesis of BiVO$_4$: Structural and morphological influence on the photocatalytic activity [J]. Appl. Catal. B, 2012, 117: 59-66.

[17] Lou X W D, Archer L A, Yang Z. Hollow micro-/nanostructures: Synthesis and applications [J]. Adv. Mater., 2008, 20(21): 3987-4019.

[18] Hu J, Chen M, Fang X, et al. Fabrication and application of inorganic hollow spheres [J]. Chem. Soc. Rev., 2011, 40(11): 5472-5491.

[19] Lee H, Habas S E, Kweskin S, et al. Morphological control of catalytically active platinum nanocrystals [J]. Angew. Chem. Int. Ed., 2006, 118(46): 7988-7992.

[20] Park J B, Graciani J, Evans J, et al. Gold, copper, and platinum nanoparticles dispersed on CeO$_x$/TiO$_2$ (110) surfaces: High water-gas shift activity and the nature of the mixed-metal oxide at the nanometer level [J]. J. Am. Chem. Soc., 2009, 132(1): 356-363.

[21] Chen L, Luo L, Chen Z, et al. ZnO/Au composite nanoarrays as substrates for surface-enhanced Raman scattering detection [J]. J. Phys. Chem. C, 2009, 114(1): 93-100.

[22] Ma X, Zhao K, Tang H, et al. New insight into the role of gold nanoparticles in Au@CdS core-shell nanostructures for hydrogen evolution [J]. Small, 2014, 10(22): 4664-4670.

[23] Guo J, Zhang Y, Shi L, et al. Boosting hot electrons in hetero-superstructures for plasmon-enhanced catalysis [J]. J. Am. Chem. Soc., 2017, 139(49): 17964-17972.

[24] Liao L, Mai H X, Yuan Q, et al. Single CeO$_2$ nanowire gas sensor supported with Pt nanocrystals: Gas sensitivity, surface bond states, and chemical mechanism [J]. J. Phys. Chem. C, 2008, 112(24): 9061-9065.

[25] Dutta G, Waghmare U V, Baidya T, et al. Hydrogen spillover on CeO$_2$/Pt: Enhanced storage of active hydrogen [J]. Chem. Mater., 2007, 19(26): 6430-6436.

[26] Lu P, Campbell C T, Xia Y. A sinter-resistant catalytic system fabricated by maneuvering the selectivity of SiO$_2$ deposition onto the TiO$_2$ surface versus the Pt nanoparticle surface [J]. Nano Lett., 2013, 13(10): 4957-4962.

[27] Dai Y, Lim B, Yang Y, et al. A sinter-resistant catalytic system based on platinum nanoparticles supported on TiO$_2$ nanofibers and covered by porous silica [J]. Angew. Chem. Int. Ed., 2010, 122(44): 8341-8344.

[28] Zhang C, Liu F, Zhai Y, et al. Alkali-metal-promoted Pt/TiO$_2$ opens a more efficient pathway to formaldehyde oxidation at ambient temperatures [J]. Angew. Chem. Int. Ed., 2012, 51(38): 9628-9632.

[29] Alessandri I, Zucca M, Ferroni M, et al. Tailoring the pore size and architecture of CeO$_2$/TiO$_2$ core/shell inverse opals by atomic layer deposition [J]. Small, 2009, 5(3): 336-340.

[30] Jiao J, Wei Y, Zhen Z, et al. Photocatalysts of 3D ordered macroporous TiO$_2$-supported CeO$_2$ nanolayers: Design, preparation, and their catalytic performances for the reduction of CO$_2$ with H$_2$O under simulated solar irradiation [J]. Ind. Eng. Chem. Res., 2015, 53(44): 17345-17354.

[31] Jiang B, Zhang S, Guo X, et al. Preparation and photocatalytic activity of CeO$_2$/TiO$_2$ interface composite film [J]. Appl. Surf. Sci., 2009, 255(11): 5975-5978.

[32] Liu B, Zhao X, Zhang N, et al. Photocatalytic mechanism of TiO$_2$-CeO$_2$ films prepared by magnetron sputtering under UV and visible light [J]. Surf. Sci., 2005, 595(1-3): 203-211.

[33] Corrêa D N, Silva J M D S E, Santos E B, et al. TiO$_2$-and CeO$_2$-based biphasic core-shell nanoparticles with tunable core sizes and shell thicknesses [J]. J. Phys. Chem. C, 2011, 115(21): 10380-10387.

[34] Eskandarloo H, Badiei A, Behnajady M A. TiO$_2$/CeO$_2$ hybrid photocatalyst with enhanced photocatalytic activity: Optimization of synthesis variables [J]. Ind. Eng. Chem. Res., 2014, 53(19): 7847-7855.

[35] Cao T, Li Y, Wang C, et al. Three-dimensional hierarchical CeO_2 nanowalls/TiO_2 nanofibers heterostructure and its high photocatalytic performance [J]. J. Sol-Gel Sci. Technol., 2010, 55(1): 105-110.

[36] Li P, Xin Y, Li Q, et al. Ce-Ti amorphous oxides for selective catalytic reduction of NO with NH_3: Confirmation of Ce-O-Ti active sites [J]. Environ. Sci. Technol., 2012, 46(17): 9600-9605.

[37] Si R, Tao J, Evans J, et al. Effect of ceria on gold-titania catalysts for the water-gas shift reaction: Fundamental studies for Au/CeO_x/TiO_2 (110) and Au/CeO_x/TiO_2 powders [J]. J. Phys. Chem. C, 2013, 116(44): 23547-23555.

[38] Aranifard S, Ammal S C, Heyden A. On the importance of the associative carboxyl mechanism for the water-gas shift reaction at Pt/CeO_2 interface sites [J]. J. Phys. Chem. C, 2014, 118(12): 6314-6323.

[39] Xiao W, Liu D, Song S, et al. Pt@CeO_2 multicore@shell self-assembled nanospheres: Clean synthesis, structure optimization, and catalytic applications [J]. J. Am. Chem. Soc., 2013, 135(42): 15864-15872.

[40] Chupas P J, Chapman K W, Jennings G, et al. Watching nanoparticles grow: The mechanism and kinetics for the formation of TiO_2-supported platinum nanoparticles [J]. J. Am. Chem. Soc., 2007, 129(45): 13822-13824.

[41] Concepción P, Corma A, Silvestre-Albero J, et al. Chemoselective hydrogenation catalysts: Pt on mesostructured CeO_2 nanoparticles embedded within ultrathin layers of SiO_2 binder [J]. J. Am. Chem. Soc., 2004, 126(17): 5523-5532.

[42] Cai J B, Wu X Q, Li S, et al. Synthesis of TiO_2@WO_3/Au nanocomposite hollow spheres with controllable size and high visible-light-driven photocatalytic activity [J]. ACS Sustain. Chem. Eng., 2016, 4(3): 1581-1590.

[43] Agrawal M, Gupta S, Pich A, et al. A facile approach to fabrication of ZnO-TiO_2 hollow spheres [J]. Chem. Mater., 2013, 21(21): 1169-1170.

[44] Law M, Greene L E, Radenovic A, et al. ZnO-Al_2O_3 and ZnO-TiO_2 core-shell nanowire dye-sensitized solar cells [J]. J. Phys. Chem. B, 2006, 110(45): 22652-22663.

[45] Greene L E, Law M, And B D Y, et al. ZnO-TiO_2 core-shell nanorod/P_3HT solar cells [J]. J. Phys. Chem. C, 2007, 111(50): 18451-18456.

[46] Hernández S, Cauda V, Chiodoni A, et al. Optimization of 1D ZnO@TiO_2 core-shell nanostructures for enhanced photoelectrochemical water splitting under solar light illu mination [J]. ACS Appl. Mater. Inter., 2014, 6(15): 12153-12167.

[47] Lin L, Yang Y, Men L, et al. A highly efficient TiO_2@ZnO n-p-n heterojunction nanorod photocatalyst [J]. Nanoscale, 2013, 5(2): 588-593.

[48] Marcì G, Augugliaro V, López-Muñoz M J, et al. Preparation characterization and photocatalytic activity of polycrystalline ZnO/TiO_2 systems. 1. Surface and bulk characterization [J]. J. Phys. Chem. B, 2010, 35(21): 1026-1032.

[49] Chen D, Zhang H, Hu J, et al. P Preparation and enhanced photoelectrochemical performance of coupled bicomponent ZnO-TiO_2 nanocomposites [J]. J. Phys. Chem. C, 2008, 112(1): 117-122.

[50] Xiao F X. Construction of highly ordered ZnO-TiO_2 nanotube arrays (ZnO/TNTs) heterostructure for photocatalytic application [J]. ACS Appl. Mater. Inter., 2012, 4(12): 7055-7063.

[51] Barreca D, Comini E, Ferrucci A P, et al. First example of ZnO-TiO_2 nanocomposites by chemical vapor deposition: Structure, morphology, composition, and gas sensing performances [J]. Chem. Mater., 2007, 19(23): 5642-5649.

[52] Zhang Z, Yuan Y, Fang Y, et al. Preparation of photocatalytic nano-ZnO/TiO_2 film and application for deter mination of chemical oxygen demand [J]. Talanta, 2007, 73(3): 523-528.

[53] Manthina V, Baena J P C, Liu G, et al. ZnO-TiO_2 nanocomposite films for high light harvesting efficiency and fast

electron transport in dye-sensitized solar cells [J]. J. Phys. Chem. C, 2012, 116(45): 23864-23870.

[54] Fateh R, Dillert R, Bahnemann D. Self-Cleaning properties, mechanical stability, and adhesion strength of transparent photocatalytic TiO_2-ZnO coatings on polycarbonate [J]. ACS Appl. Mat. Interfaces., 2014, 6(4): 2270-2278.

[55] He W, Kim H K, Wamer W G, et al. Photogenerated charge carriers and reactive oxygen species in ZnO/Au hybrid nanostructures with enhanced photocatalytic and antibacterial activity [J]. J. Am. Chem. Soc., 2014, 136(2): 750-757.

[56] Ren C, Yang B, Min W, et al. Synthesis of Ag/ZnO nanorods array with enhanced photocatalytic performance [J]. J. Hazard. Mater., 2010, 182(1-3): 123-129.

[57] Xue X Y, Chen Z H, Xing L L, et al. Enhanced optical and sensing properties of one-step synthesized Pt-ZnO nanoflowers [J]. J. Phys. Chem. C, 2010, 114(43): 18607-18611.

[58] Liang X L, Dong X, Lin G D, et al. Carbon nanotube-supported Pd-ZnO catalyst for hydrogenation of CO_2 to methanol [J]. Appl. Catal. B, 2009, 88(3-4): 315-322.

[59] Chen J, Wang D, Qi J, et al. Monodisperse hollow spheres with sandwich heterostructured shells as high-performance catalysts via an extended SiO_2 template method [J]. Small, 2015, 11(4): 420-425.

[60] Cleceri L S, Greenberg A E, Eaton A D. Standard Methods for the Exa Mination of Water and Wastewater [M]. American Public Health Association, American Water Works Association, and Water Environment Association, Washington: 1998.

[61] Zhang P, Wu P, Bao S, et al. Synthesis of sandwich-structured AgBr@Ag@TiO_2 composite photocatalyst and study of its photocatalytic performance for the oxidation of benzyl alcohols to benzaldehydes [J]. Chem. Eng. J., 2016, 306: 1151-1161.

[62] Yu J, Low J, Xiao W, et al. Enhanced photocatalytic CO_2-reduction activity of anatase TiO_2 by coexposed {001} and {101} facets [J]. J. Am. Chem. Soc., 2014, 136(25): 8839-8842.

[63] Xie Q, Zhao Y, Guo H, et al. Facile preparation of well-dispersed CeO_2-ZnO composite hollow microspheres with enhanced catalytic activity for CO oxidation [J]. ACS Appl. Mater. Inter., 2013, 6(1): 421-428.

[64] Wanger C D, Riggs W M, Davis L E, et al. Handbook of X-Ray Photoelectron Spectroscopy [M]. Eden Prairie: Perkin-Elmer Corporation, Physical Electronics Division Press, 1979: 38-81.

[65] Li X, Wang X, Song S, et al. Selectively deposited noble metal nanoparticles on Fe_3O_4/graphene composites: Stable, recyclable, and magnetically separable catalysts [J]. Chem- Eur. J., 2012, 18(24): 7601-7607.

[66] Tanaka A, Nakanishi K, Hamada R, et al. Simultaneous and stoichiometric water oxidation and Cr(VI) reduction in aqueous suspensions of functionalized plasmonic photocatalyst Au/TiO_2-Pt under irradiation of green light [J]. ACS Catal., 2013, 3(8): 1886-1891.

[67] Hirakawa T, Kamat P V. Charge separation and catalytic activity of Ag@TiO_2 core-shell composite clusters under UV-irradiation [J]. J. Am. Chem. Soc., 2005, 127(11): 3928-3934.

[68] Cai J, Wu X, Zheng F, et al. Influence of TiO_2 hollow sphere size on its photo-reduction activity for toxic Cr(VI) removal [J]. J. Colloid. Interf. Sci., 2017, 490: 37-45.

[69] Augugliaro V, Kisch H, Loddo V, et al. Photocatalytic oxidation of aromatic alcohols to aldehydes in aqueous suspension of home-prepared titanium dioxide: 1. Selectivity enhancement by aliphatic alcohols [J]. Appl. Catal. A, 2008, 349(1-2): 182-188.

[70] Gu H, Yang Y, Tian J, et al. Photochemical synthesis of noble metal (Ag, Pd, Au, Pt) on graphene/ZnO multihybrid nanoarchitectures as electrocatalysis for H_2O_2 reduction [J]. ACS Appl. Mater. Inter., 2013, 5(14): 6762-6768.

[71] Zhao Y, Sun L, Xi M, et al. Electrospun TiO$_2$ nanofelt surface-decorated with Ag nanoparticles as sensitive and UV-cleanable substrate for surface enhanced Raman scattering [J]. ACS Appl. Mater. Inter., 2014, 6(8): 5759-5767.

[72] Augugliaro V, Kisch H, Loddo V, et al. Photocatalytic oxidation of aromatic alcohols to aldehydes in aqueous suspension of home-prepared titanium dioxide: 1. Selectivity enhancement by aliphatic alcohols [J]. Appl. Catal. A, 2008, 349(1-2): 182-188.

第 8 章 双壳夹心 TiO$_2$@Pt@C$_3$N$_4$ 及 TiO$_2$@Au@C 空心球光催化性能协同增强机制研究

8.1 引　言

过去几年中，太阳光驱动光催化是一种环境友好、有效去除水污染的有效手段，以及分解水产氢的重要手段[1-4]。光催化技术在环境处理中具有重要的潜在应用价值，包括将有机污染物转化为二氧化碳和水及重金属的处理[5, 6]。光生电子与空穴易复合[7]，光在催化剂上停留时间短[8, 9]，光催化剂与污染物间亲和力差[10]是纳米复合材料性能提升的瓶颈。这些问题可通过改变光催化剂的结构和形态来解决[11-13]。由于空心球结构独特的物理和化学性质（如比表面积大、密度低、有效的捕光效率等），金属氧化物空心球结构已被应用于光催化降解有机污染物的研究中[14-16]。其广泛的应用还包括药物释放系统[17]、均相催化剂[18]、水处理[19]以及光敏化生物分子的保护作用[20]等。

国内外科学研究工作者开展了大量的研究工作，结果表明，金属掺杂可有效地将 TiO$_2$ 光谱响应范围从紫外区扩展至可见光区，使其在可见光照射下，具有光催化降解有机污染物的活性。其中无机氧化物负载 Au 纳米颗粒形成的纳米复合材料具有新颖的结构，已成为高效光催化降解有机污染物的一种催化剂[21, 22]。但是，负载的小尺寸金纳米催化剂在光催化过程中是不稳定的，Au 纳米颗粒之间会相互融合长大，并且在高温煅烧时更容易烧结长大，导致 Au 纳米颗粒失去了原有的活性[23]。因此，Au 催化剂在实际应用和工业催化中并没有广泛发展。为了解决 Au 纳米颗粒的迁移和聚集长大的问题，许多科学家已经进行了全方面的研究，包括：①把单组分的 Au 纳米颗粒用多组分的 Au 合金纳米颗粒替代[24]，或用羟基磷灰石替代[25]；②把 Au 纳米颗粒负载在多孔纳米材料上[26]；③把 Au 纳米颗粒包覆在载体内部形成核壳结构[27]。前两种方法可以在一定程度上提高光催化性能，但不能完全避免 Au 纳米颗粒的迁移和聚集长大。与此相反，最后一种方法比较有效，因为核壳结构具有高的热稳定性[28]和可回收性[29]。

在非金属材料中，碳质材料受到了特别的关注，因为它们具有可见光吸收和对有机污染物吸附的优点，从而促进光催化反应。C 掺杂致使纳米 TiO$_2$ 具有可见光催化性能是非金属掺杂改性的一个重要研究课题，Khan 等[30]在 Science 上首次报道了以天然气火焰热解钛金属得到 C 掺杂改性的 TiO$_2$ 光催化剂，这一研究开创了 C 掺杂改性 TiO$_2$ 的先例。也有研究表明[31, 32]，TiO$_2$@C 混杂结构和分层的 TiO$_2$@C 混合空心球在可见光催化中表现出较高的催化效率。在各种无机氧化物（TiO$_2$[33, 34]、CeO$_2$[35]、ZnO[36]和 ZrO$_2$[37]）中，TiO$_2$ 由于具有高光催化活性、宽带隙（3.2eV）、低成本、低毒性和高化学稳定性，已经被广泛地应用于有机污染物的光催化降解。尽管包覆碳层具有良好的电子传导性能，但是如何通过对材料的构建来有效抑制光生电子-空穴复合仍然是一个挑战。因此，亟须提出一种新型的纳米复合材料来实现光生电子-空穴的有效分离。

本章使用二氧化钛空心球作为模板，通过水热法合成双壳夹心的 TiO$_2$@Au@C 纳米复合材料。作为中性表面活性剂，葡萄糖已被用于非极性长碳链来控制纳米晶体的生长。将制备的 TiO$_2$@Au@C 纳米空心球用于光催化降解 4-硝基苯胺、4-硝基苯酚实验。本章的目标是：①利用 TiO$_2$-Au 之间形成的肖特基势垒新途径促进光生电子与空穴的分离；②通过独特的分层结构来提高纳米材料的吸光效率和光生电子的转移；③增加 TiO$_2$ 的比表面积；④通过包覆的碳层来提高光催化剂和有机污染物之间的亲和力。

为了进一步证明金属与非金属纳米材料共复合对光催化降解污染物的影响，也为了克服 TiO$_2$ 无机半导体的瓶颈问题，有研究指出通过复合 C$_3$N$_4$ 有机半导体来提高光催化降解的效率[38]。C$_3$N$_4$ 具有非常好的热稳定性和化学稳定性，有特殊的力学性能、电学性能、光学性能和热稳定性能，引起科学工作者的兴趣，从这些研究中可知，掺杂 C$_3$N$_4$ 后 TiO$_2$ 的光催化性能明显提高。一些研究也报道了各种形态的 TiO$_2$-C$_3$N$_4$ 纳米复合材料，包括 TiO$_2$-C$_3$N$_4$ 纳米球复合材料[39, 40]、TiO$_2$-C$_3$N$_4$ 纳米纤维复合材料[41]、TiO$_2$-C$_3$N$_4$ 纳米片复合材料[42-45]、TiO$_2$-C$_3$N$_4$ 纳米晶体复合材料[46-48]、TiO$_2$-C$_3$N$_4$ 纳米管阵列复合材料[49-51]、TiO$_2$-C$_3$N$_4$ 纳米薄膜复合材料[52-54]。在 Pt/TiO$_2$（或 Pt/C$_3$N$_4$）样品中，TiO$_2$（或 C$_3$N$_4$）的带隙激发与负载的 Pt 纳米颗粒吸附电子性质的耦合可以有效提高光催化剂性能[55, 56]。此外，双壳空心球结构可以促进光生电子与空穴的分离和电子的转移，进而提高光催化过程的效率[57-59]。因此，本章提出制备双壳夹心 TiO$_2$@Pt@C$_3$N$_4$ 纳米复合材料来评估金属和非金属纳米复合材料对光催化活性的影响。

在前期研究的基础上制备得到双壳夹心 TiO$_2$@Pt@C$_3$N$_4$ 纳米空心球。所获得的 TiO$_2$@Pt@C$_3$N$_4$ 光催化剂在可见光（$\lambda>420$nm）照射下显示出催化活性提高，比 P25 提高了 8 倍。此外，通过改变 CN 胶体悬浮液的不同前驱体，可以控制 TiO$_2$ 空心球的外层壳以提供用于催化材料的不同 C$_3$N$_4$ 壳体系。作为电子捕获位点，TiO$_2$@Pt@C$_3$N$_4$ 纳米复合材料中的 Pt 纳米粒子可以促进电子-空穴的分离。由于 Pt 纳米颗粒共存，TiO$_2$@Pt@C$_3$N$_4$ 的氧气吸收量可以增加，从而解决了非均相光催化的主要障碍。因此，该工作报道了由金属半导体和非金属纳米材料的有序组合制备的纳米复合材料的光催化活性的数据。

8.2 材料与方法

8.2.1 主要仪器与试剂

主要试剂：钛酸四丁酯（$C_{16}H_{36}O_4Ti$，分析纯），氯金酸（$HAuCl_4·4H_2O$，分析纯），葡萄糖（$C_6H_{12}O_6·H_2O$，分析纯），尿素（H_2NCONH_2，分析纯），三聚氰酸（$C_3H_3N_3O_3$，分析纯），三聚氰胺（$C_3H_6N_6$，分析纯），双氰胺（$C_2H_4N_4$，分析纯），单氰胺（CH_2N_2，分析纯），氯铂酸（$H_2PtCl_6·6H_2O$，分析纯），苯乙烯（C_8H_8，分析纯），过硫酸钠（$Na_2S_2O_8$，分析纯），丙烯酸甲酯（$C_4H_6O_2$，分析纯），重铬酸钾（$K_2Cr_2O_7$，分析纯），1,5-二苯碳酰二肼（$C_{13}H_{14}N_4O$，分析纯）等。其余所用的化学试剂也均为分析纯及以上级别。所需溶液用超纯水（18.2MΩ）配制。反应溶液 pH 值用 HCl 溶液和 NaOH 溶液进行调节。

主要仪器：扫描电子显微镜（SEM，日本 Hitachi 公司，S-4800），透射电子显微镜（TEM，美国 FEI 公司，Tecnai G^2 F20 U-TWIN），X 射线衍射仪（XRD，德国 Bruker 公司，D8 advance），热重分析仪（德国耐施公司，TG209F1），紫外可见分光光度计（日本岛津公司，UV-2550），荧光分光光度计（PL，美国瓦里安公司，Cary Eclipse），电化学工作站（上海辰华仪器有限公司，CHI650D），傅里叶变换红外光谱（FTIR，美国热电尼高力公司，FT-IR iS10），X 射线光电子能谱仪（XPS，美国赛默飞世尔科技有限公司，Thermo Fisher X Ⅱ），电子顺磁共振波谱仪（EPR，德国布鲁克公司，Elexsys 580），比表面及孔隙度分析仪（BET，美国 Micromeritics 公司，ASAP 2020 分析仪），磁力搅拌器，鼓风干燥箱，电子分析天平等。

8.2.2 催化剂制备

1. 聚苯乙烯球、Au 纳米颗粒、Pt 纳米颗粒及 TiO_2 空心球的制备

以上制备方法参见前面章节。

2. TiO_2/Au 空心球的制备

取 3mL 制备好的金溶胶混合于 30mL 去离子水中，并将该混合物在室温下搅拌 10min。然后，取一定量的 TiO_2 空心球加入上述混合物中，磁力搅拌 10h，将所得固体产物进行离心分离，用水洗涤 3 次，60℃真空中干燥 6h。

3. TiO_2@C 空心球的制备

称取 1g 葡萄糖溶于 30mL 去离子水中，磁力搅拌 30min。然后，取一定量的

TiO$_2$空心球加入上述溶液中，磁力搅拌 30min。将混合物转移至高压反应釜中，180℃加热 3h，将所得固体产物进行离心分离，用水洗涤 3 次，60℃真空中干燥 6h。将产物置于氩气氛围中煅烧，最后得到 TiO$_2$@C 空心球。

4. TiO$_2$@Au@C 空心球的制备

称取一定量的 TiO$_2$ 空心球溶于 30mL 去离子水中，超声后磁力搅拌 10min。取 3mL 制备好的金溶胶加入上述溶液中，继续磁力搅拌 30min；然后，称 1g 葡萄糖加入上述混合物中，磁力搅拌 30min。将混合物转移至高压反应釜中，180℃加热 3h，将所得固体产物进行离心分离，用水洗涤 3 次，60℃真空干燥 6h。将产物置于氩气氛围中煅烧，最后得到 TiO$_2$@Au@C 空心球。

5. TiO$_2$@Pt@C$_3$N$_4$ 空心球的制备

称取一定量的 TiO$_2$ 空心球溶于 50mL 去离子水中，超声分散 10min。将制备的 Pt 纳米颗粒加入上述溶液中，磁力搅拌 60min。为了探索 C$_3$N$_4$ 不同前驱体负载对催化活性的影响，选取 5 种 C$_3$N$_4$ 前驱体进行研究。当 Pt 纳米颗粒吸附 TiO$_2$ 空心球表面后，单氰胺（双氰胺/三聚氰胺/三聚氰酸/尿素）水溶液加入上述混合液中，磁力搅拌 3h。将获得的产物离心水洗 3 次，60℃真空干燥 6h。将产物置于氮气氛围中煅烧，最后得到 TiO$_2$@Pt@C$_3$N$_4$ 空心球。为了区分不同 C$_3$N$_4$ 前驱体制备得到的材料，将由双氰胺制备得到的材料命名为 TiO$_2$@Pt@C$_3$N$_4$-1，尿素制备得到的材料命名为 TiO$_2$@Pt@C$_3$N$_4$-2，单氰胺制备得到的材料命名为 TiO$_2$@Pt@C$_3$N$_4$-3，三聚氰胺制备得到的材料命名为 TiO$_2$@Pt@C$_3$N$_4$-4，三聚氰酸制备得到的材料命名为 TiO$_2$@Pt@C$_3$N$_4$-5。

为了比较，探索不同 Pt 纳米颗粒含量负载对催化活性的影响。选定双氰胺作为 C$_3$N$_4$ 的前驱体。除了控制不同 Pt 溶液的量，其他制备过程都一样。分别取 1mL、2mL、3mL、4mL、5mL Pt 溶液制备得到 TiO$_2$@Pt（1mL）@C$_3$N、TiO$_2$@Pt（2mL）@C$_3$N$_4$、TiO$_2$@Pt（3mL）@C$_3$N$_4$、TiO$_2$@Pt（4mL）@C$_3$N$_4$、TiO$_2$@Pt（5mL）@C$_3$N$_4$ 空心球。

6. TiO$_2$@C$_3$N$_4$ 空心球的制备

称取一定量的 TiO$_2$ 空心球溶于 50mL 去离子水中，超声分散 10min。将双氰胺水溶液加入上述混合液中，磁力搅拌 3h。将获得的产物离心水洗 3 次，60℃真空中干燥 6h。将产物置于氮气氛围中煅烧，最后得到 TiO$_2$@C$_3$N$_4$ 空心球。

8.2.3 吸附活性和光催化活性测试

芳香族污染物（4-硝基苯胺或 4-硝基苯酚）的溶液（5mg/L，50mL）分别用于光催化活性的测试。称取 30mg TiO$_2$、P25、TiO$_2$/Au、TiO$_2$@C、TiO$_2$@Au@C 空心球纳米材料分散于芳香族污染物中,在黑暗条件下搅拌 1h,以达到芳香族污染物和纳米材料之间的吸附/脱附平衡。之后,在 300W 氙灯下(用滤光片滤过小于 420nm 的波段)进行可见光催化测试。磁力搅拌 60min,每隔一定时间取一次样,采用高速离心方法得到上清液,然后用紫外可见分光光度计测定其吸光度。降解率可以用式(8.1)计算:

$$降解率(\%) = \frac{C_0 - C}{C_0} \times 100\% \tag{8.1}$$

其中,C_0 为可见光照射前的初始污染物浓度;C 为可见光照射后的溶液中的污染物浓度。

第一阶动力学方程(8.2)可用于拟合实验数据:

$$\ln\left(\frac{C_0}{C}\right) = k_{\text{app}} \times t \tag{8.2}$$

其中,k_{app} 为反应速率常数;t 为反应时间[60]。

吸附剂(30mg TiO$_2$、P25、TiO$_2$/Au、TiO$_2$@C、TiO$_2$@Au@C 空心球)分散于芳香族污染物溶液中,在黑暗条件下进行吸附测试。磁力搅拌 60min,每隔一定时间取一次样,采用高速离心方法得到上清液,然后用紫外可见分光光度计测定其吸光度。吸附率可以用式(8.3)计算。

$$吸附率(\%) = \frac{C_0' - C'}{C_0'} \times 100\% \tag{8.3}$$

其中,C_0' 和 C' 为溶液的初始污染物浓度和吸附后的溶液中残留的污染物浓度。

芳香族污染物(罗丹明 B 或甲基蓝)的溶液(5mg/L,50mL)分别用于光催化活性的测试。称取 30mg TiO$_2$@Pt@C$_3$N$_4$、TiO$_2$@C$_3$N$_4$、C$_3$N$_4$/Pt、TiO$_2$/Pt、C$_3$N$_4$、P25 纳米材料分散于芳香族污染物中,在黑暗条件下搅拌 1h,以达到芳香族污染物和纳米材料之间的吸附/脱附平衡。之后,在 300W 氙灯下(用滤光片滤过小于 420nm 的波段)进行可见光催化测试。每隔一定时间取一次样,采用高速离心方法得到上清液(8000r/min,5min),然后用紫外可见分光光度计测定其吸光度。

8.2.4 产氢活性测试

水分解反应在真空循环封闭系统中进行。光源为 300W 氙灯(用滤光片滤过小于 420nm 的波段)。取 20mg 光催化剂及 1%氯铂酸在甲醇-水溶液(100mL,20∶100,体积比)中进行分解水反应,制备得到的氢气由 Rock-Solar-Ⅰ检测系统收集。

8.2.5 电化学性能测试

电化学实验在电化学工作站（CHI-650C，上海辰华仪器有限公司）上完成。电化学池采用三电极系统：GCE（直径为 2mm）为工作电极，铂丝电极为辅助电极，Ag/AgCl（3.0mol/L KCl）电极为参比电极。

8.3 双壳夹心 TiO_2@Au@C 空心球的结构及其光催化活性

8.3.1 双壳夹心 TiO_2@Au@C 空心球的结构

利用前期研究制得的 TiO_2 空心球作为模板，通过水热法一步合成大小均一的双壳夹心 TiO_2@Au@C 纳米复合材料，制备流程如图 8-1 所示[57]。TiO_2/Au 复合材料是利用静电吸附制备得到的。由 TiO_2 空心球的 Zeta 电位图（图 8-2）可知，调节 pH 范围在 2~5 之间，TiO_2 空心球的外层带上正电荷[57]。TiO_2（带正电）与金溶胶（带负电）[61]之间产生的静电吸附提高金纳米颗粒在 TiO_2 表面的吸附率。在高温高压的水热条件下，葡萄糖溶液在 TiO_2 空心球表面形成聚合高分子，脱去水发生交联作用形成无定形碳壳的同时，Au 纳米颗粒被包覆于夹心层［图 8-3（a）］。在氩气氛围下煅烧，外层的碳层将 Au 纳米颗粒固定在夹心层，最后制备得到双层夹心的 TiO_2@Au@C 空心球。扫描电子显微镜图［图 8-3（b，c）］显示 TiO_2 和 TiO_2@Au@C 空心球表面的球形结构及空心球结构。嵌入的尺寸分布图说明 TiO_2 空心球在包覆 Au 纳米颗粒和碳层后，空心球的直径从 303nm 增加到 323nm，且在 TiO_2 空心球表面确实包覆了一层光滑的碳层。为了确定煅烧温度，进行热分析表征（TG）。根据 TG 结果［图 8-4（a）］可知，TG 图中低于 200℃的质量损失可能是因为样品中剩余的溶剂以及物理吸附的水的蒸发，320~500℃之间的质量损失是葡萄糖溶液在 TiO_2 空心球表面形成聚合高分子，脱去水发生交联作用，由无定形碳壳转化为稳定碳层的损耗。为了进一步确定样品的分子结构，进行红外光谱表征，对比红外光谱图［图 8-4（b）］可知，TiO_2@C 红外光谱图中 3400cm^{-1} 为吸附水中的—OH 伸展键的特征峰；3000~2800cm^{-1} 和 1470~1350cm^{-1} 为脂肪族结构的特征峰；1600~1700cm^{-1} 为脂肪醛的 C=O 键的特征峰；1020~1140cm^{-1} 为 C—O 单键的峰。此外，与 TiO_2@C 红外光谱图相比，TiO_2@Au@C 的红外光谱图没有新的特征峰。红外光谱图中 TiO_2@C 和 TiO_2@Au@C 空心球的红外吸收峰在 500~1000cm^{-1}，其中，500~800cm^{-1} 的吸收峰为 TiO_2@C 和 TiO_2@Au@C 空心球 Ti—O 的特征振动峰。

图 8-1 双壳夹心 TiO$_2$@Au@C 空心球的合成路线

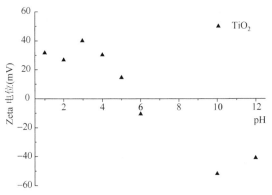

图 8-2 TiO$_2$ 空心球在不同 pH 下的 Zeta 电位图

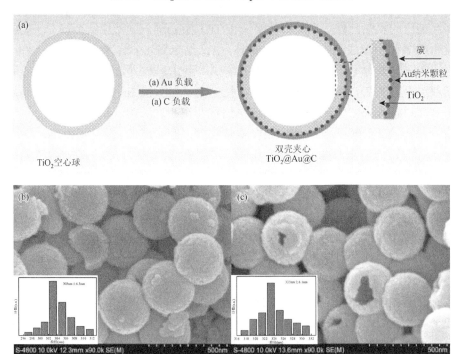

图 8-3 （a）双层夹心型 TiO$_2$@Au@C 空心球的制备流程；（b）TiO$_2$ 空心球的 SEM 和粒径分布图；（c）双层夹心型 TiO$_2$@Au@C 空心球的 SEM 和粒径分布图

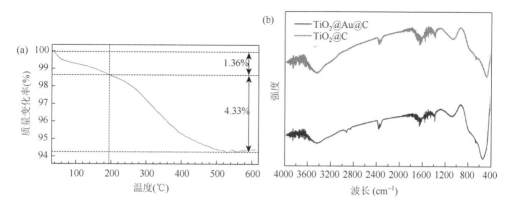

图 8-4 TiO$_2$@Au@C 空心球的热重分析图（a）、FTIR 光谱图（b）

与 SEM 图一致，TiO$_2$@Au@C 纳米复合材料的 TEM 图证实合成的纳米复合材料具有双层夹心空心球结构（图 8-5）。从 TEM 图中得出 TiO$_2$@Au@C 纳米复合材料分布的层数、每一层的厚度及负载的 Au 纳米颗粒尺寸，且微球具有均一的尺寸。

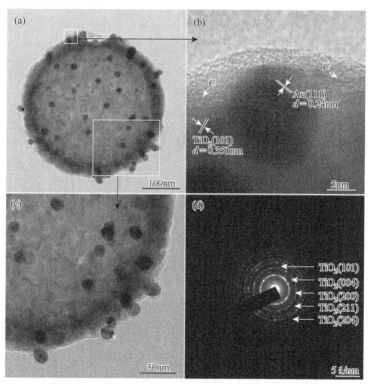

图 8-5 双壳夹心 TiO$_2$@Au@C 空心球的结构表征图
（a，c）TEM；（b）HRTEM；（d）SAED

TiO$_2$@Au@C 的 HRTEM 图显示出三种类型的界面条纹晶格：0.351nm 的晶格间距与 TiO$_2$ 的（101）晶面间距相吻合；0.24nm 的晶格间距与 Au 的（111）晶面间距相吻合；无定形的 C 层形成的界面层。这证实了 TiO$_2$@Au@C 纳米复合材料是由 TiO$_2$、Au 及 C 组成。此外，最外层的 C 层有 10nm 左右，在 TiO$_2$@Au@C 纳米材料表面构建了一个平滑的、高导电的壳层 [图 8-5（b）]。选区电子衍射图证实 TiO$_2$@Au@C 纳米材料的多晶性质与 TiO$_2$ 的晶格相一致，并且从图中可以识别出几种对应的衍射环 [图 8-5（d）]。为了进一步区分双壳夹心的结构，对 TiO$_2$、TiO$_2$/Au、TiO$_2$@C、TiO$_2$@Au@C 进行 SEM 图和 TEM 图比较（图 8-6），结果表明，TiO$_2$@Au@C 具有双层夹心纳米结构。对比不同体积金溶胶的 TEM 图可知，通过改变金溶胶的体积（3mL、1.5mL、1mL、0.5mL），金纳米颗粒在 TiO$_2$@Au@C 纳米材料上的含量是可以调控的（图 8-7）。其中，金纳米颗粒的 HRTEM 图像表明 0.24nm 的晶格间距对应 Au 的（111）晶面间距且夹心层中金纳米颗粒直径约为 16～20nm（图 8-8）。这也说明经过水热和煅烧后，夹心层的 Au 纳米颗粒并没有变大。在实验过程中，发现加入 Au 溶胶可以很容易地制备形貌完整的空心微球，本书认为这可能是金溶胶的存在会促进 TiO$_2$@Au@C 空心微球的形成（图 8-9）。同时，C 层的厚度可以通过改变加入的葡萄糖的量（1g、2g、3g、4g）来调控（图 8-10）。

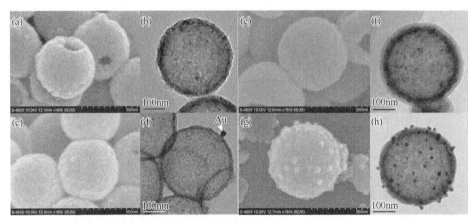

图 8-6　TiO$_2$（a，b）、双壳 TiO$_2$@C（c，d）、TiO$_2$/Au（e，f）、双壳夹心 TiO$_2$@Au@C（g，h）空心球的 SEM 和 TEM 图

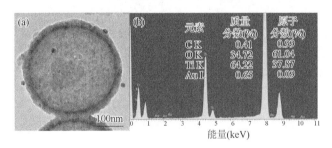

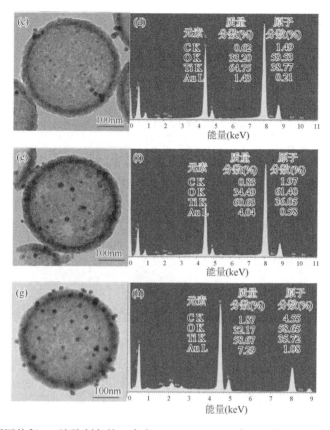

图 8-7　不同体积 Au 溶胶制备的双壳夹心 TiO$_2$@Au@C 空心球的 TEM 图和 EDX 图

（a，b）0.5mL；（c，d）1.0mL；（e，f）1.5mL；（g，h）3.0mL

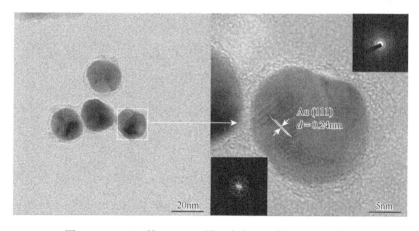

图 8-8　Au NPs 的 HRTEM 图（内嵌 FFT 图、SAED 图）

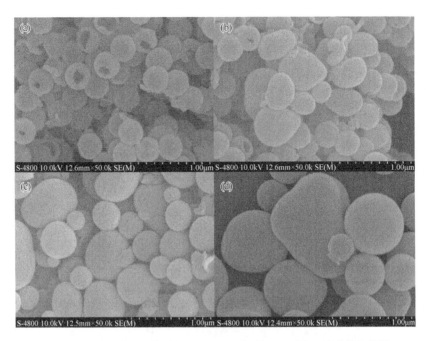

图 8-9　没有加入 Au 溶胶制备出的 $TiO_2@C$ 的 SEM 图（不同葡萄糖量）

(a) 1g；(b) 2g；(c) 3g；(d) 4g

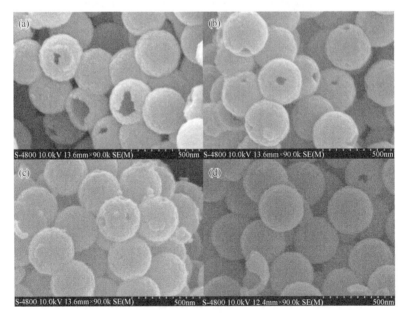

图 8-10　加入 Au 溶胶制备出的 $TiO_2@C$ 的 SEM 图（不同葡萄糖量）

(a) 1g；(b) 2g；(c) 3g；(d) 4g

为了探索 TiO$_2$、TiO$_2$/Au 及 TiO$_2$@Au@C 的体相结构信息，进行 XRD 表征（图 8-11）。TiO$_2$ 空心球纳米材料的 XRD 谱图表明衍射角在 20°～80°范围内，存在明显的 TiO$_2$ 锐钛矿特征峰，且无金红石或板钛矿相特征峰。其中 TiO$_2$ 锐钛矿特征峰存在于 25.22°、37.78°、47.94°、54.15°、54.96°及 62.69°，分别与锐钛矿TiO$_2$ 晶面（101）、（004）、（200）、（105）、（211）及（204）的标准谱图相吻合（JCPDS NO. 21-1272）。Au 负载的 TiO$_2$@Au 微球与 TiO$_2$ 的 XRD 谱图对比，说明了 Au 的存在，也表明 Au 纳米颗粒的负载并没有改变 TiO$_2$ 的晶相。此外，在进一步包覆C 层后，TiO$_2$@Au@C 微球的 XRD 谱图仍然只显示锐钛矿型 TiO$_2$ 特征峰，其中包覆在 TiO$_2$@Au@C 上的 C 层是以非晶相存在，其含量低，导致 C 的衍射峰没有被观察到。

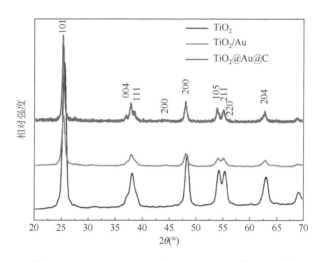

图 8-11　TiO$_2$、TiO$_2$/Au 和 TiO$_2$@Au@C 的 XRD 图

在双壳 TiO$_2$@Au@C 的 XPS 全光谱图中，结合能峰值 458.5eV 和 464.2eV 分别归属于 Ti 2p$_{3/2}$ 和 Ti 2p$_{1/2}$，表明 Ti 元素的确以+4 价的形式存在（图 8-12）[62]。此外，在水热条件下 Ti 和 O L 的结合能峰值位置没有改变，表明钛酸四丁酯中的碳没有掺杂到 TiO$_2$ 晶格中。双壳 TiO$_2$@Au@C 的 XPS 图中 Au 纳米颗粒的结合能峰值为 84.2eV 和 87.8eV，与 Au 4f$_{7/2}$ 和 Au 4f$_{5/2}$ 对应，这与文献中报道的一致，表明 Au 存在[63]。XPS 图中 C 1s 峰表明 TiO$_2$@Au@C 中的确存在 C 层。281.5eV 和 283eV 没有检测到明显的峰，表明葡萄糖中的 C 没有掺杂在 TiO$_2$ 晶格中。

图 8-13 显示 P25、TiO$_2$、TiO$_2$/Au、TiO$_2$@C、TiO$_2$@Au@C 的紫外可见吸收光谱图。从图中可以推断出 TiO$_2$ 空心球的最大吸收波长是 400nm，由 Kubelka

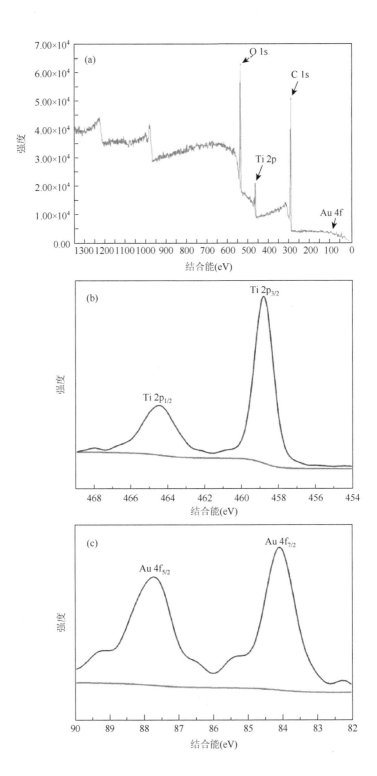

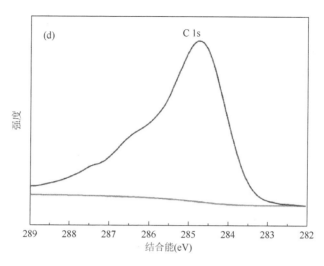

图 8-12　双壳夹心 TiO_2@Au@C 的 XPS 图

Munk 函数推算其禁带宽度为 3.2eV[64, 65]。在 TiO_2 和 TiO_2/Au 包覆碳层后，300～400nm 吸收峰的位置受到了无定形碳的影响而改变，360～600nm 的特征吸收主要是无定形碳层的吸收[66]与金纳米颗粒的吸收波长 500～600nm 重叠峰[63]。此外，TiO_2@Au@C 中碳的含量比 Au 的更高，碳的吸收比 Au 的吸收更强，导致 TiO_2@Au@C 与 TiO_2@C 的紫外可见吸收光谱图无明显差异。与 TiO_2 的吸收波长相比，双壳 TiO_2@Au@C 提高可见光响应的范围，C 的包覆提高了 TiO_2 光谱响应范围至可见光区，Au 纳米颗粒表面等离子共振缩小了复合材料的禁带宽度，促进催化剂上价电子的跃迁，从而提高其可见光催化性能。

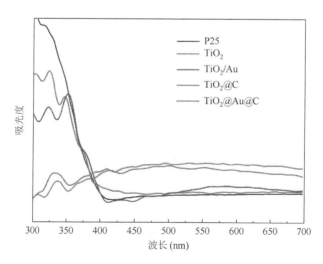

图 8-13　P25、TiO_2、TiO_2/Au、TiO_2@C、TiO_2@Au@C 的紫外可见吸收光谱图

除了高的稳定性和良好的水溶性，低毒性是评价作为纳米材料的 TiO$_2$@Au@C 的一个重要指标。TiO$_2$@Au@C 的细胞毒性测试用标准的细胞生存实验进行评价［一般用 3-[4, 5-dimethylthiazol-2-yl]-2, 5-diphenyltetrazolium bromide（MTT）测定法］。将不同浓度（0～200μg/mL）的 TiO$_2$@Au@C 暴露于宫颈癌细胞中 24h，利用不同浓度的 TiO$_2$@Au@C 对细胞进行活性测试。如图 8-14 所示，HeLa 细胞在 200μg/mL 浓度的 TiO$_2$@Au@C 中仍保持 79.12%的生存活力。HeLa 细胞的结构没有明显改变（图 8-15）。这说明即使在高浓度（200μg/mL）的情况下，TiO$_2$@Au@C 纳米复合材料对宫颈癌细胞的细胞毒性也没有很大影响，表明 TiO$_2$@Au@C 纳米材料具有低毒性，是一种环境友好的纳米材料。

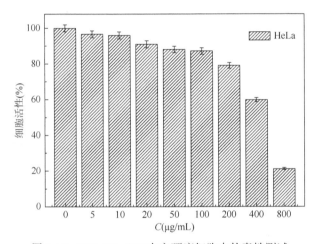

图 8-14　TiO$_2$@Au@C 在宫颈癌细胞中的毒性测试

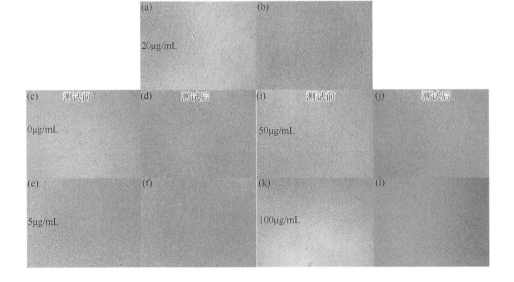

图 8-15　TiO$_2$@Au@C 在宫颈癌细胞中的毒性测试前后细胞结构图

8.3.2　双壳夹心 TiO$_2$@Au@C 空心球的吸附及光催化性能

双壳 TiO$_2$@Au@C 的氮气吸附-脱附等温曲线（图 8-16）的形状为典型的Ⅳ型吸附曲线类型，Ⅳ型等温曲线是介孔固体最普遍出现的吸附行为。双壳 TiO$_2$@Au@C 的比表面积、孔体积、平均孔径分别为 62.95m^2/g、0.1452cm^3/g、1.352nm，这有利于吸附（表 8-1）。光催化剂与芳香族污染物之间的亲和力得到改善，进而可以提高光催化活性。

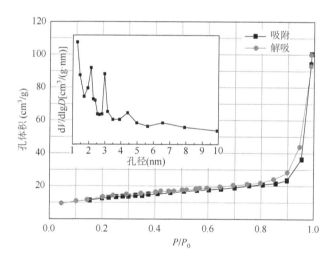

图 8-16　TiO$_2$@Au@C 的氮气吸附-脱附等温曲线（内嵌图为孔分布图）

表 8-1　TiO$_2$、TiO$_2$@C、TiO$_2$/Au 和 TiO$_2$@Au@C 空心球的比表面积、孔体积和平均孔径

样品	S_{BET}（m^2/g）	V_{tot}（cm^3/g）	D（nm）
TiO$_2$	34.48	0.0150	2.121
TiO$_2$@C	45.51	0.0993	1.557
TiO$_2$/Au	48.86	0.1043	1.445
TiO$_2$@Au@C	62.95	0.1452	1.352

为了研究催化剂结构对光催化作用的影响，利用五种光催化剂（包括 P25、TiO$_2$、TiO$_2$@C、TiO$_2$/Au、TiO$_2$@Au@C）进行可见光光催化降解 4-硝基苯胺和 4-硝基苯酚实验，数据经过第一阶动力学方程拟合后示于图 8-17。其中 P25 由于光敏化作用对 4-硝基苯胺达到 18%的降解效率。双壳 TiO$_2$@Au@C 比 P25、TiO$_2$、TiO$_2$@C、TiO$_2$/Au 表现出更高的催化活性。双壳 TiO$_2$@Au@C 在短时间内可见光降解 4-硝基苯胺的速率达到 93%。同时，ln(C_0/C) 和时间之间的线性关系表明，光降解反应遵循准一级动力学，其中光催化速率常数及相关系数置于表 8-2 中。为了进行比较，对 4-硝基苯酚进行了光催化实验（图 8-17、表 8-2）。纳米复合材料光催化降解污染物的活性次序是 TiO$_2$@Au@C＞TiO$_2$@C＞TiO$_2$/Au＞P25。本书认为包覆的 C 壳和 Au 纳米颗粒能够协同促进 TiO$_2$ 在可见光下降解有机污染物。这种协同效应可以用以下几个原因来解释：①TiO$_2$ 空心球包覆 C 层后，光催化剂与芳香族污染物之间的亲和力得到改善。与 TiO$_2$ 空心球相比，TiO$_2$@Au@C 对 4-硝基苯胺和 4-硝基苯酚的吸附率分别提高了 1%和 6%（图 8-18），可以得出芳香族污染物在 TiO$_2$@Au@C 表面覆盖率比在 TiO$_2$ 空心球表面覆盖率明显提高了。②光生电子从 Au 纳米颗粒转移到 TiO$_2$ 的导带上，提高了光生电子与空穴的分离效果，进而提高了催化剂的光催化活性。光催化剂对 4-硝基苯胺的降解速率可衡量这些催化剂产生羟基自由基的效率。TiO$_2$@Au@C 对 4-硝基苯胺的降解率为 93%，比 TiO$_2$@C 增加了 30%，这说明可以利用双层夹心 Au 纳米颗粒的结构来促进光生电子与空穴的分离。③TiO$_2$-Au 之间的界面形成了肖特基势垒以及 TiO$_2$ 的导带作为电子接受体，减少光生电子和空穴的复合。在光催化过程中，用 N$_2$ 去除溶液中的氧气进行光催化实验。实验结果是在充 N$_2$ 的情况下，TiO$_2$@Au@C 的光降解速率明显降低了（图 8-19）。结果表明，有氧条件促进了活性氧类的产生，进而提高了光催化活性。

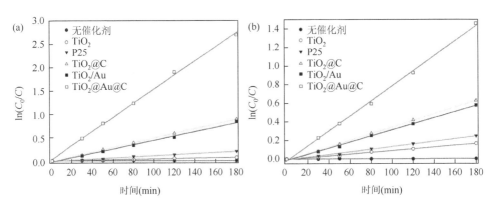

图 8-17　P25、TiO$_2$、TiO$_2$@C、TiO$_2$/Au 和 TiO$_2$@Au@C 在 4-硝基苯胺（a）及 4-硝基苯酚（b）中可见光光催化降解一级动力学的研究

表 8-2　P25、TiO$_2$、TiO$_2$@C、TiO$_2$/Au 及 TiO$_2$@Au@C 可见光降解速率常数 k 及相关系数 R^2

样品	k (min^{-1})		R^2	
	4-硝基苯胺	4-硝基苯酚	4-硝基苯胺	4-硝基苯酚
P25	0.0012	0.0009	0.987	0.995
TiO$_2$	0.0004	0.0014	0.987	0.994
TiO$_2$@C	0.0050	0.0036	0.999	0.999
TiO$_2$/Au	0.0046	0.0033	0.995	0.998
TiO$_2$@Au@C	0.015	0.0081	0.999	0.998

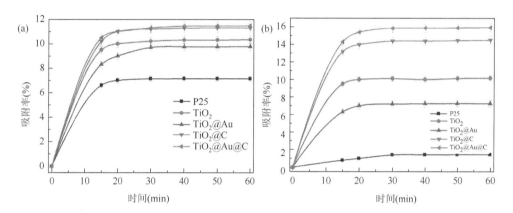

图 8-18　P25、TiO$_2$、TiO$_2$@C、TiO$_2$/Au 及 TiO$_2$@Au@C 暗吸附的研究
（a）4-硝基苯胺；（b）4-硝基苯酚

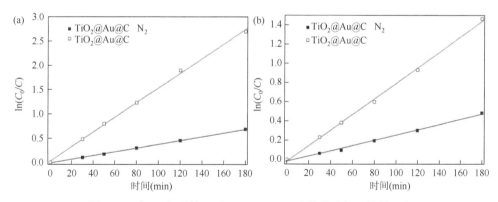

图 8-19　充 N$_2$ 与否情况下 TiO$_2$@Au@C 光催化降解活性的研究
（a）4-硝基苯胺；（b）4-硝基苯酚

双壳夹心的 TiO$_2$@Au@C 复合材料具有宽的可见光响应的范围，这归因于 C

的包覆提高了 TiO_2 光谱响应范围至可见光区，Au 纳米颗粒表面等离子共振缩小了复合材料的禁带宽度，促进催化剂上价电子的跃迁，从而提高其可见光催化性能（图 8-20）。

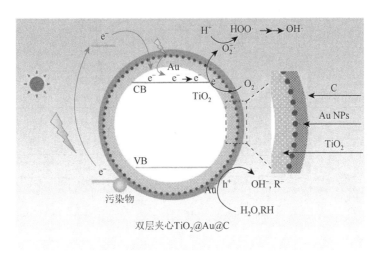

图 8-20　双层夹心 TiO_2@Au@C 空心球光生电子转移示意图

为了证明 TiO_2@Au@C 的稳定性，重复使用 TiO_2@Au@C 光催化剂对 4-硝基苯胺进行循环光催化降解试验，TiO_2@Au@C 光催化剂重复使用三次后，光催化活性只是稍微降低。这表明 TiO_2@Au@C 具有良好的光催化稳定性（图 8-21）。

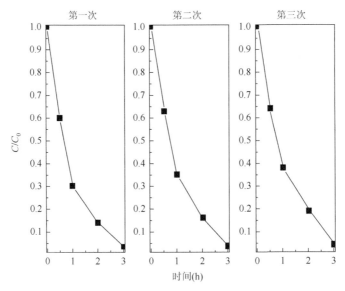

图 8-21　TiO_2@Au@C 对 4-硝基苯胺的重复试验

图 8-22 显示 TiO$_2$@Au@C 光催化剂在重复使用三次后，TiO$_2$@Au@C 的空心结构仍然存在，这表明 TiO$_2$@Au@C 的结构稳定性和良好的机械强度。

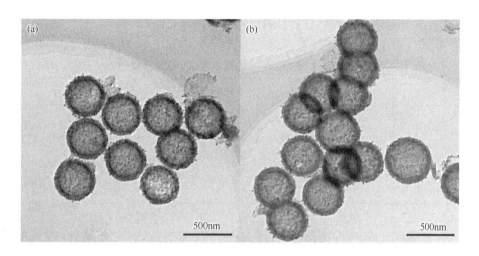

图 8-22　TiO$_2$@Au@C 对 4-硝基苯胺的重复试验前（a）后（b）的 TEM 图

8.3.3　双壳夹心 TiO$_2$@Au@C 空心球光催化产氢性能

为了进一步研究 TiO$_2$@Au@C 纳米复合材料的光催化性能，对 TiO$_2$@Au@C 纳米复合材料进行光催化产氢测试（图 8-23、表 8-3）。在可见光催化下，双层夹

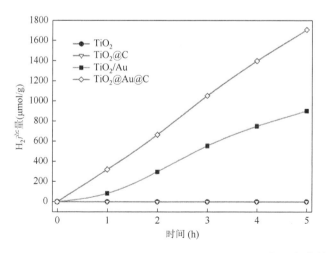

图 8-23　TiO$_2$、TiO$_2$/Au、TiO$_2$@C 及 TiO$_2$@1.43%Au@C 在甲醇-水体系中可见光催化产氢的研究

心 TiO$_2$@1.43%Au@C 在第一个小时内产氢效率达到 319.5μmol/(h·g)，比 TiO$_2$/Au 更高。对 TiO$_2$、TiO$_2$@C 进行光催化产氢测试，没有检测到氢气，这说明 TiO$_2$@Au@C 纳米复合材料具有高的产氢能力，其高催化活性归因于夹心层的 Au 能够促进光生电子与空穴的分离，进而提高了产氢的性能[4, 67, 68]。

表 8-3　光催化剂在甲醇-水体系中可见光催化产氢的速率

样品	r_{H_2} [μmol/(h·g)]	相对比率
P25	0	—
TiO$_2$@C	0	—
TiO$_2$	0	—
TiO$_2$/Au	193.2	1
TiO$_2$@1.43%Au@C	347.1	1.8

Au 纳米颗粒在产氢中起到了很重要的作用，TiO$_2$@Au@C 样品被可见光照射后，表面等离子共振使金属离子周围的振荡电场增强，导致从表面态向 TiO$_2$ 导带的电子易于激发，其可用于氢离子的还原（图 8-24）[69, 70]。通过改变金溶胶的体积（3mL、1.5mL、1mL、0.5mL），可以调控 TiO$_2$@Au@C 纳米复合材料中 Au 的含量。不同 Au 含量的 TiO$_2$@Au@C 纳米复合材料具有不同的产氢效率（图 8-25、表 8-4）。1.43%的 Au 含量可能是 TiO$_2$@Au@C 纳米复合材料产氢的最佳比例，由 TiO$_2$@1.43%Au@C 的产氢效率最高可以证明这一结论。进一步增加 Au 含量（大于 1.43%）可能会导致金纳米颗粒长大，降低了 Au 的活性位点，从而降低了产氢的效率。这种下降可能是由于反应所需的金属和载体的可用载体位置减少[69]。

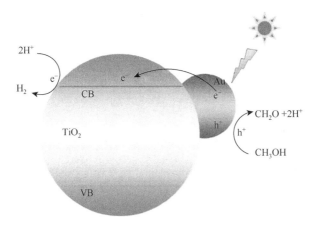

图 8-24　光催化产氢过程中 TiO$_2$@Au@C 的电荷转移示意图

总反应方程为

$$CH_3OH \longrightarrow H_2 + CH_2O \quad (8.4)$$

分步方程为

$$Au + h\nu \longrightarrow e^- + h^+ \quad (8.4a)$$

$$CH_3OH + 2h^+ \xrightarrow{Au} CH_2O + 2H^+ \quad (8.4b)$$

$$2H^+ + 2e^- \rightarrow H_2 \quad (8.4c)$$

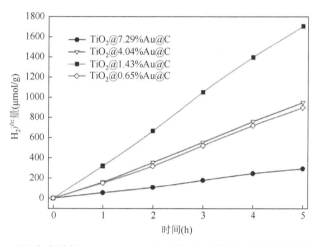

图 8-25　不同金含量的 $TiO_2@Au@C$ 在甲醇-水体系中可见光催化产氢的研究

表 8-4　不同金含量的 $TiO_2@Au@C$ 在甲醇-水体系中可见光催化产氢的速率

样品	r_{H_2} [μmol/(h·g)]
$TiO_2@7.29\%Au@C$	60.0
$TiO_2@4.04\%Au@C$	192.7
$TiO_2@1.43\%Au@C$	347.1
$TiO_2@0.65\%Au@C$	182.9

8.4　双壳夹心 $TiO_2@Pt@C_3N_4$ 空心球的结构及其光催化活性

8.4.1　双壳夹心 $TiO_2@Pt@C_3N_4$ 空心球的结构性质

为了进一步探索无机半导体与非金属纳米材料复合对光催化活性的影响，制

备双壳夹心 $TiO_2@Pt@C_3N_4$ 空心球纳米复合材料。根据前期研究工作可知，如果将 Pt 纳米颗粒负载在空心球的内层或者空心球的外层（如 $Pt@TiO_2@C_3N_4$ 或者 $TiO_2@C_3N_4@Pt$），在光催化过程中 Pt 纳米颗粒可能会脱落，导致催化活性下降[58]。基于这个原因，将双壳夹心 $TiO_2@Pt@C_3N_4$ 空心球的结构作为后续工作的研究对象。使用丙烯酸甲酯和过硫酸钠作为表面活性剂制得单分散的聚苯乙烯（PS）球，将 TiO_2 前驱体包覆在 PS 球上，并通过煅烧制得 TiO_2 空心球。如图 8-26 所示，Pt 纳米颗粒及 C_3N_4 前驱体的进一步包覆最终获得双壳夹心的 $TiO_2@Pt@C_3N_4$ 纳米复合材料。为了探索不同 C_3N_4 前驱体包覆对复合材料形貌的影响，采用多种 C_3N_4 前驱体进行包覆实验。利用 SEM 表征不同前驱体形成 C_3N_4 壳包覆 TiO_2 空心球的对比图像，结果表明双氰胺前驱体制备形成的 $TiO_2@Pt@C_3N_4$-1 纳米复合材料扫描电镜图像清楚地显示出中空的结构、均匀的尺寸及平坦的表面。而其他前驱体制备的 $TiO_2@Pt@C_3N_4$ 纳米复合材料扫描电镜图像显示出形貌不规则（图 8-27）。综合以上因素，选择双氰胺作为 C_3N_4 前驱体进行后续的研究。

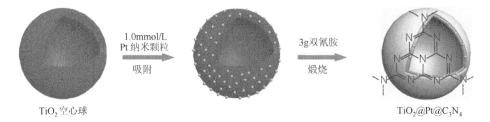

图 8-26　双壳 $TiO_2@Pt@C_3N_4$ 空心球的制备流程图

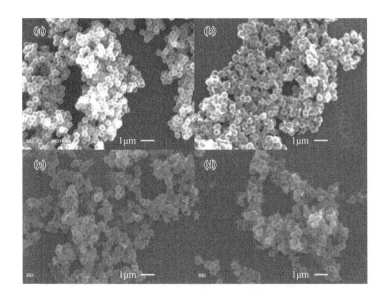

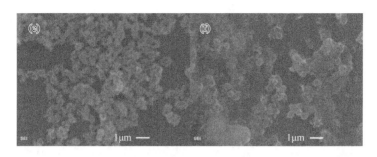

图 8-27　TiO$_2$ 及不同 C$_3$N$_4$ 前驱体 TiO$_2$@Pt@C$_3$N$_4$ 的 SEM 图
(a) TiO$_2$；(b) 双氰胺；(c) 尿素；(d) 单氰胺；(e) 三聚氰胺；(f) 三聚氰酸

双氰胺前驱体吸附在 TiO$_2$ 表面的微孔结构，通过一定温度煅烧形成双壳结构的 TiO$_2$@C$_3$N$_4$ 纳米复合材料。利用 TEM 图进一步确认分层结构的存在以及空心球结构的形成（图 8-28）。而对于 TiO$_2$@Pt@C$_3$N$_4$ 纳米复合材料，从图 8-29 中 TEM 图可以直观观察到一个分层结构及类夹心的空心球结构。由 HRTEM 图确认该纳米复合材料确实是由 TiO$_2$、Pt 及 C$_3$N$_4$ 组成。TiO$_2$@Pt@C$_3$N$_4$ 的多晶性质由选区电子衍射图进一步得到证实。此外，图 8-29 揭示负载的 C$_3$N$_4$ 的厚度大约为 20～25nm，这个厚度有利于 5nm 的 Pt 纳米颗粒夹心。由于一小部分的 Pt 纳米颗粒可能并没有完全被 C$_3$N$_4$ 包覆，所以使用"类夹心"来定义制备的材料。图 8-30 显示 TiO$_2$@Pt@C$_3$N$_4$ 中夹心的 Pt 纳米颗粒的 TEM 图，尺寸分布图显示 Pt 纳米颗粒的尺寸大约为 5nm。

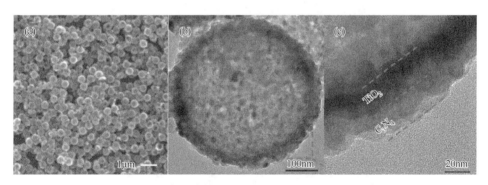

图 8-28　(a) TiO$_2$@C$_3$N$_4$ 空心球的 SEM 图；(b, c) TiO$_2$@C$_3$N$_4$ 空心球的 TEM 图

为了探索 TiO$_2$、C$_3$N$_4$ 和 TiO$_2$@Pt@C$_3$N$_4$ 的晶格形态，进行 XRD 表征（图 8-31）。XRD 谱图中衍射晶面 (101)、(004)、(200)、(105)、(211)、(204)、(116) 和 (220) 与锐钛矿 TiO$_2$ 晶面的标准谱图（JCPDS NO. 21-1272）相吻合[71]，说明 TiO$_2$ 以锐钛矿相存在。芳族系统面间堆叠，使得形成 C$_3$N$_4$ 的特征峰，其位置 27.4°与 C$_3$N$_4$ 的晶面 (002) 相对应[72]，这说明 C$_3$N$_4$ 存在。TiO$_2$@Pt@C$_3$N$_4$ 的 XRD 谱图中

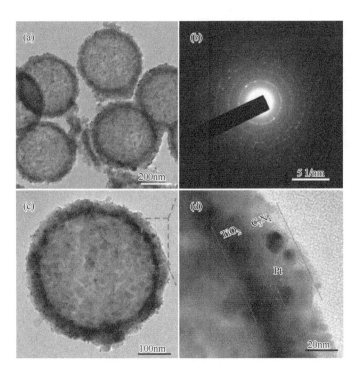

图 8-29　(a, c, d) TiO$_2$@Pt@C$_3$N$_4$ 空心球的 TEM 图；(b) TiO$_2$@Pt@C$_3$N$_4$ 空心球的 SAED 衍射图

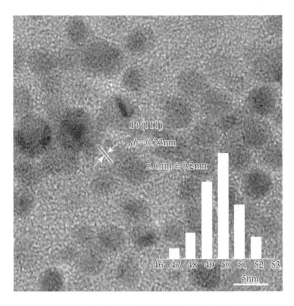

图 8-30　Pt 纳米颗粒的 HRTEM 图及其尺寸分布图

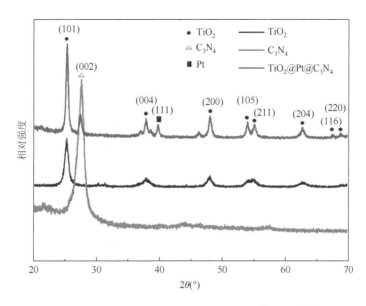

图 8-31 TiO$_2$、C$_3$N$_4$ 及 TiO$_2$@Pt@C$_3$N$_4$ 的 XRD 图

Pt 纳米颗粒对应的（111）晶面峰强度较弱，可能是由于其含量低，另外也意味着 Pt 纳米颗粒在夹心层 TiO$_2$@Pt@C$_3$N$_4$ 中具有较好的分散性。

利用 X 射线光电子能谱（XPS）对纳米材料表面元素成分和化学态进行分析。图 8-32 显示 TiO$_2$@Pt@C$_3$N$_4$ 纳米材料中表面成分包含 Ti 2p、Pt 4f、C 1s 及 N 1s。其中 Ti 2p 谱图显示出两个贡献峰，Ti 2p$_{3/2}$ 和 2p$_{1/2}$（自旋-轨道分裂产生）分别位于 458.5eV 和 464.2eV，归属于与氧八面体配位的 Ti^{4+}，这表明 Ti 元素的确以+4 价的形式存在[73]。O 1s 谱清楚地表明 Ti 和 O L 的结合能峰值的位置没有改变。72.5eV 和 75.4eV 位置的主峰分别归属于 4f$_{7/2}$ 和 4f$_{5/2}$ Pt 金属态。图 8-32（c）显示 C 1s 的 XPS 光谱峰分别位于 288.6 和 284.8eV。284.8eV 对应源自碳氮化物基体中石墨碳的 sp^2 C—C 键以及由于不完全除去碳模板而产生的残余元素碳[52]。在 288.6eV 处的峰可归属于 s-三嗪环中的 sp^2 N—C=N 键[74]。图 8-32（d）显示 N 1s 的 XPS 光谱峰分别位于 399.8eV、399.2eV 和 398.5eV，分别归属于氨基（C—N—H）、叔氮 N—(C)$_3$ 基团和 sp^2 结合的 C—N=C 键[52, 74]。

图 8-33 显示 TiO$_2$、C$_3$N$_4$ 及 TiO$_2$@Pt@C$_3$N$_4$ 的紫外可见吸收光谱图。从图中可以推断出 TiO$_2$ 空心球的最大吸收波长是 400nm。与 TiO$_2$ 的吸收波长相比，通过复合 Pt 纳米颗粒及 C$_3$N$_4$ 后双壳 TiO$_2$@Pt@C$_3$N$_4$ 可见光响应的范围提高，均匀分布的 Pt 颗粒与 TiO$_2$ 基体之间形成的界面态及 C$_3$N$_4$ 的存在使 TiO$_2$ 在可见光区有吸收。

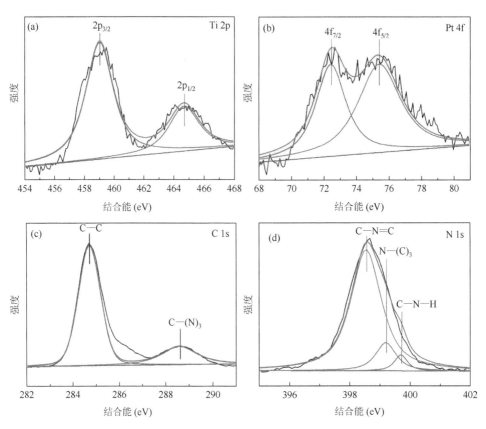

图 8-32 TiO$_2$@Pt@C$_3$N$_4$ 空心球的 XPS 图

(a) Ti 2p; (b) Pt 4f; (c) C 1s; (d) N 1s

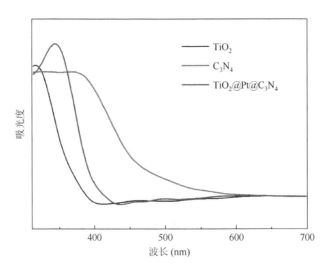

图 8-33 TiO$_2$、C$_3$N$_4$ 及 TiO$_2$@Pt@C$_3$N$_4$ 的紫外可见吸收光谱图

8.4.2 双壳夹心 TiO_2@Pt@C_3N_4 空心球的光催化污染物研究

为了调查 TiO_2@C_3N_4 及不同含量 Pt 夹心的 TiO_2@Pt@C_3N_4 催化剂的活性，利用罗丹明 B 进行可见光光催化实验，实验数据经过第一阶动力学方程拟合后示于图 8-34 及表 8-5。其中 TiO_2@C_3N_4、TiO_2@Pt（1mL）@C_3N_4、TiO_2@Pt（2mL）@C_3N_4、TiO_2@Pt（3mL）@C_3N_4、TiO_2@Pt（4mL）@C_3N_4 和 TiO_2@Pt（5mL）@C_3N_4 对于罗丹明 B 的光降解速率常数分别为 $0.011min^{-1}$、$0.012min^{-1}$、$0.015min^{-1}$、$0.053min^{-1}$、$0.019min^{-1}$ 和 $0.016min^{-1}$。该数据表明，在可见光照射下，TiO_2@Pt（3mL）@C_3N_4 的光转换率与其他相比明显增加。用电感耦合等离子体质谱（ICP-MS）对不同含量负载的 Pt 纳米颗粒进行了分析，检测出不同 Pt 纳米颗粒的实际负载量（表 8-6）。基于以上实验结果，推测 TiO_2@Pt（3mL）@C_3N_4 催化活性的提高是由于 TiO_2 催化剂、夹心的适量 Pt 纳米颗粒以及 C_3N_4 增强的光吸收能力之间产生协同作用；其中 C_3N_4 改善了光子吸收，导致产生更多数量的光激发电荷，从而提高了催化性能。因此，通过以上分析，选定 TiO_2@Pt（3mL）@C_3N_4 作为光催化剂用于后续实验。

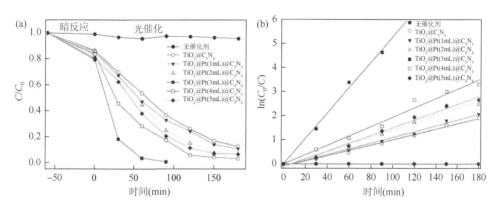

图 8-34 不同 Pt 纳米颗粒含量的 TiO_2@Pt@C_3N_4 对罗丹明 B 的降解效率（a）及在罗丹明 B 中可见光光催化降解一级动力学（b）的研究

表 8-5 不同 Pt 纳米颗粒负载 TiO_2@Pt@C_3N_4 可见光降解速率常数 k 及相关系数 R^2

样品	k（min^{-1}）	R^2
TiO_2@C_3N_4	0.011	0.992
TiO_2@Pt（1mL）@C_3N_4	0.012	0.992
TiO_2@Pt（2mL）@C_3N_4	0.015	0.983
TiO_2@Pt（3mL）@C_3N_4	0.053	0.994
TiO_2@Pt（4mL）@C_3N_4	0.019	0.980
TiO_2@Pt（5mL）@C_3N_4	0.016	0.988

表 8-6 通过 ICP-MS 测定不同样品 Pt 纳米颗粒的负载量

样品	Pt NPs 负载量（%）
TiO_2@Pt（1mL）@C_3N_4	1.15
TiO_2@Pt（2mL）@C_3N_4	2.26
TiO_2@Pt（3mL）@C_3N_4	2.92
TiO_2@Pt（4mL）@C_3N_4	3.96
TiO_2@Pt（5mL）@C_3N_4	5.38

为了调查不同前驱体制备得到的 TiO_2@Pt@C_3N_4 催化剂对光催化活性的影响，进行可见光催化降解罗丹明 B 及甲基蓝实验（图 8-35、表 8-7）。通过对比实验数据可知，由双氰胺前驱体制备的 TiO_2@Pt@C_3N_4-1 催化剂比其他前驱体制备

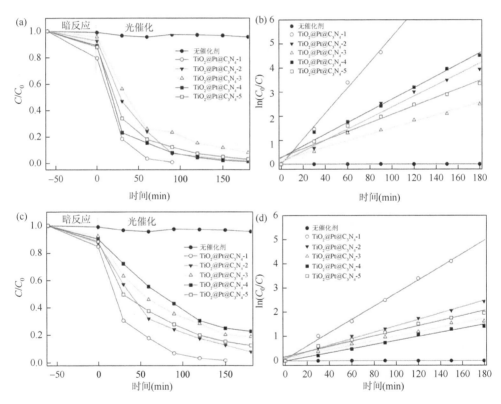

图 8-35 不同 C_3N_4 前驱体的 TiO_2@Pt@C_3N_4 对罗丹明 B 的降解效率（a）及在罗丹明 B 中可见光光催化降解一级动力学（b）的研究；不同 C_3N_4 前驱体的 TiO_2@Pt@C_3N_4 对甲基蓝的降解效率（c）及在甲基蓝中可见光光催化降解一级动力学（d）的研究

实验条件：污染物 50mL，5mg/L；催化剂 30mg；300W 氙灯（>400nm）

的催化剂具有更高的光转化率。这种效应可能是由于双氰胺在 $TiO_2@Pt@C_3N_4$ 催化剂上形成稳定的包覆层,从而影响光催化活性。综合以上因素,在界面电荷转移动力学过程中,$TiO_2@Pt@C_3N_4$-1 显示比其他催化剂更高效率的事实在理论上是可以理解的,因为夹心的 Pt 纳米颗粒可以存储和穿梭光生电子及稳定的 C_3N_4 吸光层,C_3N_4 具有的共轭大 π 键结构与光催化剂复合可能是提高电子与空穴分离效率的理想体。$TiO_2@Pt@C_3N_4$-1 可以提供用于产生活性自由基的合适的电子通道(图 8-36),来自 $TiO_2@Pt@C_3N_4$-1 的高效过氧自由基的产生可以有效地实现更高的污染物光降解效果。

表 8-7　不同 C_3N_4 前驱体的 $TiO_2@Pt@C_3N_4$ 可见光降解速率常数 k 及相关系数 R^2

样品	罗丹明 B		甲基蓝	
	k (min^{-1})	R^2	k (min^{-1})	R^2
$TiO_2@Pt@C_3N_4$-1	0.053	0.994	0.997	0.027
$TiO_2@Pt@C_3N_4$-2	0.023	0.979	0.993	0.013
$TiO_2@Pt@C_3N_4$-3	0.013	0.966	0.983	0.009
$TiO_2@Pt@C_3N_4$-4	0.024	0.986	0.990	0.008
$TiO_2@Pt@C_3N_4$-5	0.018	0.977	0.976	0.011

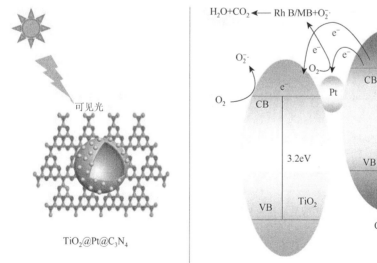

图 8-36　$TiO_2@Pt@C_3N_4$ 复合材料电子转移示意图

为了证明不同结构组装对催化活性的影响，进行不同 TiO_2 基催化剂可见光光催化降解罗丹明 B 的催化活性对比（图 8-37、表 8-8）。相对于其他催化剂，在可见光照射下，$TiO_2@Pt@C_3N_4$ 的光转化率显著增加。根据前期的研究工作可知，如果贵金属（NMs）负载在空心球的内层或者空心球的外层，在光催化过程中贵金属（NMs）可能会脱落，导致催化活性下降[58]。因此，开发具有双层夹心的、可见光响应的 TiO_2 基光催化剂是非常有前景的。

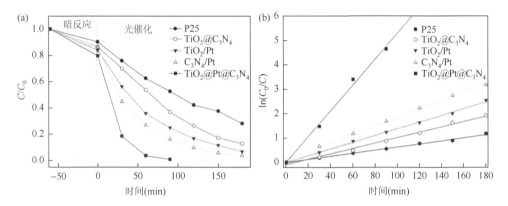

图 8-37　P25、$TiO_2@C_3N_4$、TiO_2/Pt、C_3N_4/Pt 及 $TiO_2@Pt@C_3N_4$ 的 $TiO_2@Pt@C_3N_4$ 对罗丹明 B 的降解效率（a）及在罗丹明 B 中可见光光催化降解一级动力学（b）的研究

表 8-8　P25、$TiO_2@C_3N_4$、TiO_2/Pt、C_3N_4/Pt 和 $TiO_2@Pt@C_3N_4$ 可见光降解速率常数 k 及相关系数 R^2

样品	k（min^{-1}）	R^2
P25	0.006	0.994
$TiO_2@C_3N_4$	0.011	0.992
TiO_2/Pt	0.013	0.997
C_3N_4/Pt	0.017	0.998
$TiO_2@Pt$（3mL）$@C_3N_4$	0.053	0.994

可见光激发下，C_3N_4 导带产生的光生电子能够很容易地转移到 $TiO_2@Pt@C_3N_4$ 光催化剂中 TiO_2 纳米粒子上。相对于其他催化剂[39]，Pt 纳米颗粒的夹心使得 C_3N_4 的电子和空穴分离效率更高，继而提高光氧化活性。为了直接证明光催化活性的机理，使用具有自旋捕获和自旋探针的电子顺磁共振波谱仪进行测定，鉴定 TiO_2、C_3N_4 和 $TiO_2@Pt@C_3N_4$ 光激发后产生的活性自由基。对比波谱图可知，$TiO_2@Pt@C_3N_4$ 的 ESR 谱比其他催化剂具有更强的 DMPO/·OH 加合信号，表明光

照下 TiO$_2$@Pt@C$_3$N$_4$ 能够更高效产生羟基自由基 [图 8-38（a）]。此外，为了确认超氧自由基的产生，利用 DMSO 吸收羟基自由基，进而检测超氧自由基的信号。图 8-38（b）表明，TiO$_2$@Pt@C$_3$N$_4$ 的 DMPO/·OOH 信号强度明显优于其他催化剂的信号。这些结果表明，Pt 夹心于 TiO$_2$@C$_3$N$_4$ 中能够显著提高活性自由基的生成，使得光催化活性提高。

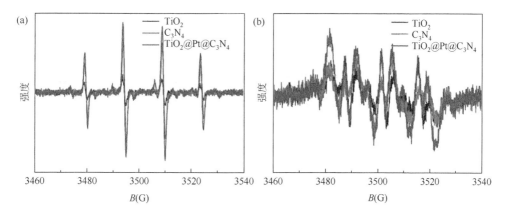

图 8-38 （a）利用 EPR 谱 DMPO 探针捕获光生羟基自由基的信号；（b）加入 DMSO 清除羟基自由基后，利用 EPR 谱 DMPO 探针捕获光生超氧自由基的信号

为了进一步研究 TiO$_2$@Pt@C$_3$N$_4$ 空心球对纳米材料表面电子传递速率的影响，采用电化学阻抗和循环伏安法电化学手段表征 C$_3$N$_4$、TiO$_2$@C$_3$N$_4$、TiO$_2$@Pt@C$_3$N$_4$ 空心球对纳米材料表面电子传递速率的影响。循环伏安法是用于评价纳米材料修饰电极性能的一个重要的手段。如图 8-39（a）所示，TiO$_2$@Pt@C$_3$N$_4$ 复合电极的氧化还原峰明显增加，表明 TiO$_2$@Pt@C$_3$N$_4$ 空心球提供了合适的电子通道，加速了光生电子-空穴的分离。电化学阻抗谱能反映电极修饰过程中电极表面的变化。阻抗谱包含一个半圆部分、一个直线部分。半圆部分为高频区，受动力学控制，直径大小等于电极表面的电子转移阻抗，反映了电极表面电子转移的特征；线性部分为较低频区，受扩散控制。如图 8-39（b）所示，TiO$_2$@Pt@C$_3$N$_4$ 复合电极在电化学阻抗谱图上的圆弧半径最小，表明 TiO$_2$@Pt@C$_3$N$_4$ 中的电荷转移电阻最小，因此在 TiO$_2$@Pt@C$_3$N$_4$ 球中可以发生更有效的光生电子-空穴对分离及更快的界面电荷转移。荧光光谱主要由激发的电子与空穴的复合引起，对比三个催化剂的荧光光谱图（图 8-40）可以得知，TiO$_2$@Pt@C$_3$N$_4$ 具有较弱的荧光强度，说明 TiO$_2$@Pt@C$_3$N$_4$ 具有较高的电子与空穴的分离效率。考虑到半导体材料与贵金属的多功能组合，这些结果可能为高性能催化剂的设计提供新思路。

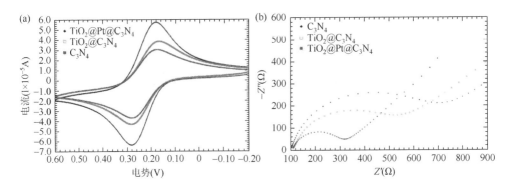

图 8-39 C_3N_4、$TiO_2@C_3N_4$ 及 $TiO_2@Pt@C_3N_4$ 的循环伏安图（a）、电化学阻抗图（b）

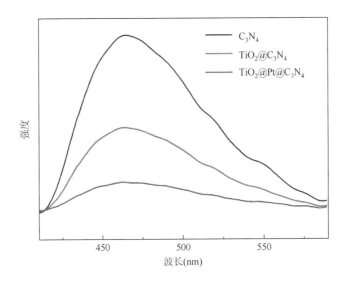

图 8-40 C_3N_4、$TiO_2@C_3N_4$ 及 $TiO_2@Pt@C_3N_4$ 的荧光光谱图

8.5 小结与展望

综上所述，本章提出一个简单的方法制备合成了双壳夹心的 $TiO_2@Au@C$ 纳米复合材料，$TiO_2@Au@C$ 纳米空心球对 4-硝基苯胺、4-硝基苯酚具有较高的光催化活性。其中对 4-硝基苯胺的光催化降解速率达到 93%，与 P25 相比增加了 75%。双壳 $TiO_2@Au@C$ 纳米金属氧化物复合材料在结构上也为其他类似这种双壳纳米金属氧化物复合材料提供了研究思路（$TiO_2@Ag@C$、$TiO_2@Pt@C$、$ZnO@Au@C$、$ZnO@Ag@C$、$ZnO@Pt@C$），制备得到的双壳纳米金属氧化物复合材料在环境处理中具有潜在的应用价值。制备的双壳夹心的 $TiO_2@Pt@C_3N_4$ 空

心球，对污染物具有高效的光催化活性。其中双氰胺前驱体制备的 $TiO_2@Pt@C_3N_4$ 比其他前驱体具有更高的可见光催化活性。这种效应可能是由于双氰胺在 $TiO_2@Pt@C_3N_4$ 催化剂上形成稳定的包覆层，从而影响光催化活性。利用电子顺磁共振波谱法、荧光光谱、电化学手段证明了 TiO_2 空心球与 C_3N_4 壳及 Pt 纳米颗粒之间产生的协同效应。此外，双壳空心球结构及贵金属夹心于 $TiO_2@Pt@C_3N_4$ 纳米复合材料可以有效加速光生电子和空穴的分离和转移，从而提高光催化过程的效率。结果表明，不同的壳型光催化剂与不同的助催化剂结合可以提高非均相光催化活性。这项工作提出的由金属和非金属纳米材料有序组合的研究思路对高性能催化剂的设计提供一定的参考依据。

参 考 文 献

[1] Xu X, Randorn C, Efstathiou P, et al. A red metallic oxide photocatalyst [J]. Nat. Mater., 2012, 11(7): 595-598.

[2] Shannon M A, Bohn P W, Elimelech M, et al. Science and technology for water purification in the co ming decades [J]. Nature, 2008, 452(7185): 301-310.

[3] Yoon T P, Ischay M A, Du J. Visible light photocatalysis as a greener approach to photochemical synthesis [J]. Nat. Chem., 2010, 2(7): 527-532.

[4] Rosseler O, Shankar M V, Karkmaz-Le Du M, et al. Solar light photocatalytic hydrogen production from water over Pt and Au/TiO$_2$ (anatase/rutile) photocatalysts: Influence of noble metal and porogen promotion [J]. J. Catal., 2010, 269(1): 179-190.

[5] Jun Y S, Lee E Z, Wang X, et al. From mela mine-cyanuric acid supramolecular aggregates to carbon nitride hollow spheres [J]. Adv. Funct. Mater., 2013, 23(29): 3661-3667.

[6] Zheng Y, Lin L, Wang B, et al. Graphitic carbon nitride polymers toward sustainable photoredox catalysis [J]. Angew. Chem. Int. Ed., 2015, 54(44): 12868-12884.

[7] Li R, Zhang F, Wang D, et al. Spatial separation of photogenerated electrons and holes among {010} and {110} crystal facets of BiVO$_4$ [J]. Nat. Commun., 2013, 4: 1432.

[8] Mubeen S, Lee J, Singh N, et al. An autonomous photosynthetic device in which all charge carriers derive from surface plasmons [J]. Nat. Nanotechnol., 2013, 8(4): 247-251.

[9] Chen W, Fan Z, Zhang B, et al. Enhanced visible-light activity of titania via confinement inside carbon nanotubes [J]. J. Am. Chem. Soc., 2011, 133(38): 14896-14899.

[10] Li S X, Cai S J, Zheng F Y. Self assembled TiO$_2$ with 5-sulfosalicylic acid for improvement its surface properties and photodegradation activity of dye [J]. Dyes Pigments, 2012, 95(2): 188-193.

[11] Zhang H, Lv X, Li Y, et al. P25-graphene composite as a high performance photocatalyst [J]. ACS Nano, 2009, 4(1): 380-386.

[12] Zhang J, Xu Q, Feng Z, et al. Importance of the relationship between surface phases and photocatalytic activity of TiO$_2$ [J]. Angew. Chem. Int. Ed., 2008, 47(9): 1766-1769.

[13] Varghese O K, Paulose M, LaTempa T J, et al. High-rate solar photocatalytic conversion of CO$_2$ and water vapor to hydrocarbon fuels [J]. Nano Lett., 2009, 9(2): 731-737.

[14] Jing L, Zhou W, Tian G, et al. Surface tuning for oxide-based nanomaterials as efficient photocatalysts [J]. Chem. Soc. Rev., 2013, 42(24): 9509-9549.

[15] Li S, Chen J, Zheng F, et al. Synthesis of the double-shell anatase-rutile TiO_2 hollow spheres with enhanced photocatalytic activity [J]. Nanoscale, 2013, 5(24): 12150-12155.

[16] Hu J, Chen M, Fang X, et al. Fabrication and application of inorganic hollow spheres [J]. Chem. Soc. Rev., 2011, 40(11): 5472-5491.

[17] Zhu Y, Kockrick E, Ikoma T, et al. An efficient route to rattle-type Fe_3O_4@SiO_2 hollow mesoporous spheres using colloidal carbon spheres templates [J]. Chem. Mater., 2009, 21(12): 2547-2553.

[18] Li X, Huang R, Hu Y, et al. A templated method to Bi_2WO_6 hollow microspheres and their conversion to double-shell Bi_2O_3/Bi_2WO_6 hollow microspheres with improved photocatalytic performance [J]. Inorg. Chem., 2012, 51(11): 6245-6250.

[19] Cao J, Zhu Y, Bao K, et al. Microscale Mn_2O_3 hollow structures: Sphere, cube, ellipsoid, dumbbell, and their phenol adsorption properties [J]. J. Phys. Chem. C, 2009, 113(41): 17755-17760.

[20] Li S, Zheng J, Chen D, et al. Yolk-shell hybrid nanoparticles with magnetic and pH-sensitive properties for controlled anticancer drug delivery [J]. Nanoscale, 2013, 5(23): 11718-11724.

[21] Heutz N A, Dolcet P, Birkner A, et al. Inorganic chemistry in a nanoreactor: Au/TiO_2 nanocomposites by photolysis of a single-source precursor in miniemulsion [J]. Nanoscale, 2013, 5(21): 10534-10541.

[22] Ayati A, Ahmadpour A, Bamoharram F F, et al. A review on catalytic applications of Au/TiO_2 nanoparticles in the removal of water pollutant [J]. Chemosphere, 2014, 107: 163-174.

[23] Li W C, Comotti M, Schüth F. Highly reproducible syntheses of active Au/TiO_2 catalysts for CO oxidation by deposition-precipitation or impregnation [J]. J. Catal., 2006, 237(1): 190-196.

[24] Liu X, Wang A, Wang X, et al. Au-Cu Alloy nanoparticles confined in SBA-15 as a highly efficient catalyst for CO oxidation [J]. Chem. Commun., 2008, (27): 3187-3189.

[25] Zhao K, Qiao B, Wang J, et al. A highly active and sintering-resistant Au/FeO_x-hydroxyapatite catalyst for CO oxidation [J]. Chem. Commun., 2011, 47(6): 1779-1781.

[26] Chen C, Nan C, Wang D, et al. Mesoporous multicomponent nanocomposite colloidal spheres: Ideal high-temperature stable model catalysts [J]. Angew. Chem. Int. Ed., 2011, 123(16): 3809-3813.

[27] Cargnello M, Wieder N L, Montini T, et al. Synthesis of dispersible Pd@CeO_2 core-shell nanostructures by self-assembly [J]. J. Am. Chem. Soc., 2009, 132(4): 1402-1409.

[28] Arnal P M, Comotti M, Schüth F. High-temperature-stable catalysts by hollow sphere encapsulation [J]. Angew. Chem. Int. Ed., 2006, 118(48): 8404-8407.

[29] Park J C, Bang J U, Lee J, et al. Ni@SiO_2 yolk-shell nanoreactor catalysts: High temperature stability and recyclability [J]. J. Mater. Chem., 2010, 20(7): 1239-1246.

[30] Khan S U M, Al-Shahry M, Ingler W B. Efficient photochemical water splitting by a chemically modified n-TiO_2 [J]. Science, 2002, 297(5590): 2243-2245.

[31] Zhao L, Chen X, Wang X, et al. One-Step solvothermal synthesis of a carbon@TiO_2 dyade structure effectively promoting visible-light photocatalysis [J]. Adv. Mater., 2010, 22(30): 3317-3321.

[32] Zhuang J, Tian Q, Zhou H, et al. Hierarchical porous TiO_2@C hollow microspheres: One-pot synthesis and enhanced visible-light photocatalysis [J]. J. Mater. Chem., 2012, 22(14): 7036-7042.

[33] Murdoch M, Waterhouse G I N, Nadeem M A, et al. The effect of gold loading and particle size on photocatalytic hydrogen production from ethanol over Au/TiO_2 nanoparticles [J]. Nat. Chem., 2011, 3(6): 489-492.

[34] Lee I, Joo J B, Yin Y, et al. A yolk@shell nanoarchitecture for Au/TiO_2 catalysts [J]. Angew. Chem. Int. Ed., 2011, 123(43): 10390-10393.

[35] Qi J, Chen J, Li G, et al. Facile synthesis of core-shell Au@CeO$_2$ nanocomposites with remarkably enhanced catalytic activity for CO oxidation [J]. Energ. Environ. Sci., 2012, 5(10): 8937-8941.

[36] He W, Kim H K, Wamer W G, et al. Photogenerated charge carriers and reactive oxygen species in ZnO/Au hybrid nanostructures with enhanced photocatalytic and antibacterial activity [J]. J. Am. Chem. Soc., 2013, 136(2): 750-757.

[37] Wang X, Yu J C, Chen Y, et al. ZrO$_2$-modified mesoporous nanocrystalline TiO$_{2-x}$N$_x$ as efficient visible light photocatalysts [J]. Environ. Sci. Technol., 2006, 40(7): 2369-2374.

[38] Wang Y, Yang W, Chen X, et al. Photocatalytic activity enhancement of core-shell structure g-C$_3$N$_4$@TiO$_2$ via controlled ultrathin g-C$_3$N$_4$ layer [J]. Appl. Catal. B, 2018, 220: 337-347.

[39] Chen Y, Huang W, He D, et al. Construction of heterostructured g-C$_3$N$_4$/Ag/TiO$_2$ microspheres with enhanced photocatalysis performance under visible-light irradiation [J]. ACS Appl. Mater. Inter., 2014, 6(16): 14405-14414.

[40] Wang W, Liu Y, Qu J, et al. Synthesis of hierarchical TiO$_2$-C$_3$N$_4$ hybrid microspheres with enhanced photocatalytic and photovoltaic activities by maximizing the synergistic effect [J]. ChemPhotoChem, 2017, 1(1): 35-45.

[41] Han C, Wang Y, Lei Y, et al. In situ synthesis of graphitic-C$_3$N$_4$ nanosheet hybridized N-doped TiO$_2$ nanofibers for efficient photocatalytic H$_2$ production and degradation [J]. Nano Res., 2015, 8(4): 1199-1209.

[42] Pan X, Chen X, Yi Z. Defective, porous TiO$_2$ nanosheets with Pt decoration as an efficient photocatalyst for ethylene oxidation synthesized by a C$_3$N$_4$ templating method [J]. ACS Appl. Mater. Inter., 2016, 8(16): 10104-10108.

[43] Wu Y, Tao L, Zhao J, et al. TiO$_2$/g-C$_3$N$_4$ nanosheets hybrid photocatalyst with enhanced photocatalytic activity under visible light irradiation [J]. Res. Chem. Intermed., 2016, 42(4): 3609-3624.

[44] Li K, Huang Z, Zeng X, et al. Synergetic effect of Ti^{3+} and oxygen doping on enhancing photoelectrochemical and photocatalytic properties of TiO$_2$/g-C$_3$N$_4$ heterojunctions [J]. ACS Appl. Mater. Inter., 2017, 9(13): 11577-11586.

[45] Wang W, Yang D, Yang W, et al. Efficient visible-light driven photocatalysts: Coupling TiO$_2$(AB) nanotubes with g-C$_3$N$_4$ nanoflakes [J]. J. Mater. Sci., 2017, 28(2): 1271-1280.

[46] Obregón S, Colón G. Improved H$_2$ production of Pt-TiO$_2$/g-C$_3$N$_4$-MnO$_x$ composites by an efficient handling of photogenerated charge pairs [J]. Appl. Catal. B, 2014, 144: 775-782.

[47] Fagan R, McCormack D E, Hinder S J, et al. Photocatalytic properties of g-C$_3$N$_4$-TiO$_2$ heterojunctions under UV and visible light conditions [J]. Materials, 2016, 9(4): 286-291.

[48] Liu X, Chen N, Li Y, et al. A general nonaqueous sol-gel route to g-C$_3$N$_4$-coupling photocatalysts: The case of Z-scheme g-C$_3$N$_4$/TiO$_2$ with enhanced photodegradation toward RhB under visible-light [J]. Sci. Rep., 2016, 6: 39531.

[49] Gao Z D, Qu Y F, Zhou X, et al. Pt decorated g-C$_3$N$_4$/TiO$_2$ nanotube arrays with enhanced visible light photocatalytic activity for H$_2$ evolution [J]. ChemistryOpen, 2016, 5(3): 197-200.

[50] Liu L, Zhang G, Irvine J T S, et al. Organic semiconductor g-C$_3$N$_4$ modified TiO$_2$ nanotube arrays for enhanced photoelectrochemical performance in wastewater treatment [J]. Energy Technol., 2015, 3(9): 982-988.

[51] Zhou D, Chen Z, Yang Q, et al. Facile construction of g-C$_3$N$_4$ nanosheets/TiO$_2$ nanotube arrays as Z-scheme photocatalyst with enhanced visible-light performance [J]. ChemCatChem, 2016, 8(19): 3064-3073.

[52] Ma J, Wang C, He H. Enhanced photocatalytic oxidation of NO over g-C$_3$N$_4$-TiO$_2$ under UV and visible light [J]. Appl. Catal. B, 2016, 184: 28-34.

[53] Chai B, Peng T, Mao J, et al. Graphitic carbon nitride (g-C_3N_4)-Pt-TiO_2 nanocomposite as an efficient photocatalyst for hydrogen production under visible light irradiation [J]. Phys. Chem. Chem. Phys., 2012, 14(48): 16745-16752.

[54] Li K, Gao S, Wang Q, et al. In-situ-reduced synthesis of Ti^{3+} self-doped TiO_2/g-C_3N_4 heterojunctions with high photocatalytic performance under LED light irradiation [J]. ACS Appl. Mater. Inter., 2015, 7(17): 9023-9030.

[55] Zhang G, Lan Z A, Lin L, et al. Overall water splitting by Pt/g-C_3N_4 photocatalysts without using sacrificial agents [J]. Chem. Sci., 2016, 7(5): 3062-3066.

[56] Kamegawa T, Matsuura S, Seto H, et al. A visible-light-harvesting assembly with a sulfocalixarene linker between dyes and a Pt-TiO_2 photocatalyst [J]. Angew. Chem. Int. Ed., 2013, 52(3): 916-919.

[57] Li S, Cai J, Wu X, et al. Fabrication of positively and negatively charged, double-shelled, nanostructured hollow spheres for photodegradation of cationic and anionic aromatic pollutants under sunlight irradiation [J]. Appl. Catal. B, 2014, 160: 279-285.

[58] Cai J, Wu X, Li S, et al. Controllable location of Au nanoparticles as cocatalyst onto TiO_2@CeO_2 nanocomposite hollow spheres for enhancing photocatalytic activity [J]. Appl. Catal. B, 2017, 201: 12-21.

[59] Cai J, Wu X, Li S, et al. Synthesis of TiO_2@WO_3/Au nanocomposite hollow spheres with controllable size and high visible-light-driven photocatalytic activity [J]. ACS Sustain. Chem. Eng., 2016, 4(3): 1581-1590.

[60] Matos J, Laine J, Herrmann J M. Synergy effect in the photocatalytic degradation of phenol on a suspended mixture of titania and activated carbon [J]. Appl. Catal. B, 1998, 18(3-4): 281-291.

[61] Ji X, Song X, Li J, et al. Size control of gold nanocrystals in citrate reduction: The third role of citrate [J]. J. Am. Chem. Soc., 2007, 129(45): 13939-13948.

[62] Zhuang J, Tian Q, Zhou H, et al. Hierarchical porous TiO_2@C hollow microspheres: One-pot synthesis and enhanced visible-light photocatalysis [J]. J. Mater. Chem., 2012, 22(14): 7036-7042.

[63] Daniel M C, Astruc D. Gold nanoparticles: Assembly, supramolecular chemistry, quantum-size-related properties, and applications toward biology, catalysis, and nanotechnology [J]. Chem. Rev., 2004, 104(1): 293-346.

[64] Abaker M, Dar G N, Umar A, et al. CuO nanocubes based highly-sensitive 4-nitrophenol chemical sensor [J]. Sci. Adv. Mater., 2012, 4(8): 893-900.

[65] Zhang N, Liu S, Fu X, et al. Synthesis of M@TiO_2 (M = Au, Pd, Pt) core-shell nanocomposites with tunable photoreactivity [J]. J. Phys. Chem. C, 2011, 115(18): 9136-9145.

[66] Shanmugam S, Gabashvili A, Jacob D S, et al. Synthesis and characterization of TiO_2@C core-shell composite nanoparticles and evaluation of their photocatalytic activities [J]. Chem. Mater., 2006, 18(9): 2275-2282.

[67] Fang J, Cao S W, Wang Z, et al. Mesoporous plasmonic Au-TiO_2 nanocomposites for efficient visible-light-driven photocatalytic water reduction [J]. Int. J. Hydrogen Energy, 2012, 37(23): 17853-17861.

[68] Chiarello G L, Selli E, Forni L. Photocatalytic hydrogen production over flame spray pyrolysis-synthesised TiO_2 and Au/TiO_2 [J]. Appl. Catal. B, 2008, 84(1-2): 332-339.

[69] Gomes Silva C, Juárez R, Marino T, et al. Influence of excitation wavelength (UV or visible light) on the photocatalytic activity of titania containing gold nanoparticles for the generation of hydrogen or oxygen from water [J]. J. Am. Chem. Soc., 2010, 133(3): 595-602.

[70] Fang C, Jia H, Chang S, et al. (Gold core)/(titania shell) nanostructures for plasmon-enhanced photon harvesting and generation of reactive oxygen species [J]. Energ. Environ. Sci., 2014, 7(10): 3431-3438.

[71] Yu J, Low J, Xiao W, et al. Enhanced photocatalytic CO_2-reduction activity of anatase TiO_2 by coexposed {001}

and {101} facets [J]. J. Am. Chem. Soc., 2014, 136(25): 8839-8842.

[72] Zhang J, Chen X, Takanabe K, et al. Synthesis of a carbon nitride structure for visible-light catalysis by copolymerization [J]. Angew. Chem. Int. Ed., 2010, 49(2): 441-444.

[73] Dai Y, Lim B, Yang Y, et al. A sinter-resistant catalytic system based on platinum nanoparticles supported on TiO_2 nanofibers and covered by porous silica [J]. Angew. Chem. Int. Ed., 2010, 122(44): 8341-8344.

[74] Zhang Z, Huang J, Zhang M, et al. Ultrathin hexagonal SnS_2 nanosheets coupled with g-C_3N_4 nanosheets as 2D/2D heterojunction photocatalysts toward high photocatalytic activity [J]. Appl. Catal. B, 2015, 163: 298-305.